数据科学与大数据技术系列

大数据基础

主　　编　　郭清溥　张功富
副主编　　刘　洋　史晓东　马建军　王　颖

电子工业出版社·

Publishing House of Electronics Industry

北京·BEIJING

内 容 简 介

本书采用知识理论与实验案例相结合的方式展开讲述。在相应知识点阐述过程中，以人们在日常工作、学习中经常碰到的具体问题作为案例，结合大数据挖掘和处理的基本理论与知识，展示解决问题的思路和基本方法，从而加强读者对大数据的理解和感性认知，找到大数据应用背后的基本原理和逻辑路径。本书内容主要包括：大数据概述、大数据思维、大数据支撑技术、大数据采集与预处理、大数据分析与挖掘、深度学习与人工智能、大数据可视化。

本书不仅可供大数据从业者或 IT 人士阅读，也适合普通高校经济管理类（财经商贸类）本科生学习使用。

图书在版编目（CIP）数据

大数据基础 / 郭清溥，张功富主编. —北京：电子工业出版社，2020.6

ISBN 978-7-121-38293-2

Ⅰ.①大… Ⅱ.①郭… ②张… Ⅲ.①数据处理－高等学校－教材 Ⅳ.①TP274

中国版本图书馆CIP数据核字（2020）第021616号

责任编辑：石会敏　　文字编辑：雨　晴

印　　刷：北京虎彩文化传播有限公司

装　　订：北京虎彩文化传播有限公司

出版发行：电子工业出版社

　　　　　北京市海淀区万寿路173信箱　　邮编：100036

开　　本：787×1 092　1/16　印张：15.25　字数：388.8千字

版　　次：2020年6月第1版

印　　次：2025年1月第11次印刷

定　　价：45.00元

凡所购买电子工业出版社图书有缺损问题，请向购买书店调换。若书店售缺，请与本社发行部联系，联系及邮购电话：（010）88254888，88258888。

质量投诉请发邮件至zlts@phei.com.cn，盗版侵权举报请发邮件至dbqq@phei.com.cn。

本书咨询联系方式：738848961@qq.com。

前　言

人类进入信息化时代已经有数十年的时间了，"大数据"作为一种新的思维方式引领了时代的进步。大数据相关技术、应用在各方面、各领域的不断深入，带来了快速增长的"巨大收益"，人们对大数据的重视日益增强，"大数据时代"悄然来临。新时代的专业化人才需要掌握与大数据相关的思维与知识，具备应用大数据的能力。

大数据时代，人们面临着不同于以往的机遇和挑战。网络社会的进步催生了大量互联网应用，在此过程中，人们可以接触到足够的数据并收集大量有意义的信息。这种信息蕴含着丰富的价值，却是以隐含的形式出现的，因为人们通过各种活动在互联网上留下的足迹或数据是杂乱的。例如，社交网络服务、电子商务、企业业务和搜索引擎每秒钟都会生成大量杂乱的数据集。这些数据集不仅庞大，而且以图片、文本和音频等形式出现。这些庞大的数据集被统称为"大数据"。要了解大数据及其在人们生活中的作用，就必须从大数据本身的特征及处理大数据的相关技术出发，以大数据思维作为理解大数据的基本方法，将大数据的具体实践和应用作为落脚点进行分析和研究。

基于时代的需求，并结合大数据的知识和技能特点，本书采用知识理论与实验案例相结合的方式展开讲述。在相应知识点的阐述过程中，以人们在日常工作、学习中经常碰到的具体问题为案例，结合大数据挖掘和处理的基本理论与知识，展示解决问题的思路和基本方法，加强读者对大数据的理解和认知。因此，书中的各种案例和实现代码的侧重点并不在于要求读者完全掌握大数据的具体技术与应用开发，而是通过具体案例及其实现方法的论述与展示为读者建立起大数据时代背景下解决相关问题的基本思维方式和行为方法论，为读者展示隐藏在大数据应用背后的基本原理和逻辑路径，从而帮助读者更好地把握大数据脉络，迎接大数据时代的各种挑战。

从内容结构上而言，本书采用先易后难、先宏观后具体的基本架构。本书共有 7 章，具体章节安排如下：第 1 章"大数据概述"，阐述了大数据的基本概念及大数据时代的特征，从总体上给出了当前大数据的主要应用领域和场景，以及在各种场景中所需的基本支撑技术，在此基础上归纳了一些大数据的典型解决方案。第 2 章从思维与思维方法的角度论述了大数据时代人们思考、解决问题所面临的一些新问题和新挑战，并系统地给出了大数据思维新模式。第 3 章"大数据支撑技术"，较为详细地阐述了实现大数据挖掘和应用所需要的具体技术及其相互之间的关系。这一章是大数据技术的基础、核心章节，也是构建大数据生态环境和软/硬件平台的依据。第 4 章和第 5 章一起阐述了大数据应用的基本流程，即大数据采集、预处理、分析和挖掘。但第 4 章中大数据的采集、预处理与后续第 5 章的大数据分析、挖掘相比较，无论是在技术、方法目标方面还是在逻辑方面都有较大差异，因此分别进行了针对性的论述。第 6 章阐述了大数据挖掘、分析中最为常用和有效的手段——人工智能，以及人工智能近年来的重要发展和代表性成果——深度学习，这些具体的方法、模型和工具在大数据中的应用和实践已经在很多商业和企业领域得以普及，具有重要的现实价值。最后，第 7 章给出了大数据应用中的最终步骤，大数据及其信息的输出——大数据可视化相关的概念、发展和典型案例。

在本书的编写过程中，秦丽、王相诚、陈玲、胡欧阳几位老师也参与了案例搜集、稿件整理等工作，特此表示感谢！本书配套的教辅资源可到华信教育资源网（www.hxedu.com.cn）下载。

编　者

目　　录

第**1**章▶▶

大数据概述

【章首小案例】 证券分析师的"颜值"与盈利预测准确性

2019 年 9 月 16 日，由香港中文大学和上海财经大学多位教授联合署名的论文 *Analysts' Beauty and Performance* 在《管理科学》上发表。论文指出，证券分析师的"颜值"与其盈利预测准确性及股票投资建议的资讯丰富程度息息相关。研究人员调研了国内 102 家不同券商的 2328 名分析师在 2005 至 2014 年间所进行的 89 056 项盈利预测。同时，研究人员从证券业协会网站下载了进行上述盈利预测的卖方分析师的证件照，并要求 63 名拥有不同教育及职业背景、收入和社会经验的评审员，按分析师外表给予 1 至 5 的评分。研究结果显示，外表越出众的分析师，其预测也愈准确。同时，外表愈具有吸引力的分析师，向上市公司管理层获取资讯时便愈得到优待。研究结果显示，企业管理人员比较容易向外表具有吸引力的分析师透露信息。

（资料来源：新浪财经，"分析师长得好看研究报告更靠谱你相信吗？"
https://baijiahao.baidu.com/s?id=1645191586334/73949&wfr=spider&for:pc&is FailFlag=1.)

大数据的浪潮正朝着人类社会、经济、生活的方方面面汹涌而至，在不以人的意志为转移的时代浪潮中，我们必须主动且深入地了解大数据、学习大数据并应用大数据，才能在新时代立足。大数据最终也会如同网上交流和在线支付一样成为人们生活中不可分割的一部分，而应用大数据也必成为新时代人才所必备的基础技能，因此了解大数据的基本概念、应用和技术是对当代高素质人才的基本要求。

1.1 大数据时代

如果只是从数据量这个角度来讨论，"大数据"这个词具有很大的模糊空间。因为它给人的印象是，在此之前的数据量总是很小，这就让人们遇到了定义大小的问题。那么有多少数据才可以被称为大数据？这个问题可能永远没有答案。使用关系数据库技术，也可以真正地处理大量数据。这使得"大数据"一词显得不够恰当。

在大数据时代之前，数据产生的速度并不快，变化也不像我们现在看到的那么频繁。用户一旦定义了数据仓库，就会使用它存储数据很多年。因此，有关数据库的技术在组织和企业应用方面始终处于领先地位。但是，大数据时代数据的结构和特性打破了上述定律。

从各种传感器到智能手机，世界几乎被各种各样的数码设备所淹没，就算一辆简单的出租车，其系统也包含数个传感器来显示它的性能、位置、速度等信息。出租车一旦开始运行，它就会不断反馈有关运动和旅途中的各种信息。例如，安装在汽车和其他车辆上的 GPS，在每一时刻都会产生大量的数据，其他的一些信息感知技术也在不断涌现和发展。这些信息和场景会产生诸如交通指令、车辆、人员移动、道路状况等相关的海量数据。所有这些相关信息将以各种形式和格式出现，包括视频、音频及文字等。撇开一线城市不谈，在人口较少的城市，新增的数据规模也是惊人的，人们面对如此复杂、海量的数据难以做出有效的决策，也因此无法在上述场景中给普通的通勤者描绘出所需的交通状况。

物联网的出现几乎重构了当前的网络世界。在智能家居这一特定、常见的环境中，各种电子设备相互交换信息，确保人们对房子的管理井井有条。比如电冰箱里的传感器，通过扫描大量不同的商品和主人对商品的消耗与偏好，它可以自动将购买清单发送到附近超市。千万个类似的系统可以构成所谓的智慧城市系统，该系统将通过对城市收集到的大量数据的处理来实现其智能化。这个过程需要依赖万物相连的物联网，它是智慧城市的"感觉器官"和"神经网络"。

大数据时代与以往最大的区别之一在于，人们的活动越来越依赖智能决策的支持。更为重要的是，随着人们生活、工作节奏的变快，决策的制定往往需要是实时的。这既需要庞大的网络进行各种信息的快速传递，将不同环节进行紧密联系，同时也需要针对数据进行快速智能化处理。例如，在石油产业链中，一个分销商的原油供应过剩，会导致石油运输状况、原油采购国的产量发生相应的变化，这需要它们快速做出相应的生产决策。而且实践还表明，在某个业务领域中发生的事件可能会快速与其他业务领域中的事件发生关联，并产生水波涟漪一样的影响。对于这样的情况，快速收集和处理不断发展的业务数据是进行高效、正确决策所必需的。

互联网的连通性为我们产生了一个庞大的虚拟世界，在这个虚拟世界中，远在世界各地的人可能就像隔壁的邻居一样与你进行交流和互动。这会让我们的朋友圈变得庞大无比，如 Twitter、Facebook、Instagram 和许多诸如此类的社交媒体都分别为其每个成员提供了交流和互动的低成本平台。通过平台，人们交换信息、图片、音频文件等，也可以谈论各种问题，从政治、教育、研究到娱乐。每时每刻，社交媒体上的人都会进行大量的信息交换。类似这样能够产生大量信息并不断推动信息交互的平台和应用，在当前生活中已经非常普及。

除此之外，一些传统领域，比如与健康相关的科学和技术也在大数据背景下得到了发展。当前医疗保健已经可以根据个人需求进行定制，这需要监测个人健康数据并且基于这些数据进行各种专业化的处理。可穿戴式生物传感器可以不间断地向医疗系统提供实时数据，系统会据此提示相关医生和医疗保健专业人员做出医疗保健决策。这构成了大数据的来源之一，这些数据的格式和样式也非常复杂，包含 X 射线图像、心跳声和体温读数等数据。

生物科学成为了解生物现象和寻找一些疾病解决方案的一个重要学科，而针对系统生物学的研究在处理编码基因结构和行为信息过程中会产生大量数据，这些成为促进大数据发展的另一个关键因素。在全球相关研究人员的共享和处理过程中，数据的类型和格式也会变得复杂。这些都是早期大数据繁荣的关键元素。

如上所述，数据的量在不断增加，需要各种各样的相关技术和应用来快速、及时地存储和处理。在 2000 年，世界上存储的数据量大小为 800 000PB。预计 2020 年将达到 35 ZB。①但是，就近年来数字设备的使用增加情况来看，这一预测可能也相当保守。人们获取和存储的数据所涉及的领域也在不断扩展，包括农业、环境、房屋、健康、安全、金融、气象等。如此广泛、庞大的数据是一座取之不尽的宝藏，然而要真正从中获取有价值的内容，需要及时、准确地处理这些数据，并且基于这些数据做出决策，否则它们一文不值。然而，要充分利用这些大数据却是一项非常具有挑战性的任务。除了数据分析和决策，数据捕获、数据存储、数据分析和数据可视化等方面都存在各种阻碍和困难。

大数据不仅需要有相应的支撑存储技术，还需要及时挖掘出隐藏在其中的信息。大数据的复杂性来自其种类繁多的数据源，这些数据源包括传感器、智能手机或社交网络等。不同且复杂的数据源必然导致数据类型的繁杂。大数据中包括视频、图像、文本、音频和数据日志等，它们是由结构化或非结构化格式的数据组成的。早期传统数据库技术主要研究并处理一些结构化的历史数据，但是大数据却是一种沿着时间线大量且持续涌现的数据，其涌现的速度非常快。因此，数据生成的速度也是大数据时代研究的关注点之一。除了体量，速度一直是大数据研究中的核心维度之一。新出现的原始大数据中往往隐藏着更加重要和密集的信息价值。

1.1.1　大数据时代的数据特征

数据特征因大数据的类型和存储格式不同而差异巨大，而数据可以以高度结构化的形式或非结构化的形式存储。早期应用中所需的数据一般都具有高度的结构化模型，例如关系模型和层次模型。而 Web 日志、社交媒体和文档存储的数据结构化相对较弱。数据模型及其结构化特征与基于此模型与特征上执行的分析计算类型密切相关，从计算类型看数据特征表现在以下几点。

1. 价值密度

每 TB 的价值密度或信息量可用于衡量从数据中获取信息的程度，这在不同的数据模型中是完全不同的。交易数据集中几乎没有多余的内容，即使存在，它们也会在存储到磁盘之前被删除。而另一方面，社交媒体类数据中有价值的信息就少。社交媒体类数据通常是在大量重复的数据中含有少量有价值的信息，原始数据往往包含大量相同或冗余的语句。除此之外，它还可能包含讨论焦点之外的一些无关想法和文字。类似的情况在其他一些场

---

① ZB 和 PB 均为数据存储单位，其中 1ZB=1024EB，1EB=1024PB，1PB=1024TB，1TB=1024GB。

景也时常发生，传感器以固定间隔生成数据，而不考虑数据是否必要，因此包含大量冗余数据。所以大数据处理的一个重大挑战在于通过某种模型或者机制避免过滤掉那些看似无关却包含价值的数据。

随着数据预处理的进行，数据的结构化不断增强，数据的信息密度或价值密度也会随之增加。数据的价值密度与存储的投资回报率（Return On Investment, ROI）也有一定关联，例如，低成本存储系统更适合存储低价值密度的数据。

2. 数据的组织

尽管我们可以对所有形式的数据进行笼统的分析，但数据组织在很大程度上影响着数据分析的能力。对具有较强数据模型的结构化数据进行分析，比对具有较弱数据模型的非结构化或结构不良数据进行分析更有效。但在具体实践过程中，人们发现对具有较弱数据模型的数据进行分析更容易产生以前未知的知识和见解。

在研究和应用中，关于数据分析的核心目标和最终目标有两种不同的见解：

一种是了解发生了什么及发生的原因。一个企业或组织希望确定某些产品在一个地区比另一个地区销售情况更好的原因，或者掌握销售数据与产品展示位置、营销活动策略之间的关系，以确定系列广告是否可以成功，或者是否可能通过比较拥有相似背景和交易历史的客户的行为和模式，了解客户的喜好并降低相应营销损耗等。

另一种是在数据中发现新的模式和因果关系，找到有价值的问题。例如，知道植入式广告如何对营销活动进行影响，了解导致客户远离某供应商的影响因素，发现影响客户从特定供应商购买产品的原因或其他因素对客户购买决策的影响程度等。

这两种完全不同类型的视角及基于不同视角的技术与应用特征在很大程度上依赖于底层数据的数据结构和数据组织。当数据结构繁杂或具有非结构化特征时，相应研究需要应用不同的、更复杂和更具智能性的学习技术来揭示底层数据中的模式与特征，而且这一过程会随着学习技术的丰富和进步不断发现全新的内容，这也是大数据的魅力所在。

3. 访问的频率和并发性

数据访问的频率和并发性是影响大数据系统体系结构的一个特征。不同应用场景具有完全不同的数据访问特性。

在传统商务类实践中，商务用户总是会针对同一数据反复查询相关问题，其查询的问题很多时候是相同的，而且大量的此类用户会同时进行上述操作。针对具有强模型特征和结构化的事务数据，基于此类的应用往往具有高重用性和高并发性。因此在商务类实践中，对事务数据进行建模并确保其强模型特征会大幅度提升处理效率。

而在大数据时代，大数据相关研究者需要对数量庞大的数据进行筛选并获取"深埋"其中有价值的信息，因此会提出各种针对弱结构数据挖掘和处理的问题，其问题种类更加具体且更具有针对性。而且与上述商务类用户相比，很少有大数据研究者就同一问题在同一系统上大规模并行运行。对于大数据研究者来说，原始数据的结构化要求并不迫切，每次使用数据时都构建具有针对性的模型和模式是更好的选择。大数据研究者在每次交互中都会尝试不同的模型，以便发现数据中的新结构，从而实现其研究中的创新。这类数据交互访问通常是低重用和低并发的。

高重用性和高并发性的使用形式意味着可以对数据的结构进行大量的资源投入。而低重用性和低并发性的使用形式则意味着每次访问数据时临时构建结构是可以接受的，因此其所谓的数据结构构建显得相对边缘。这也是大数据技术和处理中的一个重要特征。但这里必须申明的是数据结构构建与数据预处理并不等同，它们具有不同的概念和内涵。前者更利于执行适合 BI（商业智能）形式的分析；而后者则更加灵活，更适合大数据分析形式。

了解上述特征对构建数据解决方案至关重要。在大数据时代，人们构建解决方案需要秉持的观念是：所有的数据都很重要，我们不能因为数据的价值密度低就抛弃它，而应该试图通过挖掘它以获得价值。当然，这是一个持续的过程，需要借助许多不同的技术，从而更深入地分析数据。

大数据时代，我们需要将数据进行产品化，通过产品化使得大数据产生的影响更广泛。为了提供更准确的统计结果，可以对数据进行转换，以提高其质量，并提出更有针对性的结构，为后续处理奠定基础。为了将大数据与企业中的其他数据集成，可以进一步采用细化和结构化处理，以便将其添加到传统数据模型中，最终可以让结果具有广泛性。通过多个阶段的处理，数据量将大大缩减，到相应阶段结束时，数据可能以多个数量级的程度减少，然而其可用性和价值密度却会得到很大的提高。

1.1.2　大数据时代的大数据服务

随着科技的进步和数据处理技术的发展，以商业智能化及其数据分析平台为代表的大数据服务替代了传统的数据库查询与管理。而基于 Web 2.0 的社交与众包平台则为大数据服务奠定了基础。

当前，社交媒体分析成为大数据服务的重要助力。企业组织可以跟踪社交媒体上的人群之间的交互，并据此构建双向业务交易商业智能模型，而不必局限于企业与客户之间的传统的单向交易。一般而言，信息挖掘中的可扩展技术（如信息提取、主题识别、意见挖掘、问答、事件检测）、Web 挖掘、社交网络分析和时空分析等仍旧需要与现有的 DBMS 进行深度融合，从而形成基于 BI&A 2.0（商业智能和分析平台）的新型系统。这些系统使用来自不同来源、不同种类和不同事件发出的各种数据，这种数据集合称为大数据。大数据在许多特定领域及其应用中将产生深远的影响，这些典型领域包括电子政务、电子商务、医疗保健、教育、安全及其他需要大量数据的科学应用。

通过对社交媒体交互中收集的数据进行分析，可以实现对社会动态的了解，这有助于社交媒体平台在适当的时间以正确的方式向人们提供各种服务，从而促进社会的发展与进步，提升社会服务的质量。大数据服务辅助的社会治理旨在通过大数据技术进行社会数据分析和可视化、社区事件侦测及提取、社会事件预测，以增进社会科学研究和社会管理者对人类和社会发展过程的理解，从而促进经济增长，改善并提高生活质量。

电子商务通过大数据服务得以快速发展。电子商务，在利用从社交媒体分析中收集的数据，电子商务在获取客户意见、文本分析和情感分析技术方面受益匪浅。个性化推荐系统现在可以通过客户所表现的社会关系和产品选择的数据进行长尾营销。通过使用和开发基于关联规则挖掘、数据库分段和聚类、异常检测和图挖掘技术的各种数据处理分析系统，电子商务应用充分体现并促进了数据即服务这一理念。

在医疗保健领域，大数据服务将对个性化医疗保健产生重大影响。为实现这一目标，医疗系统必须充分利用该领域每天产生的大量的不同数据。其大数据主要来源于该领域两类应用：基因组驱动的研究以及医疗健康侦测驱动的治疗和健康管理。基因组驱动的大数据又包括基因分型、基因表达和测序数据，侦测驱动的医疗保健则包括健康医疗探测图像、健康参数读数和处方等。健康管理数据包括电子健康记录和保险记录。健康大数据往往用于假设检验、知识发现及其他创新应用。针对医疗保健大数据的服务可以对医疗保健管理产生积极影响。例如，使用胃肠疾病的基因组数据对宿主性状进行预测等。

安全一直是 IT 界的主要关注点，大数据服务亦离不开安全。由于数据越来越开放，随之而来的安全问题也越来越多，大数据服务需要分析跨边界甚至边界内发出的各种安全威胁。安全性研究中的一个重大挑战是由各种数据源、多种数据格式和大量数据导致的信息复杂及超载。从另一个角度来看，大数据蕴含着安全方面的信息，对其进行的研究将有助于减轻安全威胁。安全信息学研究对大数据技术日趋重视，这包括犯罪关联规则的挖掘和聚类、犯罪网络分析、时空分析和可视化、多语言文本分析及网络攻击分析和归因等。

大数据在不同领域的影响来自相关应用对大数据的分析，其分析的本质是从收集的数据中提取信息并向相应用户提供服务——大数据服务。表 1-1 给出了分析的各种类型。

表 1-1　分析的各种类型

分析类型	特　　征	示　　例
操作分析	复杂分析查询	实时欺诈侦测、精准广告、高频率交易等
	可操作性商务处理的一部分	
	可操作性事务中的大容量数据分析	
深度分析	典型的多源性	从智能监测数据中获取洞察力
	非可操作性事务处理	
	复杂数据挖掘和预测分析、实时或者准实时响应	
	使用 Map-Reduce（映射规约）框架、列数据库，基于内存进行分析	
时间序列分析	具有事务处理概念的分析：具有时间、至少一个数值和元数据的元素	算法交易
洞察力（预测）智能分析	分析大量复杂多样的结构化和非结构化信息	股票预测

大数据服务的一个重要目标在于通过大数据提升用户体验。随着云计算、大数据、互

联网、移动互联网、物联网、人工智能等数字技术的运用，消费者的数字化体验期望前所未有地被激发出来。企业也逐渐由以产品为中心转向以客户为中心，客户体验是产品的"终极竞争力"；企业渴望通过数字化转型，优化客户洞察，建立动态的客户画像，基于实时的大数据把握个性化客户体验，创新产品交付和服务模式；通过个性化制造模式（Customer-to-Manufacturer，C2M）、个性化交易模式（Customer-to-Business，C2B）更好地满足客户需求。数字化客户体验正在成为行业数字化升级的核心驱动力。

1.2　大数据相关概念

1.2.1　大数据定义

Gartner 根据 3V 中的容量（Volume）、多样性（Variety）和高速性（Velocity）来定义大数据，具体为：大数据需要新处理模式才能具有更强的决策力、洞察力和流程优化能力来适应海量、高增长和多样化的信息资产。最新的一些领域应用为大数据增加了第 4 个 V（Value），即大数据的准确性或数据质量特性。数据质量为大数据实践提出了一个重大挑战。一般而言，人们输入数据的质量通常较低，甚至从传感器自动收集的数据也可能因传感器问题而质量下降，比如传感器需要校准、数据在传输中丢失等。此外，由于传感器的元数据不正确，数据可能会被错误地解读。大数据应持续进行数据质量的检测与修正，在大多数情况下数据质量已经蕴含在了其他 3V 中，因此本书不再单独进行论述。3V 可以被视为三个不同的大数据维度。

容量。3V 中最明显的一个特征——数据的量。传统商务架构下，数据量的增加主要是交易量和交易细节的增加。与大数据的容量相比，这些增加量很小。随着用户交互应用的增加，数据的量开始迅猛增长。Web 日志是大数据的起点。随着互联网的普及，Web 日志的规模和数量都在增长。这些机器日志产生了一系列用于理解用户行为的大数据，这是第一波大数据增长。在社交媒体中，数据量得到了进一步"解放"，Facebook、Twitter、微信、微博等应用导致数据量有了大幅增长。人类对连接和共享的持续渴求导致了数据生成量的更大跃变，社交媒体允许用户以大量社交受众的形式表达和分享视频、音频、文本等数据。另外，移动技术本身的特点使共享变得更加容易，对于人类迈入大数据时代起到了推波助澜的作用，进一步刺激了数据量增长，这是第二波大数据增长。大数据下一波增长将来自（或正来自）自动化监测。大量的生物识别传感器（心脏、运动、温度、脉冲等）、移动传感器（GPS 等）以及通过蜂窝、互联网、Wi-Fi 等移动网络进行信息传输的设备生成了大量的数据。可穿戴技术和物联网（IOT）也是大数据产生的重要来源之一。上述来源的大数据通常被称为监测数据。传感器数据和监测产生的数据使我们迄今为止所积累的数据量相形见绌。图 1-1 显示了几次数据量增长的不同场景。

多样性。数据种类、数据源与数据格式一样具有多样性。与以关系形式为核心的高度结构化的交易数据不同，大数据具有相对较弱的结构，如 XML 和 JSON[①]，或者是非结构化的数据，如音频、视频、文本、扫描文档等。不同的数据源，如 Web 日志、机器日志、社交媒体、推文、电子邮件、呼叫中心日志和传感器数据都以不同的格式生成数据。数据的多样性使大数据分析更具挑战性。将多样性与大容量相结合的大数据大大增加了处理数据的难度。

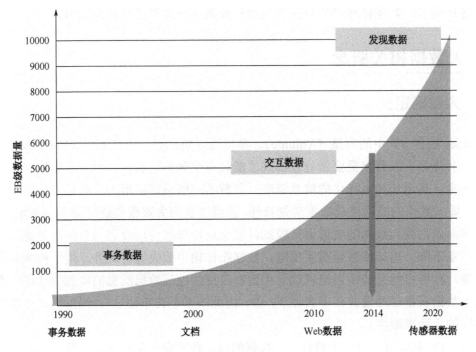

图 1-1　数据量的变化

高速性。它描述了数据流入系统的速度及与之匹配的大数据处理速度。数据来自机器和人类，流入的速度随着源的数量的增长及数据本身的生成速度的加快而加快。

综合 3V 特性，可以称之为数据的复杂性。复杂性是指从大数据中分析、获取洞察力和价值的难度，从大数据中获取洞察力比从事务中获取洞察力要复杂得多。图 1-2 显示了大数据所处的位置。复杂性随着多样性、速度和容量的增加而增加，反之复杂性降低。存储和分析大数据的目的之一是理解并挖掘出其中的价值，否则，存储大量数据将毫无意义。洞察数据中蕴含的价值，其复杂性与数据本身的复杂性直接相关。相较于传统数据分析，对复杂大数据的分析要困难得多。

根据大数据的定义，本书给出了不同视角下的大数据的分类，以期能够帮助人们对大数据有一个总括而直观的认识。如图 1-3 所示，这里考虑的视角包括：数据源、数据样式、数据存储、数据分段和数据处理。数据源可以是网络和社交媒体、传感器、物联网、各种工业机器等。数据分段是对数据进行挖掘之前的预处理过程之一。在数据存储的视角下，则更关注大数据是如何存储和高效、快速访问的。数据处理则提供了处理大数据所需的一

———————————

① XML 为可扩展标记语言，JSON 为一种轻量级的数据交换格式。

般化的系统方法。

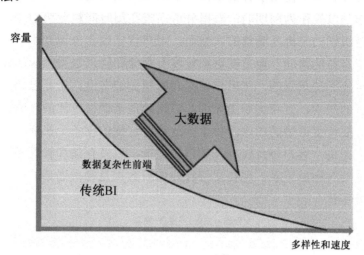

图 1-2　大数据 3V 复杂性变化

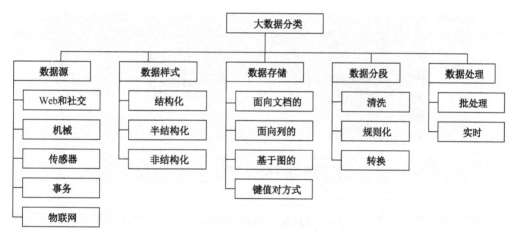

图 1-3　大数据分类

1.2.2　大数据空间

图 1-4 显示了构成大数据空间的不同类型的数据。每种类型的数据都表现出不同的价值和不同的投资回报率（ROI）。此图中的每个阴影部分分析代表数据增长的不同主要平台。每个阴影面积代表数据分析、数据获取、数据存储和管理的复杂性，每一项都与数据收集、传输、管理和分析相关的技术跳跃相吻合。每个新的、更大的区域都需要一些新的分析形式和技术，而技术的每次跳跃都使得数据能够进入下一个更高、更复杂的层次。相应区域越大，意味着其能够处理的数据量越大。

不同数据量平台都有一个自身的 ROI 阈值。这意味着大数据发展的每个阶段都需要在存储和管理数据相关的成本方面与通过应用分析从数据中获得的价值两者之间取得平衡。当成本超过可以获得的价值时，存储这样的数据是没有意义的。ROI 确定数据是否有付诸存储和管理的必要性。这里使用事务数据作为示例来描述此概念。在过去，零售业应用程序使用的详细数据是以周作为周期的，数据分析局限在周时间粒度级别上。与更早之前相比，用户对此粒度级别的分析是满意的。然而，用户肯定也会意识到比周粒度级别更详细的分析会提供更多有益的帮助，但是在更细粒度上存储和管理数据相应的技术和成本在当时情况下是该类企业无法承受的。在用户感受到的相关细节上，企业已经在成本和数据分析之间达到了相应的平衡，更庞大和更详细的数据处理是低性价比的，因为企业没有看到明显的价值增长却要承受激增的成本。每个行业都有这样的例子。在通信行业，数据从计费记录发展而来，即每个客户每月仅有几条消费记录，以及存储和管理通话的详细记录，这些记录是每次通话时间的记录。现在通信行业的新数据是每次通话的网络流量数据，以及每时每刻的流量变化。

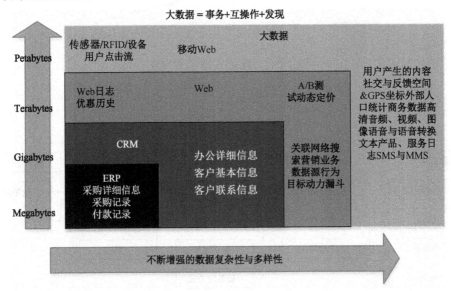

图 1-4　大数据空间

比如通过分析社交图表区分有影响力的人及其追随者，最终定制针对二者的不同营销策略。这种分析技术现在正从前沿、时髦走向通用、普及。

1.2.3　大数据处理

据相关研究的保守估计，世界上的企业服务器系统在 2008 年处理了 9.57×10^{21} 字节的数据，十几年后的今天，这个数字已经增长了数个数量级。协同的科学实验会产生大量的数据，欧洲核子研究中心（CERN）的"大型强子对撞机"（Large Hadron Collider）就是一个很好的例子。该试验每年将产生大约 15PB 的数据，足以填满 170 多万张双层 DVD。YouTube 是一个流行的媒体平台，人们通过它上传和观看大量视频。相关研究组织发布报道，每分钟有 100 个小时时长的视频上传，而观看视频的叠加时间为 13.5 万小时。多媒体信息流量是每秒 28 000MMS。在 2012 年，大约有 4 600 万个移动应用程序的下载量，每个应用程序都会收集数据。Twitter 对大数据的贡献是每秒 9 100 条推特。从电子商务领域看，eBay 每天处理的数据超过 100 PB。因此，大数据从数量上来看就像是一场数据的雪崩，这为大数据处理带来了数项挑战。

从数据采集、数据清洗、数据分析、应用程序分析处理和可视化这一基本过程来看，大数据服务流程仅需要简单的几个步骤。图 1-5 给出了一个大数据处理框架，大数据处理的挑战蕴含其中。

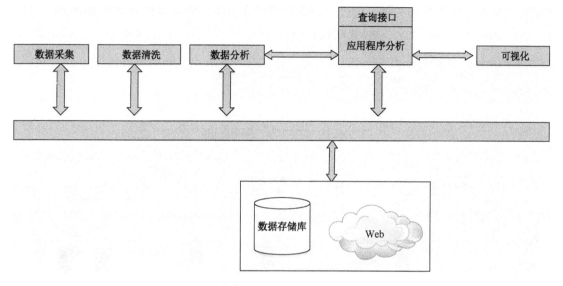

图 1-5 大数据处理

在上述步骤中，数据来源丰富多样，数据质量却难以保证。在获取数据时，数据清洗的预处理包括删除不需要的和不完整的数据。还需要将数据结构转换为数据分析时所需的样式。在此过程中，最重要的是进行数据规范化，避免数据冗余。保存标准化之后的数据以进行后续处理。接下来，来自不同领域的应用，例如社交计算、生物科学、商业领域和环境-空间科学，从收集的数据中获取其期待的信息。获取信息的过程依赖于数据分析技术，其中主要包括机器学习、软计算、统计方法、数据挖掘和用于快速计算的并行算法等。可视化是大数据处理中的重要一步。输入的数据、处理过程中的信息和结果信息通常都需要进行可视化以便理解，因为很多信息往往隐藏在数据结构本身中。

1.2.4 大数据系统

在大数据服务系统中涌现了大量的不同架构和具体系统，图 1-6 给出了一种典型的大数据系统架构。这是几个子系统的组合，它显示了管理信息和提供数据服务（包括商业智能应用程序）的组件之间的关联。

大数据系统与传统数据库技术具有密切的关联，前者由用户从中推断出知识，后者可以保证用户高效访问各种形式的数据信息。在相关文献中，大数据系统一般被称为大数据生态系统。它由三层子生态系统构成。底层连接各种数据源，为系统提供所有类型的数据，即结构化和非结构化数据。它还包括动态数据源，如社交媒体、企业系统、交易系统，不同格式的数据以数据流的方式传输给系统。传统的数据库系统、文件和文档，其中包含的数据和存档信息形成大数据系统的数据源之一。中间层负责数据管理，包括数据预处理、数据建模、数据集成、数据保护、数据隐私和数据审核等。大数据虚拟系统具有虚拟化功能，使其可以与云技术结合，确保数据可用性更具弹性。第三层为利益相关者提供运行应用程序的工具和接口。从广义上讲，该层包括应用程序并行化、信息检索、智能化和可视化。工具和技术是大数据系统成功的关键，通过使用适当的技术，系统的可用性会得到增强。

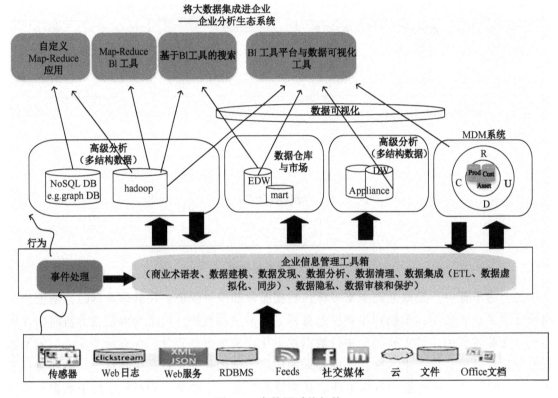

图 1-6　大数据系统架构

1.3　大数据应用现状

大数据产业生态链的构建正在进行中。在政府的监管下，大数据服务提供商与软硬件、网络基础设施服务商以及大数据应用咨询规划、交付、运维、集成服务商和终端设备厂商等一同构成了大数据应用的产业生态链，为政府、企业和个人用户提供服务。

近年来，大数据相关应用在国内得到了长足发展，从学术界、企业界到政府部门都越来越关注大数据领域的建设与应用。比如《中国大数据发展调查报告（2018 年）》中提道："2017 年中国大数据产业总体规模为 4 700 亿元人民币，同比增长 30%；2017 年大数据核心产业规模为 236 亿元人民币，增速达到 40.5%，预计 2018—2020 年增速将保持在 30% 以上。"在接受调查的 1 572 家企业中，已经应用大数据的企业有 623 家，占比为 39.6%，与 2016 年相比上升 4.5%，垂直行业如金融等领域的大数据应用增加趋势较为明显。大数据应用帮助企业实现了智能决策，提高了运行效率和风险管理能力。应用大数据实现了智能决策的企业占比最高（55.2%）；其次，46.6%的企业表示应用大数据后提升了运营效果，35.9%的企业应用大数据后能够更好地进行风险管理。接近 60%的企业在大数据领域的投入将持续增加。

因此，各行各业以大数据为中心的发展新模式和发展新方向愈发明确，人类步入了大数据时代。为此，本节给出了当前大数据中几类主要的应用场景。

1.3.1　金融与财务大数据应用案例

金融、能源行业一直是国内信息化建设的领军性行业，在未来几年里，可以预见中石化、中保、农行等组织的信息化建设将进入 IT 资源整合集成阶段。在此期间，需要利用大数据应用模式，搭建基于支撑大数据的物理集成平台，对各类服务器基础设施及其产生的数据进行集成，形成能够高度复用与统一管理的 IT 资源池与大数据池，对外提供统一硬件资源和大数据服务，同时对大数据的应用及反响进行整合，建立基于大数据挖掘的整合平台，实现各异构系统间的互联互通和跨行业大数据挖掘与服务。因此，大数据挖掘将成为金融、能源类大型组织信息化整合与进一步发展的关键武器。

近年来，大数据技术及人工智能等数据挖掘技术应对一系列主要金融任务的能力成为一个特别重要的问题。本节给出了当前对金融行业影响最大的大数据应用及其发展现状的相关内容。它们涵盖从数据管理到交易策略的各种业务，共同点是展现了大数据金融解决方案的巨大前景。

1. 自动化风险管理

大数据科学和人工智能（AI）在风险管理中最重要的应用是识别潜在客户的信誉。为了给客户建立适当的信用额度,公司使用机器学习算法来分析他们过去的支出行为和模式。这种方法在与新客户或具有简短信用记录的客户合作时也很有用。虽然金融风险管理流程的数字化和自动化处于早期阶段，但其潜力巨大。金融机构需要为变革做好准备。这种变革通过实现核心财务流程的自动化，来提高财务团队的分析能力及进行战略性技术投资。

2. 管理客户数据

对于大多数公司来说，将机器学习技术与管理过程相结合是从数据中提取知识的必要条件。人工智能工具，特别是自然语言处理、数据挖掘和文本分析工具，有助于将数据转化为智能数据治理和提供更好的业务解决方案，从而提高盈利能力。例如，机器学习算法可以通过向客户了解财务历史数据来分析某些特定财务趋势和市场发展的影响。最后，这些技术可用于生成自动报告。

3. 预测分析

分析是金融服务的核心。值得特别关注的是预测分析，它揭示了预测未来事件的数据模式。通过了解社交媒体、新闻趋势和其他数据源，这些复杂的分析方法已经实现了预测价格和客户价值、未来生活事件、预期流失率和股市走势等应用。最重要的是，这种技术可以帮助人们回答复杂的问题，比如如何很好地介入市场运作中。

4. 财务实时分析

财务实时分析通过分析来自不同来源的大量数据，从根本上改变财务流程，快速识别任何变化并采取对其的最佳反应。财务实时分析应用有三个主要方向：欺诈识别、消费者分析和基于算法的交易。

5. 深度个性化和定制化

企业已经认识到，当今市场竞争的关键步骤之一是通过与客户建立高质量的个性化关系来提高他们的参与度。通过分析客户体验，并根据客户的兴趣和偏好对产品、服务等进行完善。人工智能在理解人类语言和情感方面取得了重大进展，从而将客户个性化服务提升到一个全新的水平。大数据工程师还可以建立模型，研究客户的行为并发现客户的金融和财务需求。预测分析工具和高级数字交付选项的结合可以帮助完成这项复杂的任务，在最恰当的时机指导客户获得最佳财务解决方案，并根据消费习惯、社交人口趋势、地理位置和其他偏好提供个性化服务。

1.3.2 其他领域的大数据应用案例

1. 工业制造领域

随着后金融危机的到来，制造企业的竞争日趋激烈，企业在不断进行产品创新、管理改进的同时，也在大力开展内部供应链优化与外部供应链整合工作，进而降低运营成本，缩短产品研发、生产周期。大数据将在制造企业供应链信息化建设方面得到广泛应用，特别是通过对各类业务系统的有机整合，形成企业供应链大数据服务平台，加速企业内部的研发、采购、生产、库存、销售信息一体化进程，进而提升制造企业竞争实力。

2. 电子政务领域

未来，大数据将助力中国各级政府机构，促进公共服务平台建设，提升公共服务效率和自动化。当前，各级政府机构正在积极开展公共服务平台建设，努力打造公共服务型政府新形象，在此期间，需要通过大数据相关技术构建高效运营的技术平台，其中包括利用虚拟化技术建立公共平台服务器集群，利用大数据挖掘技术构建公共服务系统等，进而实现公共服务平台内部可靠、稳定运行，提高平台自动化、智能化、人性化的服务能力。

3. 医疗医药领域

医药与医疗行业一直是国内信息化水平较高的行业。在新医改政策推动下，医药企业与医疗单位将对自身信息化体系进行优化升级，以适应医改业务调整需求。在此影响下，以大数据服务平台为核心的信息化集中应用模式将应运而生，逐步取代以功能性、事务性服务为特征的应用模式，进而提高医药企业和医疗单位的内部信息处理和挖掘能力以及医疗信息公共平台的整体服务能力。

4. 教育科研领域

大数据平台将为高校与科研单位提供实效化的研发平台。大数据应用及其服务已经在很多大学和研究单位得到了初步应用，并取得了良好的应用效果。大数据挖掘必将在我国高校与科研领域得到更加广泛的研究和应用，各大高校将根据自身研究领域与技术需求建立相应的大数据学科与大数据平台，并对原来各下属研究所的服务器与存储资源进行有机整合，提供高效、可复用的大数据处理框架，为科研与教学工作提供强大的智能化支撑和依据，进而大幅提高研发工作效率。

5. 电信领域

电信运营商拥有多年的数据积累，拥有诸如财务收入、业务发展量等结构化数据，也拥有图片、文本、音频、视频等非结构化数据。从数据来源看，电信运营商的数据来源涉及移动语音、固定电话、固网接入和无线上网等业务，也涉及公众客户、政企客户和家庭客户，同时收集实体渠道、电子渠道、直销渠道等所有类型渠道的接触信息。整体来看，电信运营商的大数据发展仍处在探索阶段，大数据在电信领域的应用有：网络管理和优化，包括基础设施建设优化、网络运营管理和优化；市场与精准营销，包括客户画像、关系链研究、精准营销、实时营销和个性化推荐；客户关系管理，包括客服中心优化和客户生命周期管理；企业运营管理，包括业务运营监控和经营分析；数据商业化即数据对外商业化，实现单独盈利。因此，国内电信企业将成为大数据产业的主要受益者之一，从提供的各类付费性大数据服务产品中得到大量收入，实现利润增长；通过对国内不同行业用户的需求进行分析与大数据服务研发、实施，打造自主品牌的大数据服务体系。

1.4 大数据相关技术

近年来，大数据相关技术和应用引起了研究人员和商业人士的关注。人工智能、云技术、移动网络和物联网等基础技术的发展极大地推动了大数据服务的发展。这一领域的研究主要集中在大数据服务和基础技术服务。前者着眼于开发快速数据访问、处理以及推断隐藏信息片段的理论、模型和方法。互联网的迅速普及，各国政府对基于大数据的决策以及企业家们对大数据本身价值的热切渴望，都有力地激发了人们对大数据的研究。本节并不局限于大数据处理平台相关技术（如云计算、云存储、HDFS 和数据等），而是对大数据生命周期（从其来源到存储，再到传输和挖掘处理，最后到应用）中所涉及的各种基础技术展开介绍。

1.4.1　物联网技术

物联网是一个基于互联网、传统电信网的承载体，让所有与信息相关的物理对象和实物实现互联互通是物联网的基本目的。越来越多的物理对象正在以前所未有的速度连接到互联网，实现了物联网（IOT）的概念。这为各行各业提供了丰富的大数据，也为基于大数据的高效决策提供了反馈路径。

大数据的来源涵盖范围非常广泛，物联网是最具代表性的数据源之一。物联网作为网络世界中的感知基础，为人们提供感知的能力，随着人类的进步，这种感知能力正在不同领域快速铺开并蔓延。比如通过环境感知、水位感知、照明感知、交通感知、医疗感知、卫生健康感知、公共管理感知、城市管网感知、移动支付感知、无线城市门户感知等，感知数据的范围包括社会、经济、政治、生活、工作、学习等各个方面，感知数据的形式也具有很强的多样性，感知数据的规模也在持续、快速地增加。因此，物联网从提出开始就成为大数据来源的重要组成部分。随着大数据及其应用的发展，物联网的作用也日益突出。

1.4.2　云技术

云技术可粗略划分为支撑大数据存储的云存储技术和支撑大数据挖掘处理计算的云计算平台。但在很多情况下，云存储与云计算并没有清晰的界限，它们互为基础，共同为大数据应用提供基础性的设施和平台支撑。

1. 云存储

随着大数据的发展，人们对数据存储提出了更高的要求，云存储以其大容量、高性能、低成本、易用、稳定等特征满足了大数据的存储需求，随着大数据的发展应运而生。云存储是一种在线存档（Cloud Storage）模式，即把数据存放在通常由第三方托管的多台虚拟服务器，而非专属的服务器上。云存储系统是当今最成功的云技术应用之一。无论对企业还是个人，要保证数据拥有期望的生命周期，把数据存储在云中都是最经济可靠的选择。

2. 云计算

云计算提供分布式计算任务，依赖分布式文件系统和分布式存储系统。分布式文件系统和分布式存储系统构成整个云计算的基石，提供上层系统所需的可靠和高效的数据存储，满足容错与自动故障恢复、高效的读写与创建、适应网络访问等要求。

云计算是支撑大数据环境及其应用的基础平台。大数据应用作为一个复杂综合体，在构建中具有应用复杂多样、行业繁多、需求异构等特征。多应用与系统之间需要进行信息的共享和传输，不同的应用也需要共同抽取数据综合计算和呈现综合结果。众多繁复的系统需求需要多个强大的信息处理中心进行各种信息的处理。云服务平台具有大规模、低成本、高弹性和管理自动化等特征，能满足大数据环境下的上述应用需求。

1.4.3 移动互联网技术

在网络化社会中，世间万物都能够通过相应的设备进行互联，这将产生海量的数据，这些数据需要及时的传输，而便捷、低成本的无线网络是其天然选择。因此，移动互联网正逐渐渗透到人们生活的各个领域，作为最便捷、通用、覆盖广泛的技术和业务，正在深刻影响着大数据架构和应用的发展。2000年以后，移动互联网技术在可扩展性、可演化性及与互联网集成等方面取得了长足的进步，已经逐步成熟，具备了对大数据环境下数据传输与移动互联的支撑能力。

当前，移动互联网技术最重要的发展方向之一就是与互联网技术相融合，通过新的规范和模型让具有有限处理能力的低功率无线设备参与到物联网中，并最终形成嵌入式互联网（如图1-7所示），进一步完善大数据生态。

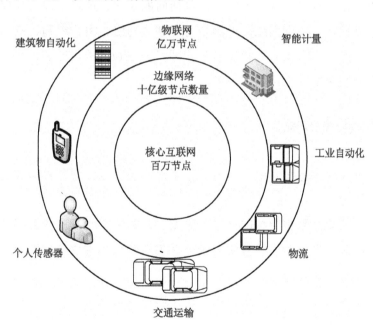

图 1-7　移动互联的直观图

1.4.4 人工智能技术

大数据领域的人工智能技术的本质是以数据为驱动的自动化知识获取，根据政务数据、社会数据、互联网数据、物联网数据提供持续的服务、知识与应用。人工智能并不是高高在上，而是持续服务和创新的体现。在惠民方面，大数据与人工智能结合，实现政务智慧订单服务，可以自动代替市民进行业务办理，实现真正意义上的"数据多跑、市民少跑"的愿景；在政治经济方面，基于大数据的人工智能可以实现全区域资源和业务的自动流转，实现全业务智能化支撑；在业务处理方面，可以实现各行业生态智慧聚合、交易自动撮合，实现全数据智能化支撑。

人工智能的概念最早是在 1956 年由 McCarthy 于 Dartmouth 学会上正式提出的，几十年过去了，人工智能仍旧是世界上主要的尖端、核心技术之一。尽管当前人工智能发展得如火如荼，大量研究成果不断涌现，但其定义仍旧没有完全统一，人们从不同的角度或者应用场景会得出不同的人工智能定义。其中，美国著名的人工智能研究专家 Nikon 教授定认为："人工智能是关于知识的学科——怎样表示知识以及怎样获得知识并使用知识的学科。"而著名的美国大学 MIT 的 Winston 教授认为："人工智能就是研究如何使计算机去做过去只有人才能做的智能的工作。"这些定义均反映了人工智能学科的基本思想和基本内容，由此可以将人工智能概括为研究人类智能活动的规律、构造具有一定智能行为的人工系统。

人工智能的研究和应用领域相当广泛，包括问题求解、逻辑推理与定理证明、自然语言理解、自动程序设计、专家系统、机器学习、神经网络、模式识别、机器视觉、智能控制与检索、智能调度、分布式人工智能与多代理（Agent）、进化计划、知识发现、人工生命以及近年来得到快速发展的深度学习等。

1.5　大数据解决方案

在大数据系统（解决方案）中，一般要求用户不仅可以访问各种形式的数据信息，还可以从中推断出结论。

图 1-8 给出了实现大数据架构的一个具体案例，其中包含了不同数据技术和平台的集成。该大数据架构是一个用于飞机预防性维修并为航空公司提供部件安全预警的大数据分析系统。

图 1-8 显示了与三个平台的集成分析。图中的箭头是数据流，与流程或控制流表示无关。总体流程如下：飞机传感器数据首先到达数据平台（hadoop）。数据平台为数据产品（右）和数据研发平台（左）提供支撑，会话（系统相关方在完整事务中数据交互的过程）中的数据发送到数据研发平台（发现平台），而研发平台对部件进行建模，并向数据产品和数据平台（如：电弧焊）提供信息。产品平台执行 BI 分析，发出响应的警示。

每个子系统都会向另一个子系统提供数据，这是理解该解决方案模式所必需的。传感器数据在数据平台（hadoop）中接收和分析。然而，独立完成这样的分析是不明智的。传感器数据信息并不充分，必须对这些传感器读数进行有效的组织，实现时间序列上的传感器数据的会话化。发现平台需要围绕某个具体零部件重新组织相关传感器数据。为了理解该部件的行为，要对其进行建模。这需要了解部件以及其他传感器读数数据的相关知识。这些不同的数据组织起来，可以更好地理解部件的行为。对部件行为理解的一部分是在相应数据所在地直接完成的，而大部分是在发现平台（数据研发）中实现的。路径分析和统计分析就是这些理解和分析中的一部分，系统用它们对零部件故障模式进行建模和识别。

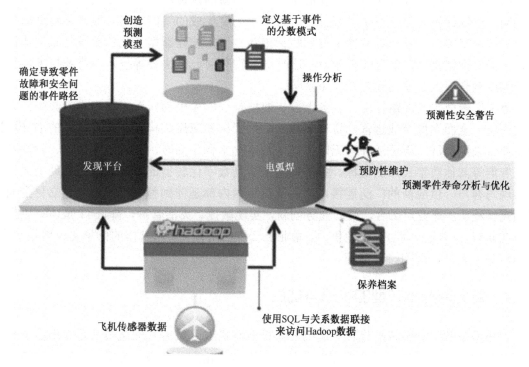

图 1-8　大数据解决方案案例

仅仅确定飞机部件的当前状态是不够的。关于零部件上一次维护的时间、该飞机上零部件的行为历史、其他飞机上该零部件的行为历史、该机上零部件的序列号以及其他类似相关信息都是必需的。此外，还需要飞机制造商提供的相关文档以及其他制造商提供材料中所涉及的零部件说明和相应信息。自然语言分析、文本分析和 SQL 是常用于此类分析的技术。这一知识提炼过程的最终结果是为了给相应人员发出预防性维修的指导和故障部件的安全警告，以保证飞机安全飞行。

图 1-8 就像一个数据提炼中心。原始数据进入数据平台，有趣和有价值的内容被它提取出来，并传递给发现模块。该模块包含企业数据、交易数据和来自运营端的维度数据。数据最终被传递给数据产品，而数据产品提炼、生成并发出警告。从这个提炼中心学习到的知识将用于增强知识平台，以实现未来知识的自动化和大规模的应用。

1.6 大数据与企业数字化转型

大数据时代，以大数据、云计算、物联网、人工智能、区块链等为代表的数字技术不断涌现，正在重新为企业的资产、设备、组织、人员赋能，也催生出新产业、新业态、新模式，推动消费互联网走向产业互联网。Gartner 公布了 2019 年十大战略科技发展趋势，并提出多种趋势的组合效应将产生新的机会并推动新的颠覆浪潮，比如人工智能（AI）与物联网、边缘计算与数字孪生一起使用，可提供高度集成的智能空间。数字化转型需要依靠数字技术来实现，各行各业都需要积极拥抱新技术，构建新型云化和服务化架构体系，重视数据，把数据/AI 作为核心能力，适时引入物联网、区块链等技术，将新技术与管理运营深度融合，为企业创造新的竞争优势。

数字化转型的实现路径由"业务上云、数据整合、应用创新"三步构成。其中，云是承载环境，全面支撑企业运营的资源架构、数据架构和应用架构，颠覆了传统的 IT 模式，为企业带来更经济、更灵活并可无限扩展的数字化平台。同时，云也是大数据、物联网、人工智能等其他数字技术的支撑。推动业务上云是数字化转型的重要途径。借助上云，可以实现与客户、供应商的广泛连接，将企业流程由内部延伸到整个产业链，建立更全面的端到端流程，加速业财融合，推动业务创新，实现敏捷、灵活管理，降低 IT 成本，以提高企业在新状态下的发展动力和竞争力。企业上云以应用优先，与具体的信息化应用相结合，诸如财务、人力、采购、营销等。

1.6.1 财务智能化转型的机遇与挑战

大数据驱动的财务智能化转型面临四大机遇与挑战。财务智能化转型是实现企业数字化转型的重中之重，它由内部管理需求驱动，以新一轮产业升级为前提，以政府政策为催化剂，以技术变革为实现基础。

1. 新一轮的产业升级，加速财务智能化转型

新一轮的产业转型升级对财务工作提出新的要求，财务走向业务，业财融合，财务共享中心正在逐渐走向普及，这种普及为财务工作的创新和转型打下了坚实的基础。

2. 企业内部管理需求拉动管理会计创新，推动财务升级与智能化转型

管理会计是企业战略、业务、财务一体化最有效的工具，其发展核心主要来源于企业的内部管理需求。在日益严峻的经济压力下，企业面临着更加迫切的战略转型、管理精细化、风险管控以及产业结构优化的需求。将管理会计应用于实践，必将在推动企业技术创新、管理创新、资源优化配置等方面发挥越来越重要的作用。

企业管理的精细化要求也使得财务管理部门的职能发生巨大变化：业财融合、管控升级、消除冗余自动核算、提升效率。财务处理过程实现标准化、流程化、自动化、智能化，推动财务职能转型。

3．政策环境驱动财务数字化转型

2015 年 12 月，国家提出了关于供给侧改革的方针政策，旨在去除不良产能，扭转低端供给，调整供给结构，寻找并刺激新的经济增长点。供给侧改革促使企业财务管理理念发生变化。低端产能过剩的现状迫使企业不得不放弃投资的单一模式，探索创新之路，使企业财务管理向精细化财务管理、财务风险防控和优化资本结构方面转型，降低财务资源占用，释放流动性资金，加强成本控制，划小核算单位，降低成本，增大权益资本，降低财务风险，推进企业财务管理信息化与智能化。

4．新 IT 技术为企业财务信息化变革和智能化转型提供了技术基础

新一代 IT 技术推动了企业的变革与创新，推动财务共享走向普及。企业向互联、共享、智能的云财务时代发展。移动互联网改变了企业组织形态，进而满足了财务共享实时化办公的需求。在新技术的推动下，智能化和数据化的财务共享势不可挡。互联、共享、智能的财务共享模式，也会促进企业数字化转型。

1.6.2 数字化转型案例

作为我国三大国际枢纽机场之一的广州白云国际机场股份有限公司（简称"白云机场"）由广东省机场管理集团的优质资产组成，是经营机场的专业公司。近年来，白云机场奠定了面向东南亚及大洋洲的第一门户枢纽地位，它以亚太、大洋洲和非洲地区为主，逐步覆盖欧美等地区的航线网络布局初具雏形。

在"智慧机场"建设方面，白云机场一直走在国内同行前列。尤其是在智慧企业管理方面，其与浪潮云 ERP 推出的管控服务型财务共享中心方案，体现了白云机场财务信息化建设思路。双方在 2017 年达成合作，共同推进的财务共享中心，有力地支撑了白云机场向智慧机场的转型升级。

1．"一点式"财务共享中心构筑智慧机场基石

"智慧机场"建设倡导打造集机场运行管理、安全监控与商业服务于一体的数字化与智能化平台，来优化和提升旅客出行体验。白云机场基于财务管控模式，打造了具有业财一体、一点出报、一盘棋管理三大亮点的"一点式"管控服务型财务共享中心。基于核算模式推进业财一体化建设，实现绝大部分业务会计核算自动化，统一出具各类报表，完善会计核算稽核、资金稽核及财务检查工作体系，强化白云机场的管控力度，保障资金安全，建立起高效精干的财务共享中心队伍。

2．依托大数据分析支持智慧决策

白云机场使用财务共享系统后，每天有数万条信息进入财务共享中心，其中财务核算数据量达到十万级，同时财务共享中心支撑了数千注册用户的日常业务处理。随着大量的维护运营数据、收入结算数据、财务核算数据逐步沉淀到财务共享中心，利用大数据技术在决策优化、绩效提升及客户视角的应用方面发挥财务共享中心的数据价值，成为白云机

1.7　大数据面临的挑战与发展展望

大数据服务面临着来自硬件和软件的限制，这些限制已经渗透到 IT 技术的方方面面。存储系统是当前大数据面临的限制来源之一。面对海量大数据及其处理中要求快速输入、输出等问题，存储设备和相关存储系统在其存储容量、价格和存储性能等方面仍旧存有问题。

除了存储限制，在快速数据管理以及高效的数据结构定义方面也存在相应的限制。这需要不断优化设计和实现高效索引，以满足快速访问数据的需求。键值对存储和数据库文件系统中蕴含的很多新思想是面向大数据管理挑战而提出的。

大数据服务需要通过网络进行大量的数据传输，传输过程中的数据丢失总是不可避免的。如果出现这种损失，维护数据完整性将是一项巨大挑战。更重要的是，大数据服务总是面临各种数据安全问题。云环境现在已经成为大数据存储的主力平台，基于云技术相关研究，研究者们提出了许多大数据解决方案，因此云技术面临的挑战也成为大数据服务的问题。

严苛的计算能力需求已成为大数据服务的重要组成部分。数据分析和可视化都需要很高的计算资源消耗。随着数据规模的扩大，计算能力的需求呈指数级增长。尽管处理器的时钟周期频率遵循摩尔法则在快速发展，但频率速度仍然落后于需求。因此，目前开发具有并行计算的多核处理器应该是其中一种很有前景的解决方案。

实时收集数据和提供数据服务是导航、社交网络、金融、生物医学、天文学、智能交通系统和物联网等大数据应用的重中之重。保证大数据服务的及时性是一项重大挑战，这不仅需要高计算能力，还需要创新的计算架构和强大的数据分析算法。

实际上，任何新兴学科面临的首要挑战都是人力资源严重短缺。大数据应用程序开发需要具有很强的数学能力和相关专业知识的人员，只有如此，才能充分挖掘和利用大数据的价值。而美国相关研究人员得出结论，目前作为科技第一强国的美国在人力资源方面也面临同样的困难，这意味着对其他国家来说情况也类似甚至更糟。

大数据技术，必然会像冶金、印刷术等技术一样，在不远的将来渗透到各行各业，并全面地提高社会生产力。因此，大数据技术将呈现三大趋势：数据生成与采集层面，"众包"的数据生成与采集趋势；数据存储层面，以数据为中心的存储建模趋势；数据分析挖掘层面，智慧生成的趋势。

1."众包"的数据生成与采集趋势

在数据生成与采集层面，在未来海量数据的场景下，依靠单一的力量去采集数据，无论在资金成本上，还是在时间成本上都不可行。例如，传统的酒店评估模式采用酒店星级评定标准，简单的结构化数据，如硬件指标等，显然无法满足人们对酒店入住体验的想象。但是，在大数据模式下，只要提供一个类似于"携程"或"大众点评"的数据收集分享平台，就可以将"零散的顾客评价"这类非结构化数据转变成"多维度的用户体验数据"。这些海量数据的分析结果可以帮助酒店改善硬件和服务以提高客户的满意度，同时精细化目标客户群体，提升营销能力。消费者也能根据自己的个性化需求精准地找到心仪的酒店。

2. 以数据为中心的存储建模趋势

在数据存储层面，统一的数据中心将成为趋势。对于大众消费类的系统，包括电子商务、游戏类系统，由于是全新构建，数据将天生具备统一存储、统一建模的基因。

对于企业、政府、行业类的大数据系统，由于历史上已有众多的系统在线运行，要强行统一数据存储并建模，不具备可行性。此种场景下，新建的大数据系统将通过 ESB（企业服务）总线的模式，与原有的在线生产系统对接，通过已有的系统进行数据采集，经过转换与建模后进行统一存储，以达到数据共享、互通的目的。

3. 智慧生成的趋势

在数据分析挖掘层面，未来的大数据系统能否生成智慧，替代人类专家，将是区分大数据系统与传统 IT 系统的关键特征。一个无法生成智慧的系统，无论数据量有多大，充其量也就是一个大型的传统系统，而不是大数据系统。相信随着数据量的增大，挖掘算法的改进，以及计算能力的提升，大数据系统将可以做出超越人类专家经验与直觉的智慧建议，在各个行业大幅度地提升人类活动的准确性，减少盲目性，提升整个社会的生产力。

未来，智能化运营、数字化创新是智慧企业的两大核心能力，也是企业数字化转型的双主线，这两大能力相辅相成，共同演进、推动企业实现业务的快速转型。

【案例】   大数据在企业财务预警中的应用

中央财经大学的宋彪等几位教授在 2015 年做了一项研究，他们将网民视为分散在网络上的企业传感器，利用网络爬虫软件抓取网民对样本公司的评论信息，并将其转换成大数据变量，建立包含大数据变量的财务预警模型。他们以 60 家上市公司为样本进行实证检验后发现，与传统的财务指标预警模型相比，纳入大数据指标的财务预警模型在企业陷入财务困境前 2 年、前 3 年的预测准确率分别高出 3.9 个百分点。

（资料来源：宋彪等，财经大学学报，"基于大数据的企业财务预警研究"．2015 年 6 期．）

第 2 章 ▶▶▶

大数据思维

【章首小案例】　　　　　　　**大众情绪与股票买卖决策**

在"小数据"时代，投资者主要基于结构化数据（如财务数据、宏观经济数据等）进行股票投资决策，在"大数据"时代，大众发泄在网络上的情绪（多数是文字信息）是否可以被投资者用来作为股票投资决策的依据？华尔街"德温特资本市场"公司首席执行官保罗·霍廷每天的工作之一，就是利用计算机程序分析全球 3.4 亿微博账户的留言，进而判断民众情绪，再以"1"到"50"进行打分。霍廷根据打分结果再决定如何处理手中数以百万美元的股票。霍廷的判断原则很简单：如果所有人似乎都高兴，那就买入；如果大家的焦虑情绪上升，那就抛售。霍廷的公司获得了 7%的收益率，超出了美国股市 1928—2013 年间的年平均收益率（6.3%）。

（资料来源："大数据强商业"，https://yq.aliyun.com/articles/125767.）

思维是对客观事物的概括和间接反映的过程，其核心是对事物内部本质联系和规律性的一种探索与发现，其往往表现为对一类事物非本质属性的摒弃和对其共同本质特征的反映。那么大数据思维又是什么呢？虽然目前没有权威统一的定义，但大数据思维的本质仍旧是思维中的一种，只是其特征、内容、目标、方法和过程都是围绕着大数据展开的。从信息论的观点来看，大数据思维就是针对新输入的大数据信息与已有的各种知识相结合进行的一系列复杂的心智操作过程。

大数据思维与大数据所表现出来的特征有着密切的关联，大数据是一个体量特别大、数据类别特别复杂的数据集，并且这样的数据集无法用传统数据库工具对其内容进行抓取、管理和处理。这与传统数据相比有着巨大的区别，因此导致大数据思维与传统思维方式表现出了大量不同的特征。人们在大数据思维下可以更多关注"是什么"而不必知道"为什么"，可以了解事物"甲"与"乙"之间的某种关联，而不必深究其中的因果关系，线性、物理、简单地思考问题将逐渐被立体、逻辑、主动考虑问题所取代，等等。本章围绕这些特征展开介绍，为大数据时代人类处理问题提供思维利器。

大数据时代的到来，给我们带来了思维的改变。大数据不仅改变每个人的日常生活和工作方式，改变商业组织和社会组织的运行方式，同时还改变我们的思维模式，只有这样才可能在这个时代透过数据看世界，才能在大数据的世界中看得更加清晰和长远，从而适应这个新的大数据时代，并成为时代的"弄潮儿"。

2.1 大数据思维的重要意义

就方法论而言，大数据是一种全新的思维方式。按照大数据的思维方式，人们做事情的方式与方法需要从根本上改变，从而适应大数据时代的特征。

大数据思维表现为一种全新的思维方式，因此要说清楚大数据思维的重要性，需要先回顾一下自 17 世纪以来一直指导我们日常做事行为的一种最重要的思维方式——机械思维。今天说起机械思维，很多人马上想到的是死板、僵化，觉得非常落伍，甚至"机械"本身都算不上什么好词。但是在两个世纪之前，这可是一个时髦的词，就如同今天我们说互联网思维、大数据思维很时髦一样。毫不夸张地讲，在过去的三个多世纪里，机械思维可以算得上是人类总结出的最重要的思维方式，也是现代文明的基础。今天，很多人的行为方式和思维方式其实依然没有摆脱机械思维，尽管他们嘴上谈论的是更时髦的概念。

那么，机械思维是如何产生的？为什么它的影响力能够延伸至今？它和我们将要讨论的大数据思维又有什么关联和本质区别呢？

不论经济学家还是之前的托勒密、牛顿等人，他们都遵循着机械思维。如果我们把他们的方法论做一个简单的概括，其核心思想有如下两点：首先，需要有一个简单的元模型，这个模型可能是假设出来的，然后再用这个元模型构建复杂的模型；其次，整个模型要和历史数据相吻合。这在今天动态规划管理学上还被广泛地使用，其核心思想和托勒密的方法论是一致的。

后来人们将牛顿的方法论概括为机械思维，其核心思想可以概括成：

第一，世界变化的规律是确定的。

第二，由于有确定性做保障，因此规律不仅是可以被认识的，而且是可以用简单的公式或者语言描述清楚的。这一点在牛顿之前，大部分人并不认可，只是简单地把规律归结为神的作用。

第三，这些规律应该是放之四海而皆准的，可以应用到各种未知领域指导实践，这种认识是在牛顿之后才有的。

这些其实是机械思维中积极的部分。机械思维更广泛的影响力是作为一种准则指导人们的行为，可以概括成确定性（或者可预测性）和因果关系。牛顿可以把所有天体运动的规律用几个定律讲清楚，并且应用到任何场合都是正确的，这就是确定性。当我们给物体施加一个外力时，它就获得一个加速度，而加速度的大小取决于外力和物体本身的质量，这是一种因果关系。没有这些确定性和因果关系，我们就无法认识世界。

从牛顿开始，人类社会的进步在很大程度上得益于机械思维，但是到了信息时代，它的局限性也越来越明显。首先，并非所有的规律都可以用简单的原理描述；其次，像过去那样找到因果关系已经变得非常困难，因为简单的因果关系规律性都被发现了。另外，随着人类对世界的认识越来越清楚，人们发现世界本身存在着很大的不确定性，并非如过去想象的那样，一切都是可以确定的。因此，在现代社会里，人们开始考虑在承认不确定性的情况下如何取得科学上的突破，把事情做得更好。这也就导致一种新的方法论诞生。

不确定性在我们的世界里无处不在。我们经常可以看到这样一种怪现象，很多时候专家们对未来各种趋势的预测是错的，这在金融领域尤其常见。如果读者有心统计一些经济学家们对未来的看法，就会发现它们基本上是对错各一半。这并不是因为他们缺乏专业知识，而是由于不确定性是这个世界的重要特征，以至于我们按照传统的方法——机械论的方法难以做出准确的预测。

世界的不确定性来自两方面，首先是当我们对这个世界的方方面面了解得越来越细致之后，会发现影响世界的变量其实非常多，已经无法通过简单的办法或者公式算出结果，因此我们宁愿采用一些针对随机事件的方法来处理它们，人为地把它们归为不确定的一类。其次，不确定性来源于客观世界本身，这是宇宙的一个特性。比如，在微观世界中，相关理论认为人们不可能准确地测出粒子在某一时刻的位置和运动速度。

这反映出在信息时代的方法论：谁掌握了信息，谁就能够获取财富，这就如同在工业时代，谁掌握了资本谁就能获取财富一样。因为信息可以削弱不确定性。

当然，用不确定性眼光看待世界，再用信息消除不确定性，不仅能够赚钱，而且能够把很多智能型问题转化成用信息处理的问题，具体就是利用信息来消除不确定性。比如，下象棋，每一种情况都有几种可能，却难以决定最终的选择，这就是不确定性的表现。再比如，要识别一个人脸的图像，实际上可以看成是从有限可能性中挑出一种，因为全世界的人数是有限的，这也就把识别问题变成了消除不确定性的问题。

首先我们必须承认世界的不确定性，这样我们就不会采用确定性的思维方式去面对一个不确定性的世界。当我们了解到信息或者说数据能够消除不确定性之后，便能理解为什么大数据的出现能够解决那些智能的问题，因为很多智能问题从根本上来讲无非是消除不确定性的问题。

由此可见，大数据的科学基础是信息论，它的本质就是利用信息消除不确定性。虽然人类使用信息由来已久，但是到了大数据时代，量变带来质变，以至于人们忽然发现，采用信息论的思维方式可以让过去很多难题迎刃而解。

2.2 数据核心思维

大数据时代，人们通过 IT 技术解决问题的思路和计算模式发生了重要的转变，从"流程"核心转变为"数据"核心。

近年来，在很多领域得到广泛运用的 Hadoop 体系的分布式计算框架是一种典型的以"数据"为核心的范例（如图 2-1 所示）。Hadoop 由 Apache Software Foundation 于 2005 年秋天作为 Lucene 的子项目 Nutch 的一部分正式引入。它受到最先由 Google Lab 开发的 Map-Reduce 和 Google File System(GFS)的启发。Hadoop 作为一个平台包含了多个子项目，其架构如图 2-1 所示，其中 HDFS 与 Map-Reduce 是其核心代码（Core）之上的两个最核心的功能，是 Hadoop 的基础与支柱。HDFS 围绕数据提供了分布式的数据存储办法，而

Map-Reduce 则是一种面向数据的编程模型。之所以说 Map-Reduce 是以数据为核心的，是因为该模型并不关心数据处理的具体过程，只是提供数据划分与规约的基本机制。

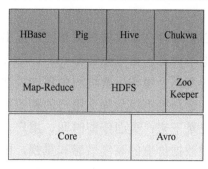

图 2-1　Hadoop 平台子项目构成

　　大数据下，云计算找到了破茧重生的机会，在存储和计算上都体现了以数据为核心的理念。大数据和云计算的关系：云计算为大数据提供了有力的工具和途径，大数据为云计算提供了很有价值的用武之地。而大数据比云计算更为落地，可有效利用已大量建设的云计算资源。云计算不再以计算过程和逻辑作为企业解决问题的核心，这一点与传统 IT 信息系统不同，后者往往会投入大量资源打造商务处理流程的信息化，并根据具体需要导入数据。而云计算更多的是面向数据，数据在哪里应用就在哪里，以构造数据存储和挖掘的方案作为核心。我们知道大数据分析技术最初起源于互联网行业。网页存档、用户点击、商品信息、用户关系等数据形成了持续增长的海量数据集。这些大数据中蕴藏着大量可以增强用户体验、提高服务质量和开发新型应用的知识，而如何高效和准确地发现这些知识基本决定了各大互联网公司在激烈竞争环境中的位置。首先，以 Google 为首的技术型互联网公司提出了 Map-Reduce 的技术框架，利用廉价的 PC 服务器集群，大规模并发处理批量事务。利用文件系统存放非结构化数据，加上完善的备份和容灾策略，这套经济实惠的大数据解决方案与之前昂贵的企业小型机集群+商业数据库方案相比，不仅没有丢失性能，而且还赢在了可扩展性上。我们在设计一个数据中心解决方案的前期，就要考虑方案实施后的可扩展性。通常的方法是预估今后一段时期内的业务量和数据量，加入多余的计算单元(CPU)和存储，以备不时之需。这样的方式直接导致前期巨大的一次性投资，并且即使这样也依然无法保证计算需求和存储超出设计量时的系统性能。而一旦需要扩容，问题就会接踵而来。首先是商业并行数据库通常需要各节点物理同构，也就是具有近似的计算和存储能力。而随着硬件的更新，我们通常加入的新硬件都会强于已有的硬件。这样，旧硬件就成为系统的瓶颈。为了保证系统性能，我们不得不把旧硬件逐步替换掉，经济成本损失巨大。其次，即使是当前最强的商业并行数据库，其所能管理的数据节点也只是在几十或上百这个数量级，这主要是由于架构上的设计问题，所以可扩展性必然有限。而 Map-Reduce+GFS 框架，不受上述问题的困扰。需要扩容了，只需增加机柜，加入适当的计算单元和存储，集群系统会自动分配和调度这些资源，丝毫不影响现有系统的运行。这些"云"系统中的核心思想也持续影响着大数据思维的形成。

　　社会和经济的进步越来越多地由数据来推动，海量数据给数据分析既带来了机遇，也构成了新的挑战。大数据时代，人们往往是利用众多技术和方法，综合源自多个渠道、不同时间的信息才能获得数据最终的结果。为了应对大数据带来的挑战，我们需要新的以数据为核心的大数据思维。

对于企业而言，数据核心思维对企业数据挖掘和应用提出了更高的要求，企业不再局限于简单的实现信息化或者电子商务。亚马逊公司（以下简称"亚马逊"）正在基于数据核心思维加速向"信息公司"转变，公司在运营过程中更加关注数据本身的价值，并从数据中获取直接或者间接的收益。亚马逊不仅从每个用户的购买行为中获得信息，还将每个用户在其网站上的所有行为都记录下来：页面停留时间、用户是否查看评论、每个搜索的关键词、浏览的商品等。这种对数据价值的高度敏感和重视，围绕数据本身开发强大的挖掘能力，使得亚马逊早已远远超出了它的传统运营方式，转向了以数据为核心的方向。亚马逊长期以来一直通过大数据分析，尝试定位客户和获取客户反馈，它认为："在此过程中，你会发现数据越大，结果越好。为什么有的企业在商业上不断犯错？那是因为它们没有足够的数据对运营和决策提供支持，一旦进入大数据的世界，企业的手中将握有无限可能。"亚马逊的各个业务环节都离不开"数据驱动"的身影。在亚马逊上买过东西的朋友可能对它的推荐功能很熟悉，"买过 X 商品的人，也同时买过 Y 商品"的推荐功能看上去很简单，却非常有效，同时这些精准推荐结果的得出过程也非常复杂。亚马逊的大数据核心思维体现在各个方面。

在预测上，通过历史数据来预测用户未来的需求。对于书、手机、家电这类产品，亚马逊内部叫硬需求的产品，也可以认为是"标品"，对这类需求的预测是比较准确的，甚至可以预测到相关产品属性的需求。但是对于服装这样的软需求产品，亚马逊干了十多年都没有办法预测得很好，因为这类产品受到的干扰因素太多了，比如：用户对颜色款式的喜好，穿上去合不合身，爱人、朋友喜不喜欢等，这些因素太易发生变化，买的人多反而会预测不好，所以需要更为复杂的预测模型。

在测试上，亚马逊网站上的任何一段页面文字都不是碰巧出现的。亚马逊会在网站上持续不断地测试新的设计方案，从而找出转化率最高的方案。整个网站的布局、字体大小、颜色、按钮以及其他所有的设计，其实都是在多次审慎测试后的最优结果。

在记录上，亚马逊的移动应用在让用户有一个流畅的无处不在的体验的同时，也通过收集手机上的数据深入地了解每个用户的喜好信息。

更值得一提的是 Kindle Fire，其内嵌的 Silk 浏览器可以将用户的行为数据一一记录下来。以数据为核心的思维及其衍生的方法并不仅限于以上领域，亚马逊的企业文化就是冷冰冰的数据导向型文化。对于亚马逊来说，大数据意味着大销售量。数据显示出什么是有效的、什么是无效的，新的商业投资项目必须要有数据的支撑。对数据的长期专注令亚马逊能够以更低的售价提供更好的服务。这样的思维方式在"阿里巴巴"和"京东"等平台上也是屡见不鲜。

以数据为核心，用数据核心思维方式思考问题、解决问题，反映了当下 IT 产业的变革，数据成为人工智能的基础，也成为智能化的基础，数据比流程更重要，数据库、记录数据库都可开发出深层次信息。其实，大数据真正的本质不在于"大"，而是在于背后跟互联网相通的一整套新的思维。可以说，大数据带给我们最有价值的东西就是大数据思维，因为思维决定一切。

2.3　数据决策思维

数据决策思维，就是要求决策者要习惯"用数据说话"，一切重大决策都应该基于数据分析做出。美国有句谚语"除了上帝，任何人都必须用数据说话"，著名的管理学者德鲁克也说过"不能量化，就无法管理"，这都表明，美国人及美国企业的管理者都高度重视基于数据的决策。数据决策思维，就是要求决策者要有意识地寻找数据来支持自己的观点；对数据敏感，重要的数据要能"张口就来"；决策时重视数据的运用，认同"数据自有黄金屋"的观点；能够掌握数据处理方法，从数据中挖掘出"黄金"。

从数据中获取洞察力并基于该洞察力做出决策是数据驱动决策的目标，也是大数据思维中数据驱动思维的主要表现。分析信息的结构，并对信息进行理解，最终获取相应的洞察、预测和预见能力。

Wikipedia 将"数据存储仓库，以其原生格式保存大量原始数据，直到这些数据得以应用"定义为数据湖，并进一步指出"当一个商务、业务问题出现后，可以查询数据湖的相关数据并获取一个较小的数据集用以分析，从而帮助解决这个问题"。

上述定义意味着数据湖是原始数据的主要存储库，只有在需要时才访问原始数据。因此可以说，数据湖就是以数据决策思维对大数据存储和应用的定义。

原始数据正在爆炸式地生成，企业、组织接收到的总体数据量也在量级上呈现跃变式地增长。这些数据必须尽快收集，并以尽可能低的成本存储，任何数据都不能丢失。这类数据的价值密度通常很低，数据的实际价值在第一次获取时是未知的。因此，需要一个具有低成本捕获和存储的基础设施。此设施甚至不需要提供数据库的所有典型 ACID（Atomicity（原子性）、Consistency（一致性）、Isolation（隔离性）、Durability（持久性））属性。在查询数据之前，数据以原始形式存储，在需要将其与企业的其他部分集成之前，不会对其进行处理。然而，低密度价值的海量数据在获取和持续存储期间将一直消耗大量资源，这要求后续价值挖掘阶段必须尽快到来，以缩短上述过程，而且大数据本身的时效性特征也非常明显。这要求大数据决策思维要格外注意时效性。

为了使原始数据可用性更好，必须对其进行转换。原始数据有不同的形式，原始数据转换和提取的过程称为数据角力（Data Wrangling）。维基百科定义了数据角力的过程："数据改写或数据角力广义上来说是把数据从一种原始状态形成另一种格式的手动转换或映射过程，过程允许在半自动工具的帮助下更方便快捷地实现数据消费。这可能包括进一步修正、数据可视化、数据聚合、训练统计模型，以及许多其他潜在应用。"定义阐述了数据角力对大数据的重要性：鉴于互联网的快速发展，这种数据角力技术在组织拥有越来越多的可用数据方面变得越来越重要。数据角力是在数据湖中进行的一种分析形式。这个过程将数据从多个原始数据源中提取，并将它们转换为适合加载到数据产品和数据研发中的结构。

通常，它在加载前会对原始数据进行清理、转换、汇总和组织。该过程除能应用到事务数据上之外，对非事务性大数据也可执行。它承载了对博客、社交数据、机器、传感器等大数据形式的数据研发。数据湖或数据平台通过清理和转换过程来增加价值密度。eBay 是一家领先的大数据用户公司，该公司表示，"以正确的方式切割数据是科学运用数据的关键，而这项工作中最大的任务之一就是数据清理"。因此，在大数据决策思维中，良好的决策是建立在完善的大数据预处理基础上的。

针对大数据的深入发掘是数据驱动决策的重要手段，这提升了人类发现问题的洞察力。洞察力意味着知道哪些问题值得回答、哪些模式值得识别。这类问题和模式通常是新的、迄今为止尚没有明确答案的。了解这些问题和模式可以在稍后的阶段中应用它们，并改进和补充以前的知识体系。例如，首次发现信用卡交易可能存在的欺诈行为，就是一个新发现。对这一发现的改进是识别表明欺诈的行为类型，然后采取对应措施。换句话说，提出"交易可能是欺诈行为吗"这一问题是一门很大的学问。确定导致欺诈的模式是另一种学习方式。这些都必须基于数据，是数据为这一过程提供了驱动力。数据驱动是数据决策思维的核心。

2.4 数据全样思维

事物的进步总是呈现出"螺旋上升"的特征。大规模的数据采集与处理最早都源自政府或者教会的行动中。几千年来记载人类的历史上，政府一直都试图通过收集信息来管理国家和国民。

其中，最常见的就是人口数据的普查。人口普查已经成为现代政府的基本工作任务之一，但即使如此，这也不是一件简单的事情，而在过去这更是一件困难重重的事情。据记载，古代埃及极可能曾进行过人口普查，这个事件记录在《圣经旧约》《圣经新约》中。1086年的《末日审判书》（*The Doomsday Book*）对当时英国的人口、土地和财产做了一个前所未有的全面记载。皇家委员穿越整个国家对每个人、每件事都做了记载，后来这本书用《圣经》中的《末日审判书》命名，因为每个人的生活被赤裸裸地记载下来的过程就像接受"最后的审判"一样。

人口普查是一项耗费时间和资源的事情。政府除非放弃收集信息，否则在当时没有其他办法。即便是这样，普查中收集的信息也只是一个大概情况，实施人口普查的人也知道他们不可能准确记录下每个人的信息。实际上，"人口普查"这个词来源于拉丁语的"census"，意思就是推测、估算。

美国在 1880 年进行了一项耗时达 8 年的人口普查。尽管 8 年之后最终完成了数据汇总，但他们获得的很多数据都已经过时了。而此后 1890 年进行的人口普查预计要花费 13 年的时间来汇总数据。即使不考虑这种情况违反了《宪法》规定（美国《宪法》规定每 10 年进行一次人口普查），它也是很荒谬的。然而，因为税收分摊和国会代表人数的确定都是建立在人口基础上的，所以必须要得到准确的数据，而且是及时的数据。此后，美国人赫尔曼·霍尔瑞斯（Herman Hollerith）用其穿孔卡片制表机来完成 1890 年的人口普查，并成功地在一年时间内完成了人口普查的数据汇总工作，这标志着自动处理数据的开端，也为后来 IBM 公司的成立奠定了基础。但这仍旧不是一种完美的方法，要求每个人都必须填一张可制成穿孔卡片的表格，然后再进行统计。

面对大规模的数据，其麻烦之处不仅仅表现在数据收集，数据处理也面临巨大挑战。其中一个问题是利用所有的数据还是仅仅采用其中一部分。最好的办法当然是选择与被分析事物有关的所有数据，但是当数量无比庞大时，这又不太现实。早在三百多年前，英国的一个商人约翰·格朗特（John Graunt）提出了一种当时很有新意的方法：采用新方法推算得出鼠疫时期伦敦的人口数，这种方法就是后来统计学中的抽样。这个方法不需要一个人一个人地计算，虽然这个方法比较粗糙，但采用这个方法，人们可以利用少量有用的样本信息来获取人口的整体情况。然而后来的进一步研究证明，问题的关键是选择样本时的随机性。抽样分析的精确性随着抽样随机性的增加而大幅提高，但与样本数量的增加关系不大。虽然费解，但有一个比较简单的解释就是：当样本数量达到了某个值之后，我们从新的个体身上得到的信息会越来越少，就如同经济学中的边际递减效应一样。基于这样的思路，人们开辟了一条收集信息的新道路。通过收集随机样本，我们可以用较少的成本做出高精准度的推断。因此，政府每年都可以用随机采样的方法进行小规模的人口普查，而不是只能每十年进行一次。

随机抽样取得了巨大的成功，成为现代社会、现代测量领域的重要手段。此后，它不仅应用于公共部门和人口普查，在商业领域，随机采样被用来监管商品质量，这使得监管商品质量和提升商品品质变得更容易，花费也更少。比如，要统计某区域麻雀的数量，可以均匀投放 10 000 只带有标记的麻雀，一定时间后进行麻雀捕获，如果 10 000 只里面有 2 只带有标记，那么可以估算该区域麻雀数量为 500 万只。

但本质而言，数据抽样仍旧是在无法处理全部数据情况下的无奈选择。因为数据采样的本身存在很多固有的缺陷，如对绝对随机性的依赖，而在实践中采用的随机性是非常难以达到的，而一旦随机性出现了偏差，那么基于此样本的分析结果也将"谬以千里"。比如，上述麻雀的例子，这次捕获的带标记麻雀有 2 只，但下一次可能就会捕获 20 只、100 只。再比如，以固定电话用户为基础进行投票民调就面临了这样的问题，采样缺乏随机性，因为没有考虑只使用移动电话的用户——这些用户一般更年轻和热爱自由。没有考虑这些用户，自然就得不到准确的预测。2008 年在奥巴马与麦凯恩之间进行的美国总统大选中，盖洛普咨询公司、皮尤研究中心（Pew）、美国广播公司和《华盛顿邮报》这些主要的民调组织都发现，如果它们不把移动用户考虑进来，民意测试结果就会出现三个点的偏差，而一旦考虑进来，偏差就只有一个点。鉴于这次大选的票数差距极其微弱，这已经是非常大的偏差了。更糟糕的是，随机抽样不适合考察子类别的情况。因为一旦继续细分，随机抽样结果的错误率会大大增加。倘若你有一份随机采样的调查结果，是关于 800 个人对某个新产品的满意度数据。如果采样时足够随机，这份调查的结果就有可能在 3%的误差范围内显示全民的意向。但是如果这个 3%左右的误差本来就是不确定的，却又把这个调查结果根据性别、地域和收入进行细分，结果是不是越来越不准确呢？用这些细分过后的结果来表现市场对产品服务的态度,是否合适呢?再比如,将上述结果细分到"IT 男性从业者",调查的人数可能会局限在几十个甚至几个人上,这样数量的人员满意度是不可能得到精确结果的。因此,当人们想了解更深层次的细分领域的情况时,随机抽样的方法就不可取了。在宏观领域起作用的方法在微观领域失去了作用。随机抽样就像是模拟照片打印,远看很不错,但是一旦聚焦某个点,就会变得模糊不清。

大数据时代采用全样思维而不是随机抽样,还因为随机抽样数据具有很强的问题针对性。随机抽样在数据获取之前就已经预定和设计好了相应的问题,因此抽样是针对问题严密安排和执行的,从抽样数据中人们也只能得到事先设计好的问题的结果。这显然与大数据中的数据价值和数据核心原理相悖,人们无法基于采样数据获取创新性的结果和知识洞察力。大数据与"小数据"的根本区别在于大数据采用全样思维方式,小数据强调抽样。抽样是数据采集、数据存储、数据分析、数据呈现技术达不到实际要求,或成本远超过预期的情况下的权宜之计。随着技术的发展,过去不可能获取全样数据,不可能存储和分析全样数据的情况都将一去不复返。大数据年代是全样的年代,抽样的场景将最终消失在历史长河中。

2.5 数据容错思维

抽样是小数据处理的突出特征。由于抽样本身的限制,使得相关处理和应用对抽样数据的质量和精确性要求非常高。一般来说,全样的样本数量相较于抽样样本数量要高出许多倍,因此抽样数据中的任何微小错误,都会被不断放大,最终形成巨大误差。为保证抽样得出的结论相对准确,人们必须对抽样的数据精益求精,容不得半点差错。这种对数据质量的苛刻要求,是大数据年代之前人们应对数据处理的必然结果。如此一来,人们需要花费极大代价去进行数据预处理,大量与数据清洗相关的算法和模型得以提出,导致系统逻辑特别复杂。与此同时,不同的数据清洗模型可能会造成清洗后数据的差异很大,从而进一步加大数据结论的不稳定性。更为严重的是,数据不完美本身就是世界运行的规律,是现实实践的本来面目,数据普遍存在异常、纰漏、疏忽、冗余甚至错误。将抽样数据做了极致清洗后,很可能导致结论不符合客观事实,因为清洗过程本身就可能违背了数据的本源特征,如剔除那些不完整的数据、有针对性地选取完整数据等。这也是很多基于小数据的传统模型在测试阶段效果非常好,一到了实际环境效果就非常差的原因。

著名信息管理专家、科技专家涂子沛在其著作《数据之巅:大数据革命,历史、现实与未来》中举了一个例子来说明抽样数据出错导致非常严重后果的事件。这是美国历史上第一起由数据引发的全国性公共事件。1840 年,美国内战前夕,北方主张废奴,南方主张蓄奴,南北双方围绕着奴隶制的存废问题开展了激烈的争论。当年公布的第六次人口普查报告的一个数据却给这一争论火上浇油。有人在普查数据中发现,在北方的黑人当中,精神病患者和白痴的比例达到 162:1,就是说,在北方,每 162 个黑人当中就有一个精神病患者或白痴,但在南方,该比例是 1 558:1,几乎相差 10 倍之多;而白人群体的相应比例在南北方之间没有太大的差异。这一组对比悬殊的数据很快就登上了报纸的头条。南方蓄奴派借此发挥认为，北方的黑人之所以发疯，是因为其自由的雇佣制度，过度的商业化把黑人逼疯了。一些极端派甚至进一步推论：黑人一自由，马上就发疯！只有奴隶制才能让黑人保持身心健康！北方的废奴派当然认为是普查数据出了问题，但人口普查部门左查右看也没有找出原因，又怕承担责任，干脆"不回应"。在权威部门失语的情况下，"黑人一自由，马上就发疯"的传言一时甚嚣尘上，不断扩大。后来一位麻省理工学院（MIT）的精神科医生发现了问题所在：问卷版面设计存在问题，数据在收集过程中很容易填错位置，普查员把一部分白人精神病患者不小心填到了黑人那一栏。虽然错误在南北方都有，但在南方黑人多，错误被稀释；而在北方黑人少，错误被放大！

大数据年代，人们使用全部数据进行挖掘成为可能，而不再局限于一部分数据，数据中的异常、纰漏、疏忽、错误都是数据的实际情况，我们只需要使之满足数据挖掘的样式需求即可，无须进行选择和改动，其结果是最接近客观事实的。要测量蔬菜大棚的温度、湿度，如果只有一个温度计和湿度计当然需要确保这个仪器具有很高的精确度。相反，如果我们有 100 套温度、湿度测定仪器，分布在大棚中，即便这些仪器并不精确，但所有数据汇集之后仍旧能够得出一个很准确的结果。

因此，在大数据时代，人们回答问题往往是基于概率的，对错误和模糊性具有极强的容忍能力，而无须时刻追求"精确无疑"。例如，在征信系统中，相关模型只需要得出某个人有很大的概率会在未来产生失信行为就可以了，而无须（也不可能）确定地给出其未来的真实行为。在进行传统小数据量数据分析时，可以实现精准化，甚至细化到单条记录。并且出现异常的时候，还能对单条数据做异常原因等深究工作。但是，随着信息技术的发展，数据空前爆发，短时间内就会产生巨量的数据，这种情况下关注细节已经很难了。另外，即使基于精准分析得出的规律，在海量数据面前很有可能产生变异甚至突变。所以，在大数据时代我们分析强调大概率事件，即所谓的模糊性。这不等于我们抛弃了严谨的精准思维，而是我们应该增加大数据的模糊思维。比如，Google 对流感的预测就是一种模糊思维。Google 会通过人们的搜索记录，来预测某个地区发生流感的可能性，虽然这种预测不可能绝对精准，但概率很高。

大数据时代的"容错思维"对于有些职业的从业人员而言是个比较难以培养的思维。例如，会计人员，他们遵循的八大原则之一即为"可靠性原则"，要求会计人员提供的数据必须客观、真实、可靠。在大数据时代，会计人员向利益相关方披露的会计数据依然要求具有"可靠性"，但在为决策者提供决策支持时所基于的大数据，则不必过于追求数据的可靠性，应允许个别数据的差错。因为当数据量足够大时，随机性差错可能会相互抵消，从而对结果不会产生大的影响。

2.6 数据关联思维

因果思维是日常生活中最常用的一种思维方式。因为从小就接受了这种训练和培养，人们总是在不断探寻某个现象背后的原因，也在思考某个现象可能导致的结果，所以，当看到问题和现象的时候，总是不断问自己为什么。但学习数据挖掘的人都知道一个"啤酒与尿布"的故事。在一家超市里，有一个有趣的现象：尿布和啤酒赫然摆在一起出售。但是这个奇怪的举措却使尿布和啤酒的销量双双增加了。暂且不论这是否如故事所述的一样是一件发生在美国沃尔玛超市的真实案例，但就其故事本身所蕴含并揭示的关联规则这一事实已经成为商家津津乐道的事情。沃尔玛拥有世界上最大的数据仓库系统，为了能够准确了解顾客在其门店的购买习惯，沃尔玛对其顾客的购物行为进行购物篮分析，想知道顾客经常一起搭配购买的商品有哪些。沃尔玛数据仓库里集中了其各门店的详细原始交易数据。在这些原始交易数据的基础上，沃尔玛利用数据挖掘方法对这些数据进行分析和挖掘。一个意外的发现是：跟尿布一起搭配销售数量最多的商品竟是啤酒！经过大量实际调查和分析，揭示了一个隐藏在"尿布与啤酒"背后的美国人的一种行为模式：在美国，一些年轻的父亲下班后经常要到超市去买婴儿尿布，而他们中有 30%~40% 的人同时也为自己买一些啤酒。实际上，我们只要搞清楚了尿布与啤酒存在关联就足够了，基于此我们可以将啤酒和尿布摆放在一起销售，从而提升两者的销量，而无须去问为什么。在数据挖掘中，有一个算法叫关联规则分析，就是来挖掘数据关联的特征。

对基于大数据的关联思维与传统的因果思维模式，我们还可以通过以下案例来弄明白。在大数据时代，我们不能局限于因果思维，而要多用关联思维看待问题。顾客流失是企业面临最大的问题之一，企业都希望降低顾客的流失率，尽量延长顾客生命周期。如果使用大数据可以直接通过顾客评论、退货、投诉等数据分析出顾客流失特征。但是这些分析很难明确回答一个顾客真正流失的原因。比如，通过大数据分析我们发现流失客户的特征：顾客购买单价在 150 元以上，只购买不超过 2 个商品，中间打过客服电话投诉物流太慢，这个顾客流失的概率为 90%。在此特征中，我们发现成交价格在 150 元以上的商品、购买不超过 2 个商品、投诉物流太慢与顾客流失之间存在极强的关联，但我们无法确定顾客流失的原因就是物流太慢或者其他原因。在大数据时代的实践中，原因往往不重要，重要的是通过这些相关指标，识别出哪些顾客可能会流失？对商业来说据此可以进行事前预警，这才是最大的商业价值所在。

在数据之间相关性的研究中发现，各种不同的数据都是有内在联系的，大数据分析的结果就是基于这种关联建立起数据预测的模型，可以用来预测消费者的偏好和行为，如在现代物流行业，可以根据消费者的购买行为或者购买习惯、路线以及评价等预测下次的购买行为，将一些货物进行分仓的存储，在消费者网络下订单之后，可以第一时间就配送到位，大大提升用户的体验度。电商的商品推荐功能，也和大数据的相关性思维密不可分，我们在浏览页面或者是购物完成之后经常会收到类似的推荐，虽然说并不是都会购买，但是推荐还是有效果的。

因果关系思维根源于数据抽样理论。因果关系的得出，一般分为如下几个步骤：

① 在一个抽样样本中，偶尔发现某个有趣的规律；

② 在拿到的另一个更大的样本中，发现规律依然成立；

③ 在能见到的所有样本上都判断一下，发现规律依然成立；

④ 得出结论，这个规律是一个必然规律，因果关系成立。

由此可见，因果关系是一种非常脆弱的关系，只要存在一个反例，因果关系就失败。如在大家熟知的"黑天鹅事件"中，当人们看了很多天鹅后下结论：天鹅都是白色的。当澳大利亚出现黑天鹅的时候，整个因果关系就瞬间崩塌了。

如前面所述，在大数据年代不追求抽样，而追求全样。当全部数据都加入分析的时候，只要有一个反例，因果关系就不成立，因此在大数据时代，因果关系变得困难。这个时候相关关系就变得日益重要。如本节开头的例子一样，很多人去超市买了尿布后会顺便买啤酒，但不是买尿布就一定买啤酒。因此，啤酒和尿布的关系不能算因果关系，而只能是一种相关关系。同样，女孩子裙子的长短与经济热度、摩天大厦与经济危机的关系都是一种相关关系，而不是因果关系。在大数据时代，在大数据构成的环境中，我们必须更多地使用相关性思维。

2.7 数据传递思维

大数据时代的一种重要变化是信息与人之间的关系发生了变化，从传统的人找信息，转变为信息找人。现在互联网和大数据的发展，是一个从人找信息，到信息找人的过程。互联网为人们提供了搜索引擎技术，让我们知道如何找到所需要的信息，所以搜索引擎是人找信息的一个很关键的技术。而现在正在经历从搜索引擎向推荐引擎转变，这是由大数据特性所决定的。推荐引擎了解人们具体的需要，并主动从海量的大数据中推荐、提供合适的、满足个性化的信息。

反向信息传递还意味着大数据是信息的核心来源，要通过对数据挖掘以及对目标的认知来提供有针对性的信息，而不仅仅是基于经验知识选择和处理数据。Google 的一个自然语言处理和识别团队最早提出的语言翻译系统准确率很低，人们基本无法看懂其翻译的语言，随着后续不断增加的数据和挖掘模型的改进，翻译质量越来越高。其中团队内部流传着一个笑话：团队中每离开一个语言专家，机器翻译的质量就会提升一个台阶。这种说法虽然未经证实，但其传递的思想值得深思。

2.8 数据乘法思维

现在用反向信息传递思维方式思考问题、解决问题，从人找信息到信息找人，是交互时代的一个转变，也是智能时代的要求。智能机器已不是一成不变的机器，而是具有一定智能的"大脑"。信息主动传递给人，预示着大数据时代数据及基于数据的信息系统已经成为信息世界的核心构成部分。

国务院于 2015 年 7 月印发了《国务院关于积极推进"互联网+"行动的指导意见》，"互联网+"这一概念深入人心。随着大数据的深入发展和大数据技术的不断成熟，"大数据×"（大数据乘法）的特征逐步显现。

大数据乘法是大数据思维进一步实践的成果，推动经济形态不断发生演变，从而增强社会经济实体的生命力，为改革、创新、发展提供广阔的数据平台。通俗来说，大数据乘法就是让"大数据×各个传统行业"。"大数据×"与"互联网+"并不相同，后者是指基于通信和互联网技术平台，让互联网与传统行业进行深度融合，而前者是在传统行业的基础上利用大数据相关技术和平台实现效能、服务等不同方面的扩展和倍增。它们都是在创造新的发展生态，前者则是注重大数据对现有数据资源的充分挖掘与利用作用，后者充分发挥互联网在社会资源配置中的优化和集成作用。

大数据乘法是大数据时代工业、商业、金融业等各行业升级、创新的核心手段。其具备如下特征：

① 创新驱动的重要手段。中国粗放的资源驱动型增长方式早就难以为继，必须转变到创新驱动发展这条正确的道路上来，大数据是重要的创新手段。用大数据乘法思维来求变、自我革命，能发挥创新的力量。

② 结构重心偏移。信息革命、大数据、全球化、互联网业已打破了原有的社会结构、经济结构、地缘结构、文化结构，经营、资源的重心在不断发生变化。

③ 尊重人性、突出个性。人性的光辉是推动科技进步、经济增长、社会进步、文化繁荣的最根本的力量，大数据力量之强大也来源于对人性最大限度的尊重、对人的敬畏、对人的创造性发挥以及对人类个体的重视。

第**3**章▶▶

大数据支撑技术

【章首小案例】　　　大数据与万科拿地决策

一个房地产项目的成败，遵循"4321"原则，即：拿地研判占 40%，设计规划占 30%，销售策划占 20%，市场机会占 10%。虽然王石曾说"不要在我面前谈大数据"，但万科在拿地时都在使用大数据。2009 年，大多数房地产公司都不看好北京房山的某一地块。万科在北京房山布局拿地之前，通过联合中国移动、中国联通、中国电信三大手机运营商，在同一时间点检测北京在网使用人数的数据，来判断北京地区的实际人口规模，并结合当年北京的新房供应量、北京存量房数量、北京房价均价、购房人群年龄结构等结构化数据和非结构化数据进行市场和区域预判。最终判断房山作为当时的"价值洼地"将拥有巨大的购房群体支持，从而拿下房山长阳起步区 5 号地块与 1 号地块，建成后成为房山区的刚需大盘之一，而且升值速度也很快，4 年后楼价近乎翻倍。

（资料来源：求知网，"学万科大数据拿地，让你一开始赚钱"，
http://www.qiuzhi5.com/17/2015/1102/56888.html.）

大数据的核心价值需要通过各种应用加以体现，而大数据最终要在应用中"落地"则需要建立科学、合理、高效的大数据应用生态环境和大数据支撑技术体系。大数据并不是今天才出现的，之所以直到现在大数据才得到政府、企业和学术界的高度重视，并激发了相关领域中对大数据相关支撑技术的研究和大数据应用的繁荣，得益于两个方面的需求与发展。

随着网络社会的研究和面向数据应用的不断增加，整个社会对数据的认知有了很大的变化，社会各个层面，从领导层到百姓都开始认识到数据的重要性。人们正在迅速达成共识：数据像石油、煤炭和森林一样是一个国家、组织、企业的宝贵资产，其内在价值巨大。而越来越多的互联网企业对于数据的巧妙使用和价值体现也通过案例不断加深着人们对上述理念的认同。

互联网时代为大数据奠定了环境基础。大规模的数据不断累积，海量的数据集和数据应用需求随处可见，这为大数据的发展提供了"资源"和"动力"。而随着虚拟化、人工智能和云计算等具体技术的发展，大数据的支撑技术日渐丰满，大数据的繁荣成为可能。

3.1 虚拟化技术

当前，虚拟化技术已经成为数据中心基础和主流的技术之一，这些数据中心不仅仅遍布商业企业，在一些政府和科研、高校单位主导的项目和实验室中也具有重要的地位。在实践中，虚拟化技术主要用于基于 Internet 和云的相关服务中，这也是由虚拟化技术本身的特点所决定的。人们对于虚拟化技术早期的需求主要聚焦在相关基础资源的整合以及成本的节省等方面，时至今日，伴随着大数据相关应用的发展和深入，虚拟化技术的服务目标得以进一步扩展，囊括了为复杂架构和环境提供更加灵活的支持。

虚拟化技术为大数据处理和计算系统的发展提供了大量的助益，如提升资源的利用率、改善资源的管理、加强系统的可靠性及实现对应用的分离和迁移等。其中，在线迁移、资源管理和 IT 基础资源的整合是虚拟化技术的核心功能。在基于云的大数据挖掘和应用系统中，其高速、低成本的应用部署和基于网络与共享资源池的资源按需分配等特征都是虚拟化技术用途的加强与扩展。

3.1.1 虚拟化技术概述

虚拟化并不是新事物，在 20 世纪 50 年代就已经出现了，它的含义随领域和场景的变化而改变，在计算机的发展中一直扮演着重要角色。例如，为了共享早期价格昂贵的大型计算机，IBM 公司在 1965 年设计的 System/360 Model 40 VM 中已经出现了虚拟机概念，即通过分时（Time-sharing）技术来共享大型机，允许多个用户同时使用一台大型机运行多个单用户操作系统。其后，为了让程序员不必考虑物理内存的细节，操作系统中出现了虚拟内存技术。随着软件危机的到来，为了实现程序设计语言的跨平台性，出现了 Java 语言虚拟机和微软的通用语言运行时间（Common Language Runtime，CLR）。在存储领域，虚拟化更是贯穿其中，如用逻辑区块地址（Logical Block Address，LBA）虚拟化了 C-H-S（柱面号-磁头号-扇区号）物理地址，用磁盘阵列（RAID）和逻辑卷（LUN）对物理磁盘组进行了块级别虚拟化。但今天我们所熟知的虚拟化往往指的是系统虚拟化，即虚拟化的粒度是整个计算机，也就是虚拟机。

虚拟机的概念虽然在 20 世纪 60 年代就出现了，但是直到 20 世纪 90 年代，虚拟机技术才开始得到重视和发展。随着小型机和微机系统硬件性能的不断进步，PC 的硬件已经能够支撑多个操作系统同时运行。由于硬件条件的成熟，一支从斯坦福大学成立的团队在 1998 年创建了 VMware 公司，推出了基于 X86 架构的重磅级虚拟化产品线。2003 年，英国剑桥（Cambridge）的团队推出了开源的 Xen 项目，凭借半虚拟化（Para-virtualization）技术，Xen 在数据中心用户群体中流行开来。微软公司也不甘落后，陆续推出了 Hyper-V 和 Azure 虚拟化系统。随着虚拟化技术的发展，Intel 公司和老对手 AMD 公司不约而同地在 2006 年推出了硬件加速的虚拟化技术 Intel VT-x（Virtualization Technology）和 AMD SVM（Secure Virtual Machine），这些技术使得在虚拟机和虚拟机监视器之间的切换开销变得微不足道。2007 年，基于 Linux 的全虚拟化方案——KVM（Kernel-based Virtual Machine）在以色列问世，它作为开源的系统虚拟化模块存在于 Linux 2.6.20 内核之中。此后 KVM 集成在 Linux 的各个主要发行版本中。

虚拟化（Virtualization）是一种资源管理技术，是将计算机的各种实体资源，如服务器、网络、内存及存储等，予以抽象、转换后呈现出来，打破实体结构间的不可切割的障碍，使用户可以以比原本的组态更好的方式来应用这些资源。这些资源的新虚拟部分是不受现有资源的架设方式、地域或物理组态所限制的。一般来说，虚拟化面向的目标主要是计算能力和存储能力的虚拟化，这也是当前虚拟化领域中最常见的两类虚拟化操作。

虚拟化技术有很多具体表现的形式，如服务器的虚拟化、存储设备的虚拟化、网络虚拟化和桌面虚拟化等。实际上，这些虚拟化表现之间并不是完全割裂的，很多时候它们相互融合在一起共同完成相应的服务。比如，很多大学的实验室或者机房中都采用了虚拟化技术，每次进行实验所看到的操作系统机器上面运行的应用都是服务器端虚拟出来的，而不是本地计算机上保存及运行的，为了完成相应功能，所做的计算也是在服务器端完成的。在很多虚拟桌面的协议中，服务器仅仅是将虚拟桌面的可视变化发送给终端设备。一台价格高昂、计算能力强大的服务器如果仅面向一台终端桌面，将造成巨大的浪费，因此服务器上总会运行多个虚拟的桌面，尽管这些桌面运行在同一台服务器上，但在用户看来，每个桌面都是独立的。假设我们的实验室正在做一项大规模的实验，需要对大数据进行分析和处理，如此大规模的计算可能是一台服务器所承担不起的，并且实验室也闲置了多台独立的服务器资源，此时可以利用服务器虚拟化，整合实验室中多台服务器的计算能力进行统一运用，从应用角度来看这些服务器组成的计算池就像一台能力更加强大的超级计算机一样。如果上述实验还需要密集的数据操作，那么可能需要存储资源的虚拟化，将数十、数百甚至上千的磁盘或者其他存储设备通过一定的架构组合在一起，对外提供统一的存储服务。对于应用来说，这就像一个容量很大、速度很快并且具有超级容错能力的大磁盘（存储设备）。云计算和云存储的很多技术是基于或者借鉴了虚拟化技术的。虚拟化作为操作系统与硬件之间的一层，提供对硬件资源的透明访问，相应的操作系统或者更高层的应用通过虚拟机管理器（VMM）或者监管程序（Hypervisor）进行管理。

从应用的角度来看，虚拟化就是对 IT 基础资源（如计算、存储、网络等资源）的一种整合与优化。近年来，虚拟化技术的发展与应用得益于大数据及云计算的普及，因为在大部分数据中心中，虚拟化技术往往作为云计算服务（如 SaaS）的基础构件出现，它为大数据中心提供一整套的资源管理解决方案，并通过这些解决方案提高系统利用率、降低整体投入和运营成本并简化相关管理的复杂度。除此之外，虚拟化还是网格技术的核心支撑技术之一。如图 3-1 所示，虚拟化往往作为一个中间层出现在相应的系统中，通过这一层可以屏蔽掉底层硬件和软件的复杂性和异构性，形成一个统一的资源池。在资源池的基础上，虚拟化可以通过将不同的服务器整合在一起提供统一的操作环境，也可以对一份硬件资源进行划分提供不同的操作系统映象。因此，虚拟化对资源的整合与优化体现在：它可以将一台或多台计算机上的处理器、存储设备、I/O 和网络等硬件资源通过划分、共享等方式构建一个或多个可执行环境，其中每个可执行环境都如完整的系统一般运行。

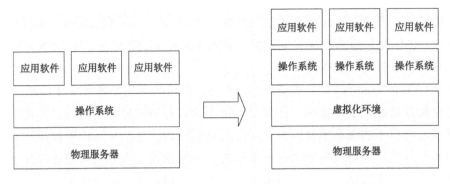

图 3-1 虚拟化的基本架构

综上所述，虚拟化是一种框架或方法，通过该方法可以将一台计算机的物理硬件资源划分为多个执行环境。虚拟化是一种系统抽象，通过虚拟化逻辑层使虚拟资源得以管理，并提供给更上层的客户层。客户层可以通过标准的接口来访问相应资源，只是这些接口不再直接与底层资源交互，取而代之的是虚拟化层管理真实资源并为一个或多个客户服务。

3.1.2 虚拟化技术的发展与分类

虚拟化技术的发展总体上经历了以下三个阶段。

1. 1950—1970 年

虚拟内存的概念起源于 20 世纪 50 年代末期，曼彻斯特大学的一个研究小组提出了基于 Atlas 系统的自动化页面替换机制，这是第一个提出虚拟内存的原型系统。

而虚拟机概念则要追溯到 20 世纪 60 年代，最早的虚拟机系统来源于 IBM 公司。大约在 1967 年，IBM 提出了 System/360 模型 67，这是第一个具有虚拟内存的主系统。该系统拥有一套名为 CP-67 的早期操作系统，最终进化成虚拟机操作系统。虚拟机操作系统允许用户在单一处理器物理机上运行多个操作系统。本质上，虚拟机通过与大型机硬件相互协作，从而确保操作系统的多个实例可以同时共存，而且其中的每个实例都可以对完整指令集进行安全访问。

在 20 世纪 60 年代中期，IBM 公司作为 M44/44X 工程的先驱者开发了分时共享的概念，其中的核心就是为每个用户提供一个虚拟机，构成一个由多虚拟机组成的架构。在该架构中，一台 IBM 7044（简称"M44"）作为主机，而虚拟机则是 7044 系统（简称"44X"）的一个映像。这项工作最终使虚拟机、分时共享系统（VM/TimeSharing）大行其道，完成了 IBM 公司非常著名的 VM/730 产品。在此期间，硬件虚拟化的概念也崭露头角，从而允许虚拟机监控器在一种隔离和受保护的环境下运行虚拟机。由于虚拟机监控器对于运行在虚拟机中的软件是透明的，因此在这些软件看来它们都是独立且直接控制相应底层硬件的（其实它们对硬件的操控指令都是经过监控器的重新处理后才传递给具体硬件的）。此后，虚拟机监控器相关技术不断得以完善，由其运行而带来的额外资源与性能损耗被限制在一个很小的范围内。因此，到了 20 世纪 70 年代中期，各种操作系统的虚拟机得到了相关用户的广泛认可。

在第一阶段的数十年中,虚拟化概念的运用解决了现实中的一系列问题。比如,虚拟内存让运行在大规模操作系统中的软件可以寻址并运用远超过机器实际大小的内存。虚拟内存扩展了系统容量,降低了编程的复杂性,提升了软件的编写效率。与真实系统资源高昂的成本不同,虚拟资源比较廉价。尽管在 20 世纪 60 年代至 70 年代之间硬件级别的虚拟机风靡一时,但到了 20 世纪 80 年代和 90 年代,随着低成本微型计算机和个人计算机的出现,人们对这种技术的需求基本消失殆尽。

2. 1970—2000 年

在 20 世纪 70 年代到 80 年代初期,计算机领域涌现出大量的新技术,也出现了很多新的改变。这一时期,IBM 的大型机操作系统得到了企业计算的革新与发展。1972 年,IBM 虚拟机家族提出了管控程序(Hypervisor)的概念。此时,IBM 虚拟机系列的核心架构就是一种称为 VM-CP 的控制程序。VM-CP 运行于物理硬件之上并构建相应的虚拟机环境。这种特性促使 VM-CP 被划分为第一类管控程序,该类管控程序的本质是一种直接运行在硬件平台上的软件系统,它在整个计算机系统中位于操作系统与物理硬件之间。VM-CP 不再是解决方案中的一个子集,而是对管控程序和虚拟化计算机完整虚拟化概念的首次实现。

大型机的虚拟化起源于 1974 年支持虚拟内存的 MVS 系统(多虚拟存储系统,Multiple Virtual Storage)。MVS 系统是广泛应用于 System/370 和 System/390 机器上一种操作系统,此后该操作系统得以持续改进,并有了众多改进版本,但其虚拟化等相关核心部分保留了下来。理论上,MVS 系统允许在相互独立的地址空间中运行任意数量的应用,MVS 系统的内核可以将来自不同应用的对于同一虚拟地址空间的访问请求映射到不同的物理内存区域中。比如,应用 A、B 在操作系统中都拥有各自独立的虚拟地址空间,在应用看来它们各自拥有一个完整的专用的内存空间,因此两个应用都会按照自身的需求访问内存地址。假设在某次访问中应用 A、B 都访问了各自的虚拟地址 0Xaaaa,那么两者访问的物理区域实际上并不相同,也不会发生冲突,因为虚拟内存系统会将这两个虚拟地址映射到物理地址的不同区域上。除此之外,大型机往往具有多个处理器,这些处理器以一种松耦合的方式连接在一起,每个处理器都拥有自己的内存空间和操作系统,但它们共享那些连接到物理机器上的外围设备,并允许通过单一的控制台对所有处理器进行统一控制。MVS 系统所支持的这两个特征是虚拟化的起源所在。

在本时间段中,除了大型机虚拟化,还有一种类型的虚拟机也得到了发展,如 Sun 公司的微系统 Java 虚拟机(Java Virtual Machine, JVM)和微软的通用语言运行时环境(Common Language Runtime),它们在虚拟化的发展历史上占据了一定的位置。这类虚拟机虽然无法提供任何的虚拟硬件平台,但它们的出现却扩展了虚拟机的应用领域(如软件开发与运行等)。作为一种模拟或抽象,该类虚拟机是一种软件实现,位于物理硬件平台和操作系统之上,具有良好的可移植性。比如,编译之后的 Java 可以完美地运行在兼容的 Java 虚拟机上,而无须考虑底层计算机的类型或架构,如图 3-2 所示。

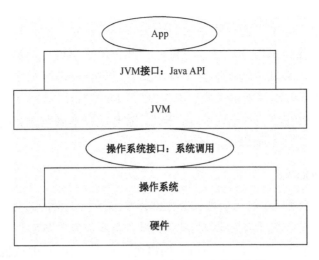

图 3-2　Java 虚拟机在软件层次中的位置

3．2000 年至今

虚拟化在应用中具有巨大的价值，它允许一台物理机上运行多个应用程序，每个应用程序独享一个操作系统，不同的应用完全隔离。随着时间的推进，虚拟化这一特性在相关系统和产品中得到了越来越充分的体现。2000 年，z/OS 操作系统取代了早前的 OS/390 系统，成为 IBM 大型机操作系统的最新产品。在 1998 年，EMC 的 VMware 进入了该技术领域，并在短短的时间内，以初创公司的身份迅速成为虚拟化领域发展的核心驱动力之一。自 2005 年以来，虚拟化乘着云计算和大数据发展的东风得到了主流 IT 行业的高度重视，从而跳出了软件开发的领域进入各种数据中心。

虚拟化是物理资源抽象化后的逻辑表示，消除了原有物理资源之间的界限，以一种同质化的视角看待资源。

（1）根据虚拟形式进行分类

根据虚拟化的形式可以分为聚合、拆分和仿真三种虚拟化形式。

① 聚合虚拟化。聚合虚拟化指将多份资源抽象为一份，如 RAID 和集群。

② 拆分虚拟化。拆分虚拟化可以通过空间分割、分时和模拟将一份资源抽象为多份，如虚拟机、虚拟内存等。

③ 仿真虚拟化。仿真虚拟化即仿真另一个环境、产品或功能，就像硬件虚拟化能够提供虚拟硬件和仿真特定的设备一样，如 SCSI 设备和虚拟磁带库等。

（2）根据虚拟对象进行分类

根据虚拟化的对象可以分为存储虚拟化、网络虚拟化和系统虚拟化。

① 存储虚拟化。存储虚拟化是指为物理上分散的存储设备整合为一个统一的逻辑视图，方便用户访问，提高文件管理的效率。存储虚拟化主要是基于存储设备的存储虚拟化和基于网络的存储虚拟化两种形式。磁盘阵列技术（Redundant Array of Inexpensive Disks，RAID）是基于存储设备的存储虚拟化的典型代表，该技术通过将多块物理磁盘组合成为磁盘阵列，用廉价的磁盘设备实现了一个统一的、高性能的容错存储空间。网络附加存储

（Network Attached Storage，NAS）和存储区域网（Storage Area Network，SAN）是基于网络的存储虚拟化的典型代表。存储设备和系统通过网络连接起来，用户在访问数据时并不知道真实的物理位置。它还使管理员能够在单个控制台上管理分散在不同位置的异构设备上的数据。

② 网络虚拟化。网络虚拟化是指将网络的硬件和软件资源整合，向用户提供虚拟网络连接的技术。网络虚拟化通常包括虚拟局域网（Virtual LAN，VLAN）和虚拟专用网（Virtual Private Network，VPN）两种形式。在虚拟局域网中，多个物理局域网被组合成为一个虚拟局域网，或者一个物理局域网被分割为多个虚拟局域网，使得虚拟局域网中的通信类似于物理局域网的方式，并对用户透明，通过这种方法来提高大型企业自用网络或者数据中心内部网络的使用效率。虚拟专用网属于广域网络的虚拟化，通过抽象化网络连接，使远程用户可以以虚拟连接的方式随时随地访问组织内部的网络，就像物理连接到该网络一样。同时，用户能够快速、安全地访问应用程序和数据。虚拟专用网可以保证外部网络连接的安全性与私密性，目前在大量的办公环境中都有使用，成为移动办公的一个重要支撑技术。

随着网络设备市场竞争日趋激烈，各厂商不断为网络虚拟化技术增添新的内容。对于网络设备提供商来说，网络虚拟化是对网络设备的虚拟化，即对传统的路由器、交换机等设备进行增强，使其可以支持大量的可扩展的应用，同一网络设备可以运行多个虚拟的网络设备，如防火墙、基于 IP 的语音传输（VoIP）、移动业务等。目前网络虚拟化还处于初级阶段，有大量的基础问题需要解决，如复杂的网络通信、识别物理与虚拟网络设备等。

③ 系统虚拟化。系统虚拟化往往也被称为服务器虚拟化，是用户接触最多的虚拟化类型。比如，使用 VMware Workstation 在个人计算机上虚拟出一个虚拟机，用户可以在这个虚拟机上安装和使用另一个操作系统及其上面的应用程序，就如同使用一台独立的计算机。虚拟系统通常被称作"虚拟机"，而 VMware Workstation 这样的软件就是"虚拟化软件"，它们负责虚拟机的创建、运行和管理。目前对于大多数熟悉或从事 IT 工作的人来说，"虚拟化"这个词在脑海里的第一印象就是在同一台物理机上运行多个独立的操作系统，即所谓的系统虚拟化。系统虚拟化是被最广泛接受和认识的一种虚拟化技术。系统虚拟化实现了操作系统与物理计算机的分离，使得在一台物理计算机上可以同时安装和运行多个虚拟操作系统。在操作系统内部的应用程序来看，与使用直接安装在物理计算机上的操作系统没有显著差异。系统虚拟化的核心思想是使用虚拟化软件在一台物理机上虚拟出一台或多台虚拟机（Virtual Machine，VM)。虚拟机是指使用系统虚拟化技术，运行在一个隔离环境中、具有完整硬件功能的逻辑计算机系统，包括客户操作系统和其中的应用程序。在系统虚拟化中，多个操作系统可以互不影响地在同一台物理机上同时运行，共用物理机资源。系统虚拟化如图 3-3 所示。

（3）根据虚拟层次进行分类

分层是计算机体系结构的一个特点，每一层都向上一层提供一个抽象的接口，提供服务。而上层只需通过接口调用下层提供的服务，不必了解下层的内部结构。虚拟化可以发生在各个层次之间，由下层提供虚拟化接口供上层使用。如图 3-4 所示，计算机系统结构有 4 个抽象层次，根据所在层次来分，虚拟化可以分为 4 种类型。

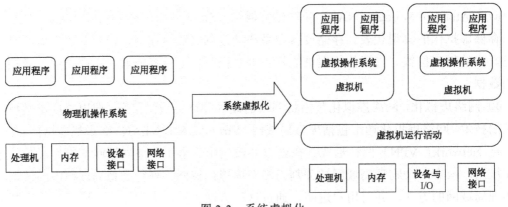

图 3-3　系统虚拟化

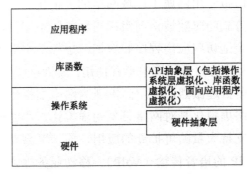

图 3-4　计算机系统结构的 4 个抽象层次

① 硬件与操作系统间的虚拟化。硬件抽象层上的虚拟化是指通过虚拟硬件抽象层来实现虚拟机，为客户机操作系统呈现和物理硬件相同或相近的硬件抽象层。由于客户机操作系统看到的是硬件抽象层，因此，客户机操作系统的行为和在物理平台上没有什么区别。通常来说，宿主机和客户机的 ISA（Instruction Set Architecture，指令集架构）是相同的。客户机的大部分指令可以在宿主处理器上直接运行，只有那些需要虚拟化的指令才会由虚拟化软件进行处理，从而大大降低了虚拟化开销。另外，客户机和宿主机的硬件抽象层的其他部分（如中断控制器设备等）可以是完全不同的，当客户机对硬件抽象层进行访问时，虚拟化软件需要对此进行截获并模拟。比较知名的硬件抽象层上的虚拟化有 VMware 的系列产品、Xen 等。

② 操作系统层虚拟化。操作系统层虚拟化是指操作系统的内核可以提供多个互相隔离的用户态实例。这些用户态实例（经常被称为容器）对于它的用户来说就像是一台真实的计算机，有自己独立的文件系统、网络、系统设置和库函数等。从某种意义上说，这种技术可以被认为是 UNIX 系统 chroot 命令的一种延伸，这是操作系统内核主动提供的虚拟化，因此操作系统层上的虚拟化通常非常高效，它的虚拟化资源和性能开销非常小，也不需要有硬件的特殊支持。由于它的灵活性相对较小，每个容器中的操作系统通常必须是同一种操作系统。另外，操作系统层上的虚拟化虽然为用户态实例提供了比较强的隔离性，但其粒度是比较粗的。因为操作系统层上虚拟化的高效性，它被大量应用在虚拟机服务环境中。比较有名的操作系统级虚拟化解决方案有 Paralles 的 Virtuozzo，Solaris 的 Zone 和 Linux

的 VServer 等。

③ 基于库函数的虚拟化。操作系统通常会通过应用级的库函数提供给应用程序服务，如文件操作服务、时间操作服务等。这些库函数可以隐藏操作系统内部的一些细节，使得应用程序编程更为简单，不同的操作系统库有着不同的服务接口，Linux 的服务接口是不同于 Windows 的。库函数层上的虚拟化就是通过虚拟化操作系统的应用级库函数的服务接口，使得应用程序不需要修改就可以在不同的操作系统中无缝运行，从而提高系统间的互操作性。例如，WINE 系统是在 Linux 上模拟了 Windows 的库函数接口，使得一个 Windows 的应用程序能够在 Linux 上正常运行。而 Cygwin 在 Windows 系统上模拟了 POSIX 系统调用的 API，可以将 UNIX 应用程序移植到 Windows 系统。

④ 面向应用程序的虚拟化。另一大类编程语言层上的虚拟机称为语言级虚拟机，如 JVM（Java Virtual Machine）和微软的 CLR（Common Language Runtime）。这一类虚拟机运行的是进程级的作业，所不同的是这些程序针对的不是一个硬件上存在的体系结构，而是一个虚拟体系结构，这些程序的代码由虚拟机运行时的支持系统先编译为硬件的机器语言，然后再执行。通常一个语言类虚拟机是作为一个进程在物理计算机系统中运行的，因此，它属于进程级虚拟化。

3.1.3 虚拟化包含的组件与方法

虚拟化过程涉及了一系列组件和内容，其中核心组件包括以下几个。

1. 客户操作系统

客户操作系统是指运行于虚拟环境中的操作系统，该操作系统可以是一个客户桌面、服务器或者是其他独立于专用硬件资源运行的操作系统。客户操作系统只能运用那些通过管理程序（Hypervisor）或类似中间层软件动态分配的硬件资源。

2. 虚拟机管理器（VMM）或管理程序（Hypervisor）

虚拟机管理器与管理程序在虚拟化技术中具有相同的定位，都是支撑多操作系统共享单一主机硬件的一段程序。通过这些程序，每一个操作系统在运行过程中不会感知到其他操作系统的存在，就像拥有当前主机的所有资源（处理器、内存等）一样。管理程序的核心任务是管理相应的主机资源，并在不同虚拟机之间进行分配，这些操作对虚拟机都是透明的，以确保虚拟机之间不会相互干扰。同时，管理程序也为更高层的管理和监控应用与工具提供相应的接口。

虚拟机管理器或管理程序根据其运行的层级不同可以划分为两类。一类虚拟机管理器具有以下特征：管理器直接运行于物理硬件之上，中间无须任何操作系统支持；虚拟机之间系统资源的调度与分配完全由管理器控制；相较于二类虚拟机更加安全，其典型例子包括 VMWARE ESX(Enterprise) 和 Xen。二类虚拟机管理器的特征包括：管理器作为操作系统中的一个应用运行；宿主机操作系统才是硬件资源的实际操控者；宿主机操作系统并不会将二类虚拟机管理器进程与其他一般进程区分开来，因此宿主机操作系统也无须针对虚拟机做出适应或改变；运行于二类虚拟机管理器内部的操作系统成为客户操作系统；相较于一类虚拟机器安全性更低，因为任何导致宿主机操作系统受损的安全漏洞也同时会完全控制客户操作系统。二类虚拟机管理器包括 VMware GSX（workstation）、UML（User-Mode Linux）等。

3．宿主机操作系统

宿主机操作系统是指部署在物理机器之上的操作系统，通过该操作系统可以支撑多个二类虚拟操作系统。宿主机操作系统可以直接访问物理机资源，并负责为虚拟操作系统提供硬件资源分配。

3.1.4 虚拟化的优势

虚拟化具有诸多优势，这些优势促进了虚拟化技术在大数据、云计算等方面的应用与快速普及。

1．安全性

不同的虚拟机可以为应用提供不同的安全级别，满足不同的安全需求。应用可以根据运行所需的环境选择所需的客户操作系统和工具。比如，很多场景下，数据中心可能需要在同一个物理计算平台上同时运行基于 Linux 客户操作系统的 Apache Web 服务器和基于 Windows Sever 客户操作系统的 MS SQLSEVER 后台数据库服务器，此时，对其中任意一个服务器的安全威胁和攻击都不会损害另外一个虚拟机，这是由虚拟机相互隔离的特性决定的。

2．可用性和稳定性

由于虚拟机之间相互隔离，一个虚拟机上的软件故障不会影响其他虚拟机。这实现了故障的区域隔离，增强了多虚拟机系统的整体可用性和稳定性。

3．成本

高性能的高端服务器其投入成本是非常高昂的，虚拟化可以通过将大量低端服务器和微型计算机聚合成一台性能强大的服务器来降低相关成本。虚拟化除能够获取更强服务器以降低成本外，还得益于硬件和运营操作成本的降低，通过虚拟化还可以大幅度降低在人员、占地面积和软件授权等方面的投入。

4．多工作负载变化的适应性

在实践中，随着应用和需求环境的变化，工作负载的强度等级也在不断改变，而虚拟化可以很好地适应这种改变。当工作负载发生变化，虚拟化技术只需要通过在不同虚拟机之间进行资源的迁移和优先级的重分配就可以很好地进行应对。虚拟化中基于资源分配的自动化计算技术可以在不同虚拟机之间动态移动处理器、内存等资源。

5．负载均衡

在虚拟机管理器（VMM）的管理之下，一个虚拟机的所有软件状态都可以完全封装为一个整体，这就为虚拟机从一个物理平台迁移到另一个物理平台提供了可能。通过这种虚拟机的迁移可以更好地实现物理平台之间的负载均衡，从而提升系统的整体性能。

6．应用遗留

对于任何组织来说，升级发展之后旧系统遗留的应用并非毫无价值，只是受限于维持该类应用运营成本过高而不得不放弃。通过虚拟化和虚拟机技术，在组织整体上迁移到其他操作系统之后，仍可以在新平台上构建虚拟机，而旧的操作系统作为虚拟机上的客户操作系统可以与遗留应用继续运行，这大幅度缩减了组织迁移和升级的费用。

7．可持续性

虚拟化可以减少对环境资源的损耗，使得系统的发展具可持续性。在大型数据中心中，计算机往往无法得到充分的利用，因为任何工作负载都不会一直处于峰值运行，这造成了能源的浪费。而虚拟化允许在一台物理机上运行多个虚拟机，这减少了数据中心的能源消耗，也会连带地降低制冷设备等的能源消耗。

8．响应能力

在虚拟环境中，系统可以更加充分地利用各种可用资源，因此其响应能力更快，并且可以将虚拟机的故障停机时间减少到几乎为零，这大大提升了系统整体的灵活性。

3.1.5　虚拟化的应用

随着大数据和云计算的发展，虚拟化所提供的灵活多变的硬件资源分配与整合为数据中心的进一步发展提供了重要的助力。虚拟化的具体应用领域和应用方式简单介绍如下。

1．服务交付

通过虚拟化和虚拟机可以构建开发和测试平台，有效避免传统开发和测试过程中耗时长、易出错等问题，实现自动化的自助式开发与测试。

2．软件评估

随着开放网络的发展及人们对于软件需求的多样化，各种各样的应用和软件不断涌现，这需要对软件的安全性进行评估。对于那些可信性存疑的软件可以将其置于虚拟机中进行评估，虚拟机可以起到"沙盒"的作用，从而避免软件中有可能存在的各种安全问题及其危害的扩散。

3．商业应用

虚拟化技术可以降低运营成本并更有效地利用相应资源，因此可为商业应用的运行提供虚拟机。

4．桌面虚拟化

无论是在公司还是学校的实验室，通过虚拟化为相关人员配备虚拟机以取代物理 PC 机，会降低成本，提高管理效率。

5．跨平台应用运行

通过虚拟化可以在当前物理机上运行不同类型的操作系统，为依赖于特定操作系统的应用运行提供环境，通过 VMM 等管理软件实现更加灵活的资源控制，从而满足用户不同的服务质量需求（QoS）。

6．调试与重放

虚拟机管理器（VMMs）一般具有记录和重放虚拟机操作行为的能力，当一个虚拟机被病毒感染而遭受破坏时，VMM 可以通过重放相关记录实现对系统的回复。

7．服务器整合

在很多环境下，服务器计算机并不会得到充分的利用，将多台服务器整合能够节省硬件和管理成本，简化对基础设施的管理任务。

8．虚拟硬件

虚拟化可以为系统提供本身不具备的虚拟化硬件，如虚拟的 SCSI 驱动器、虚拟的以太网适配器、虚拟的以太网交换机和集线器等。

9．在线迁移

物理计算机在运行过程中会需要一定时间的硬件维护窗口，在此期间需要进行长时间的软件和系统迁移，而虚拟机不受限于硬件维护窗口可以实现在线应用程序的迁移。

10．容灾恢复

VMM 具有记录和重放的功能，而且虚拟机的迁移也更加容易，这为容灾恢复提供了更加容易和便捷的途径。

3.1.6　虚拟化与云计算

虚拟化是云计算的基础构成之一。虚拟化可以将大量服务器资源进行整合形成计算资源池，虚拟化还按照需求动态将虚拟资源分配或者重分配给相关应用，而这些都是云计算的核心功能。因此，云计算只有依靠并利用虚拟化才能实现其将计算资源作为实体按需提供的目标，也是基于虚拟化才拥有了动态分配计算资源的能力。云计算是并行计算、分布式计算、网格计算的发展延伸，它将虚拟化、公共计算、IaaS、PaaS 和 SaaS 等概念加以融合，形成了一个新的框架。云计算的思想和网格计算不同，前者的目标是资源集中管理和分散使用，而网格计算的思想是将分散的资源集中使用。云计算在服务器端集中提供计算资源，为了节约成本，发挥空间的最大利用率，要借助虚拟化构建资源池。

虚拟化是一个层次接口抽象、封装和标准化的过程，在封装的过程中虚拟化会屏蔽掉硬件在物理上的差异性，如型号差别、容量差别、接口差别等。这样，硬件资源经由虚拟化处理后以一种标准化、一致性的操作界面呈现给上层。这样在硬件上部署虚拟化产品后，上层的业务就可以摆脱和硬件细节相耦合的设计。虚拟化不是万能的，它不负责解决计算问题，它仅是和硬件结合在一起对本地物理资源进行资源池构建。

虚拟化是云计算环境中的关键支撑技术，它实现了对 IT 资源的抽象，并被云供应商广泛采用，它为云计算提供自适应、自管理的灵活基础结构。通俗理解，云计算可以被定义为一组虚拟计算机的资源池，在该资源池中云计算模型允许通过不断提供虚拟机或物理机来快速实现工作负载的部署与扩展。云计算是一种具有可冗余、可自我恢复和高扩展性的编程模型平台，因此，平台具有从多种不可避免的软/硬件故障中恢复的能力。通过虚拟化技术，云计算向终端用户提供了涵盖从硬件到应用程序范围的整个计算架构中的所有层次，允许用户按照使用量进行付费。例如，Amazon Web 服务和 VMWare 倾向于提供硬件级别的虚拟化，而 Google AppEngine 和 Windows Azure 则集中在应用级别虚拟化。

亚马逊（Amazon）是提供 IaaS 级别云服务的主要供应商之一。亚马逊 Elastic 计算云（Amazon Elastic Compute Cloud -EC2）通过网络提供了大规模计算基础设施和一系列基于硬件虚拟化的相应服务。用户可以通过 Amazon Web 服务创建相应的亚马逊计算机映像（Amazon Machine Image-AMI）并将这些映像保存为模板，运行该模板的多个实例。除此之外，亚马逊也提供基于存储虚拟化的亚马逊简易存储服务（Amazon Simple Storage Service-S3）。随着虚拟化技术的进步，云服务商提供的虚拟机服务正变得越来越强大，从而奠定了云服务的生态系统，为大数据应用奠定了基础。

3.1.7 存储虚拟化

存储虚拟化作为一种解决方案，其发展的动力来源于企业的发展需求。因此，了解企业各项业务开展的内部需求，对于优化 IT 解决方案是至关重要的。

首先，应用程序停机或数据丢失会给企业经营造成严重影响。对于很多行业而言，保存在存储系统中的数据是宝贵的财富，尤其对金融、电信、商业、社保和军事等部门来说更是如此。数据丢失了对于企业来讲，损失是无法估量的。因此，存储管理系统要重点分析如何利用存储虚拟化确保数据的安全性和可用性，在保持不同系统的独立性的同时，在不同平台之间建立统一的数据恢复和备份机制。

再者，随着全球信息爆炸，大数据规模持续膨胀，存储需求随之高速增长，越来越多的企业购买了高额 IT 资产进行数据管理。然而，存储资源的差异性令高效管理面临重重考验。事实上，存储利用率普遍低于50%是一种常态，而管理效率低下也造成人力成本的巨大浪费。企业IT预算不足以满足日益增长的存储需要，势必就要寻找一种更为高效的架构管理存储资源。下面列举了企业实施存储虚拟化的几个主要原因。

（1）存储资源利用率低

应用程序和系统管理员总是超额分配存储资源，而不是根据实际需要使用存储资源。但实际上，这些应用仅用掉了存储空间配额中的一小部分，如30%。因此，采用传统的存储分配方法，闲置的存储资源高达70%。这就存在一方面存储资源无法满足需要，需要投入更多的资金购买；另一方面，很多闲置资源未被应用程序使用，因为它是原服务器专用的，这部分资源无法分配给其他应用程序。当所有的服务器和应用程序都存在这种情况时，就不难发现这种效率低下产生的累积后果。

许多企业按照行业或政府规定，需要强制为应用另外保留数据的几个副本，目的是在数据失效很长时间之后，依然能够满足监管规定或其他记录管理要求。企业还要为数据制作多个副本，用于备份和恢复、灾难恢复、数据挖掘、开发和测试等任务。总之，生成数据的多个备份和副本使存储资源的投入成倍提高。

长久以来，存储容量利用率调查和评估的结果显示，企业实际的存储利用率仅为30%～40%。由于企业部署的应用越来越多，数据量呈指数增长，很多企业需要频繁地购买存储，这给预算造成了很大压力。增加存储资源后，若缺乏有效的存储管理工具，还需要聘用更多IT人员维护系统运行，这是一种恶性循环。满足了增加的存储要求，则需要更多人员监控基础设备的正常运行，为保证备份在发生故障的情况下进行恢复，以及保护重要信息，又需要更多存储。因此，如何控制IT预算、维持IT管理人员的岗位数不变，企业需要采用更加有效的自动化方法管理自己宝贵的信息资产。

（2）系统迁移影响可用性、可靠性

信息系统已成为当今大多数企业的生命线，以信息系统为支撑的企业服务其可用性往往需要达到99.99%以上（可用性指系统连续不间断运行的时间与经历时间的比值）。因而，当一个企业级应用需要进行停机维护，或要迁移到新的服务器和存储平台，就会破坏业务的连续性，造成不可估量的损失。此外，系统升级和迁移给IT从业人员带来了很多技术挑战，因为这通常涉及众多人员的协调，要制定完善的任务流程，不能丢失数据，并且要有各种应急预案以防不测。这些过程的管理难度系数高，潜在风险大，如同走钢丝一般。许多企业力图避免将业务置于风险之中，但仅就企业应用和数据的迁移来说，这又是发展过程中不可回避的过程。

（3）技术升级换代降低IT资产寿命

大部分存储子系统及相关网络的建设耗资巨大，但系统的生命周期却很短。对于许多企业而言，原有的系统架构和技术往往不能满足不断变化的业务要求。由于业务及相应技术变化很快，通常不到一年就有新的需求，而硬件使用期一般为5～8年。很可能，刚刚购进一个5年使用期的存储系统，仅仅用了一年就需要将其融入新的系统中。由于硬件的品牌不同，设计标准和接口不同，很可能无法在原有设备上采用新的存储技术，或者无法将旧有设备在新系统中重复使用。因此，如何对这些异构的存储系统平台进行统一管理，随时掌握其运行状况，并根据应用的不同需求合理的调配系统内的存储资源，变得非常重要。存储虚拟化解决方案的优势在于可以将原有的存储部件虚拟化为存储池且不必更换它们，将其派上新用场，实现现有资产寿命的延长，减少采购开销。

（4）高能耗污染环境

Gartner 咨询公司执行的一项调查结果显示，数据中心运行和制冷所需的耗电量几乎占到全球信息和通信技术行业二氧化碳排放量的四分之一。StorageIO 组织的报告指出，存储在硬件总能耗中的占比达到 37%～40%。因此，通过存储虚拟化技术，减少正在工作的磁盘数量，降低非工作状态磁盘的转速，优化存储部件的电源设计，削减运行费用，有助于实现 IT 行业的绿色可持续发展。

总的来说，为了解决异构存储系统在兼容性、扩展性、可靠性、容错容灾和利用率等方面的问题，需要引入存储虚拟化（Storage Virtualization）。存储虚拟化管理系统屏蔽了不同平台下具有不同属性的存储设备之间的差异性，向用户提供可以任意分割和扩展的基于虚拟卷的存储系统，该系统具有良好的可扩展性、稳定性、可用性，用户可以在线增减存储容量，屏蔽不同类型存储设备的差异性，能动态地进行负载均衡，向用户提供简单统一的虚拟访问接口。此外，基于虚拟化的存储服务可以跨越多磁盘或多分区，存储设备基于网络独立于地域分布，系统支持多种标准协议并对用户提供透明服务。存储虚拟化也是存储整合的重要组成部分，它能通过提高存储利用率降低新增存储的费用。

1. 存储虚拟化概述

存储虚拟化是一种将管理简单化的技术。虚拟存储不仅可以简化存储资源管理的复杂性，还可以提高系统的可用性和可靠性，因此，虚拟化正逐步成为存储领域的核心技术。

存储虚拟化是针对存储设备或存储服务进行的虚拟化手段，通过对底层存储资源实施存储汇聚、隐藏复杂性及添加新功能，实现大型、复杂、异构的存储环境下管理技术的简单化。存储虚拟化是通过对存储系统或存储服务的内部功能进行抽象、隐藏或隔离，使数据的存储或管理与应用、服务器、网络资源的管理相分离。

通过虚拟卷映射、流数据定位、数据快照、虚拟机等技术，存储虚拟化屏蔽掉了存储系统的复杂性。存储的逻辑表示和其物理实体分离，服务器不必关心存储系统的物理设备，也不会因为物理设备发生变化而受任何影响。其目的是将不同生产商提供的不同容量和性能的存储设备虚拟化成一种单一的、易于管理的逻辑视图，存储资源成为动态的，可根据用户的实际需求进行分配的存储空间，且分配以存储资源的逻辑形式获得，无须考虑物理实体的详细情况。这样就解决了存储需求不可预见的持续膨胀式增长，以适应网络存储系统变得越来越庞大和复杂。同时，提高存储设备使用效率，增强系统的可扩展性，方便数据的跨设备流动。

存储虚拟化集中构建虚拟存储池，通过服务器整合技术，能够提供大于物理存储空间的逻辑存储空间，这种方式提高了存储的利用率。对用户提供统一的标准化数据管理接口，通过存储器物理管理与逻辑管理的分离实现存储器的透明化访问。

从理论上而言，任何种类的计算机存储设备都是可以被虚拟的。存储虚拟化管理设备用来管理逻辑设备和物理设备之间的映射关系。存储虚拟化设备是一种逻辑设备，在物理上是不存在的，它只是在计算机里表现出和它同类物理存储设备的相同特性，按照这些特性去响应 I/O（Input/Output，输入输出端口）请求，提供抽象的复制、快照、镜像和迁移操作。

　　网络存储工业协会（Storage Networking Industry Association，SNIA）对存储虚拟化给出了系统的分类方法，从实现结果、实现位置和实现方式三个层次进行界定，如图 3-5 所示。

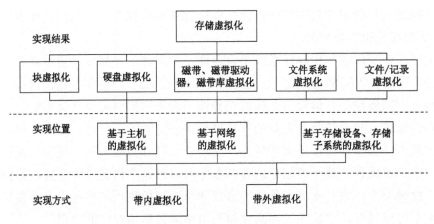

图 3-5　存储虚拟化在不同层次上的分类

　　在实现结果层次，存储虚拟化的类型包含块虚拟化，文件系统虚拟化，硬盘虚拟化，磁带、磁带驱动器、磁带库虚拟化，文件/记录虚拟化或其他设备的虚拟化。其中，块虚拟化和文件系统虚拟化是主流的虚拟化方式。

　　在实现位置层次，存储虚拟化包含基于主机的虚拟化，基于存储设备、存储子系统的虚拟化和基于网络的虚拟化。基于主机的虚拟化是指虚拟化层放在服务器主机上实现，虚拟化层将软件模块嵌入服务器的操作系统中，将虚拟化层作为扩展驱动模块，同时为连接服务器的各种各样的存储设备提供必须的控制功能。基于存储设备的虚拟化是指将虚拟化层放在存储设备的控制器、适配器等上来实现。基于网络的虚拟化是指在服务器和磁盘阵列之间的存储网络层引入虚拟存储管理设备，如 SAN 和 NAS 的系统结构。

　　在实现方式层次，存储虚拟化包含带内（In-Band）虚拟化和带外（Out-of-Band）虚拟化两种方式。带内虚拟化方式，数据和控制信息共用同一传输路径；带外虚拟化方式，应用服务器首先访问元数据服务器获取映射信息，然后通过数据通道直接访问存储设备。

　　存储虚拟化的实现方法主要包含以下几种。

　　（1）基于主机的虚拟化

　　基于主机的虚拟化也称为基于服务器的虚拟化，是通过在服务器操作系统中嵌入或添加虚拟层来实现设备虚拟化的。该方法不需要添加特殊的硬件，只需安装具有虚拟化功能的软件模块，它以驱动程序的形式嵌入应用服务器的操作系统中，呈现给操作系统的是逻辑卷。逻辑卷管理系统（Logic Volume Management，LVM）通过逻辑卷把分布在多机上的物理存储设备映射成一个统一的逻辑虚拟存储空间。逻辑卷管理系统实际上是一个从物理存储设备映射到逻辑卷的虚拟化存储管理层，可实现系统级和应用级的多机间存储共享，如图 3-6 所示。LVM 隐藏了物理存储设备的复杂性，向操作系统提供存储资源的一个逻辑视图。主机可以通过多条路径到达共享存储，存储目标也可以随意组合。

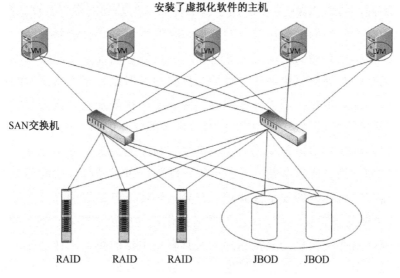

图 3-6　基于主机的存储虚拟化

运行在服务器上的虚拟化软件需要占用服务器的 CPU、内存、带宽等资源，对操作系统的依赖性较大，使得虚拟化系统不能兼容不同的平台，移植性较差。但是基于主机的虚拟化，一般只需在应用服务器端安装卷管理驱动模块就可以完成存储虚拟化过程，具有成本低、同构平台下性能高的特点。

（2）基于存储设备的虚拟化（存储子系统）

基于存储设备的虚拟化一般在存储设备的控制器中实现，又称为存储控制器的虚拟化。由于该虚拟化的实现方法直接面对具体的物理设备，在性能上易于达到最优；该虚拟化逻辑被集成到设备内部，存储虚拟化的管理简单方便并且对用户透明。一个典型的例子是智能磁盘子系统。该系统将物理硬盘集成在一起形成虚拟盘，利用 LUN（Logical Unit Number，逻辑单元号）掩盖 RAID，使用诸如 SCSI（Small Computer System Interface，小型计算机系统接口）、光纤通道或 iSCSI（Internet SCSI，互联网小型计算机系统接口）等协议进行访问。基于存储设备的虚拟化解决方案可以提供附加功能，如存储数据的快照、控制器内的动态存储池创建及多个控制器之间的存储池创建。

因为这种虚拟化技术没有统一标准，一般只适用于特定厂商的产品，异构产品间很难实现存储级联，所以这种存储虚拟化产品的可扩展性易受到限制。另外，由于厂商的限制，用户对存储设备的选择面也窄，如果没有第三方的虚拟化软件提供底层屏蔽服务从而实现存储级联和扩展，则该系统的扩展性就很差。这使得人们将注意力从基于存储设备的虚拟化转向上游基于网络的解决方案，以便适用于多厂商的环境。

（3）基于网络的存储虚拟化

基于网络的虚拟存储化是当前存储虚拟化的主流技术，当前在商业上具有较多的成功产品。典型的网络虚拟存储技术包括网络附加存储（NetWork Attached Storage，NAS）和存储区域网络（Storage Area Network，SAN）。由于这两种系统的体系结构、通信协议、数据管理的方式不同，所以 NAS 主要应用于以文件共享为基础的虚拟存储系统中，而 SAN 主要应用在以数据库应用为主的块级别的数据共享领域。存储区域网络 SAN 是当前网络存储的主流技术。虚拟化存储的实现可以分布在从主机到存储设备之间路径的不同位置上，由此可把基于网络的存储虚拟化细分为基于交换机的虚拟化、基于路由器的虚拟化、基于专用元数据服务器的虚拟化、基于局域网的存储虚拟化和基于互联网的存储虚拟化。

① 基于交换机的虚拟化是通过在交换机中嵌入固件化的虚拟化模块层来实现的，由于在交换机中集成有交换和虚拟化功能，交换机很容易成为系统的瓶颈，并可能产生单点故障。不过这种结构不需要在服务器上安装虚拟化软件，可以减少应用服务器的负载，也没有基于存储设备或主机环境的安全性问题，在异构环境下有较好的互操作性。

② 基于路由器的虚拟化。基于路由器的虚拟化是将虚拟化模块集成到路由器中，使存储网络的路由器既具有交换机的交换功能，又具有路由器的协议转换功能，它把存储虚拟化的范围由局域网范围内的虚拟存储扩展到了广域虚拟存储。近年来，基于路由器的虚拟化技术得到了长足的发展和广泛的应用，如基于 iSCSI 的虚拟存储技术等，它为广域网下的云存储夯实了底层结构。

③ 基于专用元数据服务器的虚拟化是在存储网络中接入一台专用的元数据服务器来完成存储虚拟化工作，属于带外虚拟化方法。

④ 基于局域网的存储虚拟化技术也称为基于 IP 的存储虚拟化，是当前在虚拟存储领域最活跃的研究热点之一。基于 IP 的存储虚拟化技术产生了很多成功产品，特别是 10Gb/s 以太网的出现，更是加速了局域网虚拟化的快速发展，其中支持局域网的协议包括 FCP、iFCP、SCSI、iSCSI、vSCSI、InfiniBand 等，它们都是基于 TCP/IP 的数据存储访问协议。

⑤ 基于互联网的存储虚拟化是存储技术的最高形式。它采用集群技术、网格技术、覆盖网技术、P2P 技术及分布式文件系统等技术实现将全球范围内不同类型的存储设备通过虚拟化技术整合起来，向外提供统一的虚拟内存和硬盘的功能。

实现存储虚拟化系统的关键是实现众多异构存储设备到统一虚拟存储资源的视图映射，通常在用户和存储设备路径上加入存储管理部件来实现虚拟化。它屏蔽了不同类型物理设备的不同特性，实现了将大量异构存储资源的整合，向用户提供方便访问、任意划分、在线扩容、安全稳定的虚拟存储系统。

2．虚拟化存储系统实现的关键技术

实现虚拟化存储系统需要解决以下关键技术。

（1）异构存储介质的互联和统一管理

存储虚拟化的核心任务是兼容多种属性的存储设备，屏蔽它们间不同的物理特性并向用户提供统一的虚拟逻辑设备访问方式，由网络连接的各种物理存储设备以虚拟卷的形式向用户呈现，而用户关注的是存储容量和数据安全策略。存储容量的物理分配对用户是透明的，存储虚拟化管理系统及其所兼容的协议屏蔽了连接到存储网络中的各类设备的差异性，简化了逻辑存储设备的管理、配置和分配，并向用户提供在线划分、扩展、配置存储和在线增加与更替存储设备的虚拟化存储管理技术。

（2）数据的共享冲突与一致性

数据共享是存储虚拟化的主要功能之一，基于网络的虚拟存储对数据共享访问提出了很高的要求，存放在不同物理存储器中的数据拷贝为操作系统和数据仓库间的数据共享带来便利，但同时必须仔细设计锁机制算法、备份分发算法及缓存一致性技术来保证数据的完整性。

（3）数据的透明存储和容错容灾策略

数据的透明访问需要虚拟存储屏蔽存储设备的物理差异性，由系统按照资源的特性及用户的需求自动调度和利用存储资源，便于用户在逻辑卷的基础上对数据进行复制、镜像、备份及实现虚拟设备级的数据快照等功能。虚拟存储系统需按照数据的安全级别建立容错和容灾机制，以克服系统因误操作、单点失效、意外灾难等造成的数据损失。系统必须对用户透明地实现多种机制下的数据备份、数据系统容错和灾难预警及自动恢复等策略。

（4）性能优化和负载均衡

存储系统应该从全局的观点并根据不同存储设备的特性来优化存储系统，应该根据不同存储的响应时间、吞吐率和存储容量来安排多级存储体系结构，实现数据的多级高速缓存和数据预取功能。根据用户的需求，安排不同的存储策略实现对数据的按需存取，仔细设计 I/O 均衡策略，根据具体的物理设备合理分配用户的 I/O 请求，使用条带化方法、数据分块、时空负载区分、数据主动存取和数据预取策略来提高数据的访问效率。为了进一步提高访问效率，也可以采用基于存储对象的存储主动服务策略来提高数据的主动预测服务。

（5）数据的安全访问策略

基于网络的存储必须对访问加以控制，数据被越权访问和恶意攻击是虚拟存储系统要避免的，透明的存储服务带来的数据安全性必须由虚拟化管理软件来实现，其实现安全访问的策略是多样的，如基于密钥的认证管理及数据加密策略，以及在存储体之上增加一层可信的管理层节点等都是可行的方法。

（6）高可靠性和可扩展性

高可靠性和可扩展性是虚拟存储系统必须具备的特性，系统应该采用高效的故障预测、故障检测、故障隔离和故障恢复技术来保证系统的高可靠性。虚拟存储系统应该在不中断正常存储服务的前提下对存储容量和存储服务进行任意扩展，透明地添加和更替存储设备，虚拟存储系统还应该具有自动发现、安装、检测和管理不同类型存储设备的能力。

3.1.8　系统虚拟化

系统虚拟化是虚拟化的一种，其抽象粒度为一个计算机系统，可以说它是 IaaS 的核心技术。由于系统虚拟化的对象往往是服务器，所以也被称为服务器虚拟化。系统虚拟化的目标是在同一台物理机上运行多个独立的操作系统，即将一个物理服务器虚拟成若干台独立的虚拟服务器使用，充分发挥服务器的硬件性能。系统虚拟化技术将 CPU、内存、I/O 设备等物理资源转化为可以统一管理的逻辑资源，为每一个虚拟服务器提供能够支持其运行的抽象资源。

面对复杂多变的商业环境，一个快速灵活的应用系统解决方案必不可少，这个应用系统又包括多种不同的子系统，因此，在物理服务器上建设一个这样大的应用系统，必须承担昂贵的物理服务器费用。面对运行工作中出现的峰值工作量，这些物理服务器必须提供高性能的运行表现，然而这会导致在其他一般工作时段服务器利用率低下和资源浪费。为了保证应用系统的高可用性，必须建立一个能让系统在发生错误时继续运行的备用系统，而建设和维护这个在传统情况下很少用到的备用系统也需要增加费用和时间。服务器虚拟化技术的出现可以很好地解决这些问题，当在少量物理服务器上建立大量虚拟机时，所需的安装费用和时间与建立大量物理服务器相比会大大减少。另外，服务器虚拟化技术将物理服务器的利用率从 5%～20%提高到 85%～90%。总的来说，服务器虚拟化技术可以减少总体拥有成本，并且在系统使用情况发生变化时快速改变系统配置，及时分配系统所需的资源。

传统模式下，操作系统和物理裸机是耦合的，而系统虚拟化的目标是实现操作系统和物理裸机的有效隔离。系统虚拟化的实现方式是在硬件和操作系统之间引入虚拟化层，又称虚拟机监视器，将物理资源抽象成逻辑资源，虚拟化层允许多个操作系统实例（OS Instance）同时运行在一台物理服务器上，动态分配和共享所有可用的物理资源（CPU、内存、存储和网络设备），让一台服务器变成几台甚至上百台相互隔离的虚拟服务器。通过引入虚拟化层，使得操作系统和应用可以从硬件上分离出来，打包成独立的、可移动的虚拟机，不再受限于物理界限，让 CPU、内存、磁盘、I/O 等硬件变成可以动态管理的资源池（Resource Pool）。

虚拟机技术易于管理云计算环境中的众多资源。它们通过服务器整合让多台虚拟机复用一台物理计算机上的资源，从而提高利用率。虚拟机通过高级别的资源抽象可以按需向纵向、横向扩展。系统虚拟化促进了高质量的、可靠的、灵活的部署机制和管理服务，提供按需克隆和动态迁移服务，进而提高了可靠性。因此，拥有管理虚拟机基础设施有效的管理套件，对于任何云计算基础设施即服务（IaaS）的供应商都是至关重要的。系统虚拟化是提高资源利用率、简化系统管理、实现服务器整合的核心技术，让 IT 对业务的变化更具适应力。

在系统虚拟化中，物理资源被称为宿主（Host），在其上被虚拟出的资源被称为客户

（Guest）。如果一个物理服务器被虚拟化，那么它被称为宿主机，而其上运行的虚拟机则被叫作客户机。部署在物理机上的操作系统称为宿主操作系统，部署在虚拟机上的操作系统称为客户机操作系统。

从应用程序的角度来看，虚拟机和物理机上的操作系统没有明显的差异。每台虚拟机相互隔离并独立运行自己的操作系统和应用软件，对物理资源进行复用和按需分配。在系统虚拟化中，多个虚拟机可以互不影响地在同一台物理计算机上运行，并保证其性能。

目前系统虚拟化技术已经形成从硬件到软件一整套的解决方案。基于 X86 架构的硬件技术主要是由 Intel 和 AMD 提供的 Virtualization Technology（VT）和 AMD-V 虚拟化技术，该技术对处理器进行了扩展，从而实现了处理器的虚拟化。软件方面主要有 Vmware 公司的 VSphere 和 Vmware Workstation，Microsoft 公司的 Hyper-V 和 Azure，以及 Linux 系统下的 Xen 和 KVM 等。前两个软件是商业化的系统，Xen 也开始了商业化运作，KVM 是免费的开源系统并在迅速发展之中，是目前唯一进入 Linux 内核的虚拟化技术。

系统虚拟化可以扩大硬件的容量，简化软件的重新配置过程。CPU 虚拟化可以用单 CPU 模拟多 CPU 并行，允许一个平台同时运行多个操作系统，并且应用程序可以在相互独立的空间内运行互不影响，从而显著地提高计算机的工作效率。

一般来说，虚拟环境由三个部分组成：硬件、VMM 和虚拟机，如图 3-7 所示。在没有虚拟化的情况下，操作系统直接运行在硬件上管理着底层物理硬件，这就构成了一个完整的计算机系统，也就是下文所谓的"物理机"。在虚拟环境里，虚拟机管理程序 VMM 抢占了操作系统的位置，变成了真实物理硬件的管理者，同时向上层的软件呈现出虚拟的硬件平台，"欺骗"着上层的操作系统。而此时操作系统运行在虚拟平台之上，仍然管理着它认为是"物理硬件"的虚拟硬件，俨然不知道下面发生了什么，这就是图 3-7 中的"虚拟机"。它在虚拟机（VM）和硬件之间加了一个软件层 Hypervisor，称为虚拟机管理程序或虚拟机监控器（VMM）。

从系统架构看，虚拟机监控器（VMM）是整个虚拟机系统的核心，它承担了资源的调度、分配和管理，保证多个虚拟机能够相互隔离地同时运行多个客户操作系统。服务器虚拟化的实现主要有三个部分：CPU 虚拟化、内存虚拟化和 I/O 虚拟化。

CPU 虚拟化是一种硬件方案。通过 CPU 虚拟化把单个的物理 CPU 模拟成多个 CPU 并行，允许同时运行多个操作系统，每个客户操作系统可以使用一个或多个虚拟 CPU。在这些客户操作系统之间，虚拟 CPU 的运行相互隔离，应用程序可以在相互独立的空间内运行而互不影响，从而显著提高计算机的工作效率。

服务器上的物理内存通过虚拟化后，被封装成抽象的内存资源池供部署在物理机上的虚拟机同时使用，为每个虚拟机提供各自相对独立的内存地址空间。实现内存虚拟化的核心是引入了一层新的地址空间，即客户机物理地址空间。每个虚拟机的物理内存由 VMM 内存管理单元统一管理和分配，并且按需提供给虚拟机使用，同时保持各虚拟机之间的资源共享和有效隔离。由于系统对内存的访问具有随机性，物理机上的内存是一段连续的地址空间，因此 VMM 需要维护物理内存地址段与虚拟机内存地址段之间的对应关系，确保虚拟机的内存访问连续一致。虚拟机操作系统中看到的物理内存空间其实不是真正物理机上的物理内存，而是被 VMM 虚构出来的物理地址空间。

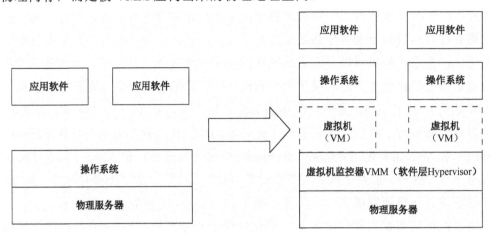

图 3-7　系统虚拟化架构

服务器上的 I/O 设备包括以太网口、光纤通道 SAN、SAS 等。由于物理服务器上的 I/O 资源是有限的，而部署在物理服务器上虚拟机是多个的，所以需要借助 I/O 虚拟化的方式来重复利用有限的物理 I/O 资源。I/O 被虚拟化后，同样被封装成抽象的虚拟 I/O 设备供部署在服务器上的虚拟机使用，由虚拟机监视器统一配监管，响应每个虚拟机的 I/O 请求。目前，I/O 虚拟化的实现方式都是基于软件的。

3.1.9　桌面虚拟化

随着云计算的持续发展，基于云的应用交付逐步成为 IT 行业发展的重要趋势。对企业来说，在预算不变的前提下提升 IT 运营效率的最好方法是搭建私有云架构，而最先流行的私有云就是桌面计算虚拟化。随着虚拟化技术的发展，企业的桌面管理迎来了一个新的解决方案——桌面虚拟化架构（Virtual Desktop Infrastructure，VDI），它采用"集中计算，分布显示"的原则，通过服务器虚拟化技术，将所有客户端的运算合为一体，在企业数据中心内进行集中处理。而桌面用户采用瘦客户端或专用小型终端机的方式，仅负责输入/输出与界面显示，不参与任何计算和应用。

桌面虚拟化就是将用户的桌面环境与其使用的终端设备解耦合。服务器上存放的是每个用户的桌面环境。用户可以使用不同的具有足够处理能力和显示功能的终端设备，如 PC、瘦客户端、移动终端、云终端，这些终端设备除与虚拟桌面系统连接外并不承担其他任务或承担得很少。它们通过远程显示协议访问该桌面环境，每个用户都有一个在服务器管理程序上运行的桌面系统虚拟机，每次登录时都能获得一个干净的、个性化的全新桌面。一个完整的 VDI 架构组成通常包含如下几个部分。

① 虚拟桌面服务器端。虚拟桌面服务器端需采用中高端配置服务器,安装虚拟化软件,通过服务器虚拟化技术,在宿主机系统上创建多个虚拟机(虚拟分区),每个虚拟机对应一个终端桌面用户。同时,每个虚拟机都配了随机存储器、硬盘和输入/输出资源。

② 终端用户桌面端。面向终端用户桌面端,采用瘦客户端或专用云终端,每个桌面用户需配置显示器、键盘、鼠标各一个,并安装专用云终端一台。

③ 连接管理中间件。连接管理中间件是一个用户连接和调度的资源池。在整个 VDI 架构中,位于数据中心的虚拟桌面服务器使用虚拟化技术可提供数百个乃至数千个虚拟桌面客户端。在如此高密度的应用中,如何调度和管理资源成为了主要的问题。通常,不是所有的客户端都在同一时间启动,并且不同部门的客户端所需的磁盘吞吐和网络带宽也各不相同。因此,在 VDI 网络架构中,需要一个连接中间件用于认证、连接、转发、管理和协调资源,负责管理对应的虚拟桌面启动、调整数量和负载,分配桌面等操作。该中间件即为 Broker 中间件。

桌面虚拟化应用广泛,尤其适用于那些计算发生在数据中心、使用分散的应用场景。这些场景中,所有桌面的管理和配置都在数据中心进行,管理员可以在数据中心对所有桌面和应用进行统一配置和管理,如系统升级、应用软件安装等,从而避免了传统上由于终端分布造成的管理困难和成本高昂等问题。桌面虚拟化架构具有灵活多变的组织形式,尤其适合学校机房、教学中心、呼叫中心等大规模的、多变需求的应用场景(频繁更换操作系统)。

1. 统一集中办公

大部分企业在日常工作中,其内部 IT 系统(如 CRM、ERP)多为 Web 界面,Web 方式是一种"瘦客户端"的设计理念,即任何网络浏览器在任何位置都可以访问本应用。但是 Web 方式功能上有较大的局限性,相当部分的 ERP 软件是需要安装客户端软件并登录的。无论是 B/S 架构还是 C/S 架构,都是一台传统的 PC 机必不可少的。

部署 VDI 方案,可以帮助拥有数百台、数千工位且位于同一地点办公的大型企业解决桌面系统管理问题。数百个座席可完成完全标准化的部署,无须配置 PC 机,无须关心数据存储安全,全部采用瘦客户端方式远程连接到位于数据中心的虚拟桌面服务器上。借助 VDI 还可以实现非固定坐席的工作场景,进一步对 IT 架构进行规范化管理。

2. 网络教学

在典型的网络教学环境中,教师除授课之外,还需要为每个参加网课的学生准备相应的操作环境用于上机操作。在日常管理中,最大的困难在于为数十台或上百台学生机部署上机环境。同时,因为使用频率和密度较高,学生机还经常出现硬件故障导致多个学生只能合用一台计算机的情况。

使用 VDI 解决方案,可将传统网络教学环境下的学生机转换为瘦客户端,其所有软件环境全部部署在后端数据中心虚拟桌面服务器上。当教师需要初始化学生机时,只需在操作界面上简单地点击几下鼠标，即可快速地为上百个学生初始化实验环境。通过 VDI 系统，生成一个桌面环境仅需五秒钟。借助应用程序模板技术，可以批量为学生机部署每次授课的实验环境，大大简化了教师在授课前的备课工作量，让教师更加专心地投入到教学内容的准备上。使用 VDI 方案，为授课教师和学生实现快速的实验环境模拟、重建，且使用瘦客户端避免了学生机的硬件损坏，提高了设备正常使用率。

3.1.10　应用虚拟化

一般地，每一个应用程序的运行都依赖于它所在的操作系统，如 CPU、内存分配、设备驱动程序等。运行在同一操作系统上的不同应用通常都会包含大量共同的系统信息，可能导致应用程序之间冲突的发生。例如，一个应用程序需要某个特定版本的动态链接库，而另一个应用程序需要另一个版本的动态特征库，两个应用同时运行时，将会导致动态链接库故障。企业通常通过安装大量的应用进行测试，部署可用应用程序的方法来避免这个问题，虽然有效，但无法集中地对应用进行更新和维护，且代价巨大，增加了管理的难度。应用虚拟化技术可以很好地解决上述问题，使云中的应用体现出极大的自由性和独立性。应用虚拟化是 SaaS 的基础，它提供了一个虚拟层，即一个所有应用都可以在其上运行的虚拟化平台，能够提供所有与应用有关的注册表信息、配置文件等，同时应用被重新定位到一个虚拟的位置，与只跟本身有关的运行环境打包，形成一个单一文件。在运行时，由于应用只依赖与之对应的单一文件，这样就可以在不同的环境下运行，在同一环境下不兼容的应用也可以同时运行。打包的虚拟应用在数据中心上集中管理，当需要新的应用部署（如安装、更新、维护等）时，无须重新安装应用程序，只需要通过数据中心下载即可完成。

3.1.11　典型虚拟化产品

虚拟化技术经过多年的发展，已经出现了很多成熟的产品，本节向读者介绍几种典型的虚拟化产品及其特点，它们分别是 VMware vSphere、Windows Azur、Xen 和 KVM。

1．VMware vSphere

VMware 在虚拟化领域举足轻重，是 X86 虚拟化软件的主流厂商之一。VMware 产品线主要分为两个系列：数据中心虚拟化和桌面虚拟化。基于 Hypervisor 架构的产品直接运行在物理硬件之上，无须操作系统，如 vSphere。而桌面产品则可以运行在 Windows、Linux 和 Mac OS 上，如 VMware Workstation、VMware Fusion 和 VMWare View。

vSphere 是 VMware 公司推出的数据中心虚拟化解决方案，是目前部署范围最广泛的企业级虚拟化平台套件。据 IDC 2012 年统计数据显示，VMware vSphere 虚拟化解决方案占据全球虚拟化市场 70%左右的份额，世界 500 强企业中有一半以上在使用或者测试 VMware vSphere。VMware vSphere 可提供虚拟化基础架构、集中管理、监控、高可用性等一整套解决方案。

VMware vSphere 是一组完整的基础架构虚拟套件，此套件可提供全面的综合管理、虚拟化、资源优化和操作自动化，能够出色地做到节约转化成本，有效提高管理效率、业务灵活性、IT 服务保障水平和应用程序可用性。

vSphere 数据中心拓扑包括下列组件。

（1）计算服务器

在裸机上运行 ESXi 的业界标准 X86 服务器。ESXi 软件为虚拟机提供资源，并运行虚拟机。每台计算服务器在虚拟环境中均称为独立主机，可以将许多配置相似的 X86 服务器组合在一起，并与相同的网络和存储子系统连接，以便提供虚拟环境中的资源集合（称为群集）。

（2）存储网络和阵列光纤通道

SAN 阵列、iSCSI SAN 阵列和 NAS 阵列是广泛应用的存储技术，VMware vSphere 支持这些技术以满足不同数据中心的存储需求。存储阵列通过存储区域网络连接到服务器组并在服务器组之间共享。此安排可实现存储资源的聚合，并将这些资源配置给虚拟机，使数据存储更具灵活性。

（3）IP 网络

每台计算服务器都可以有多个物理网络适配器，为整个 VMware vSphere 数据中心提供高带宽和可靠的网络连接。

（4）vCenter Server

vCenter Server 为数据中心提供一个单一控制点。它提供基本的数据中心服务，如访问控制、性能监控和配置功能。它将各台计算服务器中的资源统一在一起，使这些资源在整个数据中心的虚拟机之间共享。其原理是：根据系统管理员设置的策略，管理虚拟机如何分配到计算服务器上，以及资源如何分配给相应虚拟机。

在 vCenter Server 无法访问（如网络断开）的情况下（这种情况极少出现），计算服务器仍能继续工作。服务器可单独管理，并根据上次设置的资源分配继续运行分配给它们的虚拟机。在 vCenter Server 的连接恢复后，它就能重新管理整个数据中心。

（5）管理客户端

VMware vSphere 为数据中心管理和虚拟机访问提供多种界面。这些界面包括 VMware vSphere Client (vSphere Client)、vSphere Web Client（用于通过 Web 浏览器访问）或 vSphere Command-Line Interface (vSphere CLI)。

该产品的优点包括：

① 简化 IT 环境，降低 IT 硬件和运营成本，整合并优化 IT 投资。VMwarevSphere 虚拟化技术可以在每个物理服务器上整合几个、十几个甚至更多的虚拟机，实现 10:1 或更高的整合率，将硬件利用率从 5%～15%提高到 80%甚至更高，并且无须牺牲应用程序性能，大大提高了服务器的利用率，减少了硬件需求，简化了 IT 环境基础架构，节约了硬件购置、

维护数据中心的运营成本。

② 简化管理和提高工作效率。VMware vSphere 可以在数分钟内部署新的应用程序，监控虚拟机性能，并实现修补程序和更新管理的自动化。

③ 提高服务级别和应用程序质量。VMware vSphere 虚拟化技术减少了对虚拟服务器进行烦琐的软件安装和配置，采用模板部署的方式缩短了部署周期，vSphere 高可用性（HA）、实时迁移（vMtion）和分布式资源调度（DRS）为客户提供了最佳保护，实现了应用程序的业务连续性和可靠性。通过 VMware vSphere 坚实的可靠性以及集成的快照、备份、恢复和故障切换功能，大大增强了业务的安全性及保障水平。

④ 优化软件开发过程。VMware vSphere 允许测试和开发团队在共享服务器、网络和存储基础架构的同时，在安全、隔离的沙箱环境中安全地测试复杂的多层配置，而不会对现有业务造成不利影响。

2. Windows Azure

Windows Azure 采用了基于 Hypervisor（虚拟机管理程序）方式的硬件虚拟化技术来构建其计算服务平台。通过采用虚拟化技术降低不同资源之间的耦合度，提供资源的动态分配能力。其资源分配是通过虚拟机来实现的，每个虚拟机即为计算实例。通过这种基于 Hypervisor 的虚拟化方式，Windows Azure 云计算平台能够实现计算资源的划分、动态部署及工作负载的动态迁移等。

Windows Azure 平台如图 3-8 所示。

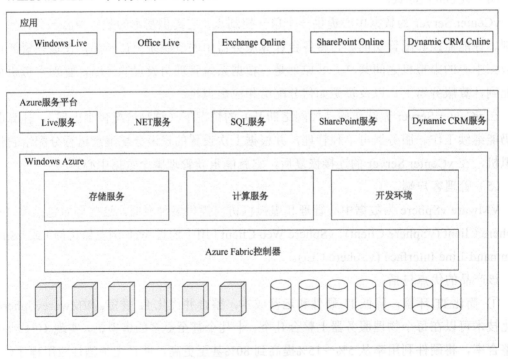

图 3-8　Windows Azure 平台

Windows Azure 云计算平台的一个核心技术是虚拟机监视器 Hypervisor。Windows Azure Hypervisor 的基本思想是：在操作系统与底层硬件设备之间建立一个能够独立控制、分配底层硬件资源的软件层，目的是实现系统 IT 资源的虚拟化，支持实现轻量、高效的虚拟化资源管理是其核心任务。

在 Windows Azure 云计算平台中，每个计算服务器都运行一个 Windows Azure Hypervisor 来管理运行在该服务器上的多个虚拟机。每个 Windows Azure 计算节点都运行一个 Windows Azure Hypervisor、一个 Host OS 和多个 Guest OS。Host OS 称为主分区或根分区，Guest OS 称为子分区或来宾分区。Windows Azure Hypervisor 提供 Windows Azure 管理服务所需要的元数据交换功能和不同虚拟机通信必需的负载均衡与容错功能。Windows Azure Hypervisor 负责虚拟机资源分配、安排 CPU 处理时间和 I/O 处理请求等操作。此外，Windows Azure Hypervisor 还保证虚拟机之间的相互隔离，为 Guest OS 的安全性提供技术支持。

Windows Azure Guest OS 是专门应用于 Windows Azure 中针对 Windows Azure Hypervisor 进行改良优化的，用来托管运行 Web Role、Worker Role 和 VM Role 的操作系统，这些改良优化操作主要是为了提高性能。Guest OS 通过精简一些不用的功能来减少被攻击面，提高系统的安全性。用户的应用程序部署在 Guest OS 上，Guest OS 之间的隔离通过虚拟机之间的隔离来实现。另外，Windows Azure 也为 Windows Azure Guest OS 提供了一些超级调用功能。当用户代码需要调用系统内核代码时，Guest OS 通过超级调用的方式让底层 Hypervisor 执行相关底层操作，完成必要的功能需求。

Windows Azure 平台下的 Host OS 拥有所有内存、I/O 端口和物理硬件的访问权限。所有硬件的驱动程序都在 Host OS 中，Guest OS 中只有虚拟的驱动程序。另外，Host OS 有一个重要的任务就是在应用程序部署时，读取应用程序的服务定义文件，从而决定 Windows Azure Guest OS 的版本。Windows Azure Fabric Controller 是管理微软数据中心的 Windows Azure 计算资源的中控管理系统，它负责自动化管理数据中心内所有实体服务器，包括用户要求的 WindowsAzure Guest OS 的部署工作、定时 Hotfix 修补、机器状态回报及管理不同版本的 VM 部署图像的复制等重要核心工作。Fabric Controller 本身也具有高可用性，并且有一个管理 Fabric Controller 的子系统来管理与监控 Fabric Controller 的运作。

Windows Azure AppFabric 是一套全面的云端中间件，服务于开发、部署和管理 Windows Azure 平台应用。通过在更高层次上抽象端对端应用，使得开发更加高效，并且通过利用底层硬件功能和软件基础设施，使得应用与维护变得更加轻松；通过提供高层面的中间件服务，提高云端的抽象层次，减少开发复杂度。

Windows Azure 虚拟化技术的安全性主要表现在：保障虚拟化物理设施的安全；实现虚拟机主机和虚拟机操作系统级别的加固；使用 Bitlocker 加密保护磁盘文件；实现虚拟服务器管理网络与虚拟机网络之间的隔离；审计虚拟化环境的操作和管理事件。

虚拟化技术解决了 Windows Azure 云计算平台许多的技术难题，但是虚拟化技术也给 Windows Azure 云计算平台带来很多安全性的问题。Windows Azure 云计算平台必须保证客户数据的保密性、完整性和可用性，同时还必须提供透明的问责机制，让用户能够跟踪、记录自己或微软对托管应用实施的管理操作。

3．Xen

Xen 是一款基于 GPL 授权方式的开源虚拟机软件。Xen 起源于英国剑桥大学的一个研究项目，逐步独立出来成为一个由社区驱动的开源软件项目。该社区吸引了很多公司和科研院所的开发者加入，发展非常迅速。之后 Ian 成立了 XenSource 公司并对 Xen 进行商业化应用，还推出了产品 Xen Server。2007 年，该公司被 Citrix 收购，Xen 的商业化应用得到进一步的推广。Xen 目前已经比较成熟，基于 Xen 的虚拟化产品也很多，如 Citrix、Redhat 和 Novell 等都有相应的产品。

一个 Xen 虚拟化环境由以下相互配合的元素构成：物理硬件、Xen 虚拟机管理器、Domain 0 和 Domain U，其分层模型如图 3-9 所示。

图 3-9　Xen 分层模型

物理硬件即物理服务器，包括 CPU、物理内存、物理网络、SCSI/IDE 设备等。

Xen 虚拟机管理器又叫 Xen Hypervisor，是 Xen 虚拟化环境中最底层的抽象层，位于硬件和操作系统之间，它主要负责对运行在硬件层上的所有虚拟机进行 CPU 调度和内存划分。Xen Hypervisor 不仅对底层硬件进行抽象，同时还控制着虚拟机的运行状态。但 Xen Hypervisor 并不负责对网络设备、存储设备、显示设备和其他 I/O 请求进行处理。

Domain 0 是一个修改过的 Linux 内核，相当于运行在 Xen Hypervisor 上一个独特的虚拟机，它可以访问物理 I/O 资源，并能同时与运行在该系统上的其他虚拟机进行交互。Xen 虚拟化环境中所有的虚拟机都只能由 Domain 0 启动，因此它必须在其他虚拟机启动之前启动。Domain 0 中有两个后端驱动用来响应和处理其他虚拟机的网络和本地磁盘请求：

Network Backend Driver 和 Block Backend Driver。前者直接和本地网络硬件的驱动程序进行交互来处理所有 Domain U 的网络请求，后者直接和本地存储设备的驱动程序进行交互并根据 Domain U 的读写请求从驱动器读写数据。

Domain U 是运行在 Xen Hypervisor 上的普通虚拟机，即除 Domain 0 外的所有虚拟机。DomainU 又分为半虚拟化虚拟机（PV Guests）和全虚拟化虚拟机（HVM Guests）。PV Guests 上运行的是内核被修改过的 Linux、Solaris、FreeBSD 和其他 UNIX 操作系统。因为被修改过内核，PV Guests 不能直接访问物理硬件，并且还有其他虚拟机同时运行在相同的环境中。PV Guests 上装有 PV Network Driver 和 PV Block Driver 两个处理网络和磁盘请求的驱动。HVM Guests 上则运行着内核没有被修改的操作系统，如标准的 Windows 类系统。因为毫无修改，HVM Guests 并不知晓其他虚拟机的存在，它认为自己独享一个处理环境和一套物理硬件。HVM Guests 并没有安装任何驱动，但每个 HVM Guest 都有一个特殊的模块来处理网络和磁盘请求。总体上来说，PV Guest 的性能要高于 HVM Guest，而且 PVGuest 对 CPU 没有特别要求。

4．KVM

KVM（Kernel-based Virtual Machine）是一款基于 GPL 授权方式的开源虚拟机软件。它是基于 X86 架构和硬件虚拟化的 Linux 全虚拟化解决方案。KVM 是第一个成为原生 Linux 内核（2.6.20）一部分的 Hypervisor，由 Avi Kivity 开发和维护，现在归红帽公司所有。

KVM 采用的是基于 Intel VT 技术的硬件虚拟化方法，同时结合 QEMU 来提供设备虚拟化，其架构如图 3-10 所示。从系统架构上来看，有说法认为 KVM 是寄宿虚拟化模型，因为 Linux 在设计之初并没有针对虚拟化方面的支持，所以 KVM 是以内核模块的形式存在的。但是，随着越来越多的虚拟化功能加入 Linux 内核中，也有说法认为 Linux 已经是一个 Hypervisor，因此 KVM 是原生虚拟化模型。KVM 项目的发起人和维护人倾向于 KVM 是原生虚拟化模型。

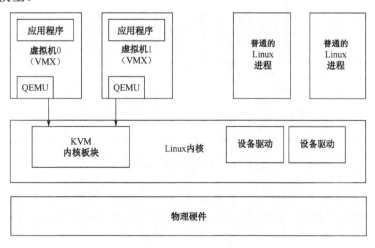

图 3-10　KVM 的系统架构

KVM 虚拟化技术具有较强的灵活性，能较好地将不同的操作系统和特殊硬件设备加以利用，从而降低不同系统间维护的复杂度。KVM 支持的客户机操作系统种类较多，常见的基于 X86 架构的 Windows、Linux、Unix 等操作系统都可以稳定运行。

KVM 运行在 Linux 系统内核当中，属于瘦虚拟化方案，KVM 本身体积很小，其支持硬件取决于 Linux 系统本身对硬件的支持。目前主流硬件设备均有对应的 Linux 驱动，这决定了 KVM 可以在最广泛的硬件系统之上运行。同时 KVM 具有优良的系统性能和稳定性，系统更新十分便捷。

3.1.12　虚拟化实现案例

VMware Workstation 是一款功能强大的桌面虚拟计算机软件，用户可在单一的桌面上同时运行不同的虚拟操作系统，是进行开发、测试、部署新的应用程序的最佳解决方案之一。VMware Workstation 可在一部实体机器上模拟完整的网络环境，以及不同类型虚拟机，其更好的灵活性与先进的技术胜过了市面上其他的虚拟计算机软件。对于企业的 IT 开发人员和系统管理员而言，VMware 在虚拟网路、实时快照、拖曳共享文件夹和支持 PXE 等方面的特点使它成为必不可少的工具。因此，VMware Workstation 是当前实现操作系统虚拟化的重要工具之一，学习、安装和配置相关软件对于了解虚拟化的概念，掌握虚拟化技术和操作具有重要意义。

虚拟化实现的案例操作步骤如下。

① 购买、下载"VMware Workstation"，安装好并激活。打开软件，单击"创建新的虚拟机"，单击"下一步"，如图 3-11 所示。

图 3-11　新建虚拟机操作系统

② 选中"稍后安装操作系统"，单击"下一步"按钮，如图 3-12 所示。在"选择客户机操作系统"界面，根据自己的镜像文件选择操作系统和合适的版本，如 3-13 所示。

③ 确定虚拟机名称，修改虚拟机存放位置，一般放在磁盘容量大的盘符，按照箭头所示单击"下一步"，如图 3-14（a）、图 3-14（b）、图 3-14（c）所示。

图 3-12　安装客户机操作系统

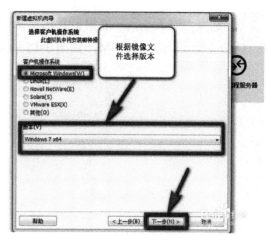

图 3-13　选择客户机操作系统

（a）

（b）

（c）

图 3-14　确定虚拟机参数

④ 选择内存大小，一般根据自己实际内存大小选择，如果计算机是 2G 内存，给虚拟机 1G 内存即可，1G=1024M，如图 3-15 所示。

图 3-15　虚拟机内存

⑤ 根据需要选择网络模式：

首先介绍一下 VMware 的几个虚拟设备，如图 3-16 所示。

VMnet0：用于虚拟桥接网络下的虚拟交换机。

VMnet1：用于虚拟 Host-Only 网络下的虚拟交换机。

VMnet8：用于虚拟 NAT 网络下的虚拟交换机，如图 3-16 所示选中选项。

VMnet1 是 Host 用于与 Host-Only 虚拟网络进行通信的虚拟网卡。

VMnet8 是 Host 用于与 NAT 虚拟网络进行通信的虚拟网卡。

Bridge——桥接则默认使用 VMnet0，如图 3-17 所示。

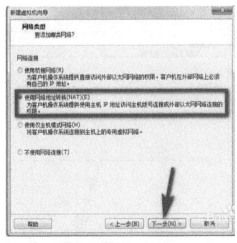

图 3-16　选择网络模式

在桥接模式下，VMware 虚拟出来的操作系统像是局域网中的一台独立的主机，它可以访问网内任何一台机器。不过需要多个 IP 地址，并且需要手工为虚拟系统配置 IP 地址、子网掩码，而且还要和宿主机器处于同一网段，这样虚拟系统才能和宿主机器进行通信。如果想利用 VMware 在局域网内新建一个虚拟服务器，为局域网用户提供网络服务，应该选择桥接模式。

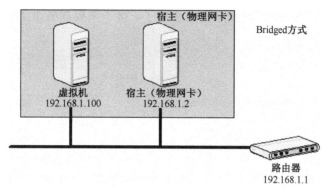

图 3-17　Bridge 桥接

NAT——网络地址转换则默认使用 VMnet8，如图 3-18 所示。

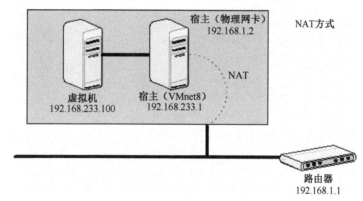

图 3-18　NAT 网络地址转换

虚拟网卡和虚拟机处于一个地址段，虚拟机和主机不处于同一个地址段，主机相当于虚拟机的网关，所以虚拟机能 PING 到主机的 IP，但是主机 PING 不到虚拟机的 IP。

Host-Only——私有网络共享主机则默认使用 VMnet1，如图 3-19 所示。

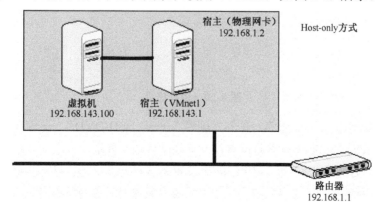

图 3-19　Host-only

在某些特殊的网络调试环境中，要求将真实环境和虚拟环境隔离开，这时可采用 Host-Only 模式。

⑥ 创建"新的虚拟磁盘"，然后指定磁盘大小，根据磁盘实际大小和需求填写，图 3-20 中是 60G，然后单击"下一步"，虚拟机创建好了。接下来要在磁盘上面安装相应系统镜像文件，如图 3-20（c）所示。

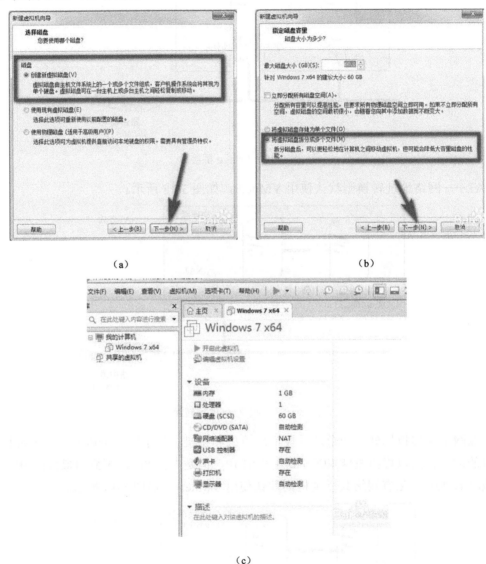

（a）　　　　　　　　　　　　　　　　（b）

（c）

图 3-20　选择磁盘

⑦ 单击"编辑虚拟机设置"，单击"硬件"——"CD/DVD"——"使用 ISO 镜像文件"——"浏览文件"，选择下载的镜像文件，如图 3-21 所示。

⑧ 单击"开启此虚拟机"，程序会自动设置引导的分区，但是这里系统会默认安装操作系统到整个设置的磁盘。如果是第一次安装操作系统或是想重新分区，硬盘是需要先分区后设置主分区，再安装系统。如果是第二次装系统，只是安装的文件覆盖了系统盘，其

他盘不受影响，如图 3-22 所示。

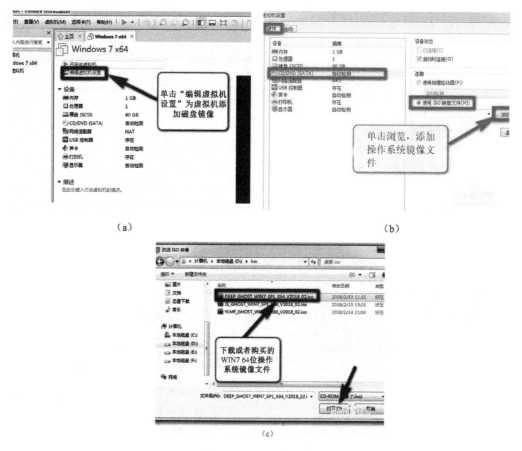

（a）

（b）

（c）

图 3-21　设置虚拟机

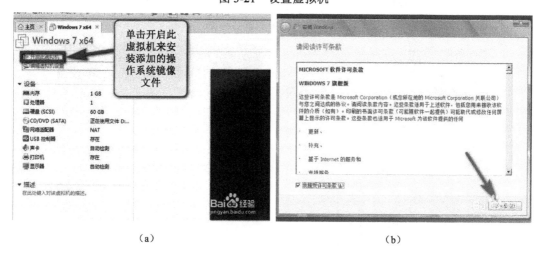

（a）

（b）

图 3-22　安装虚拟机

⑨ 安装完成后，启动虚拟机，设置屏幕分辨率，如图 3-23 所示。

⑩ 为了能够让主机和虚拟机之间直接可以复制文件及共享文件夹，需要安装增强型工具 "VMware Tools"，如图 3-24 所示。

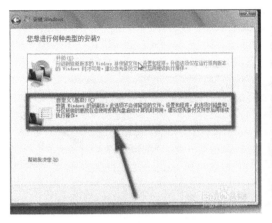

(c)

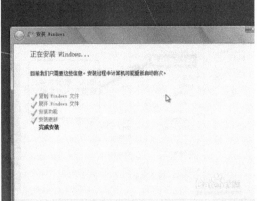

(d)

图 3-22　安装虚拟机（续）

(a)

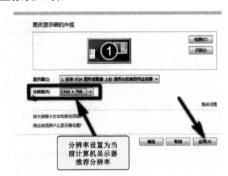

(b)

图 3-23　设置屏幕分辨率

(a)

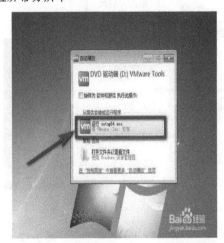

(b)

图 3-24　安装 WMware Tools

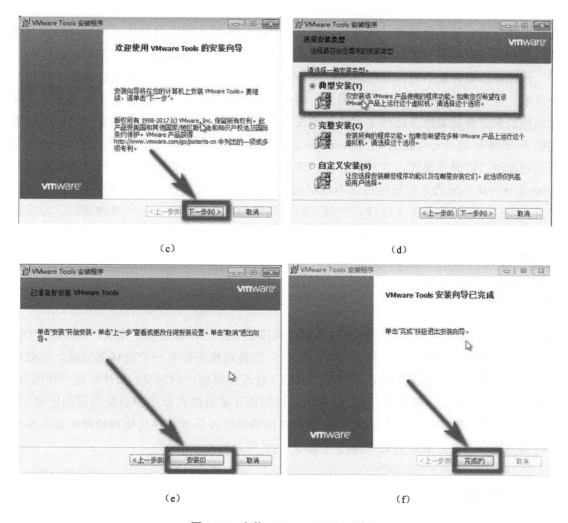

（c）

（d）

（e）

（f）

图 3-24　安装 WMware Tools（续）

注意：如果是在本地上面安装操作系统，那么镜像文件大小没有限制，但是如果在虚拟机上面安装操作系统，大小是有限制的，测试操作 4G 就不能在虚拟机上面按照正规的途径安装操作系统了，需要通过 U 盘安装操作系统。用 U 盘安装操作系统也很简单，把 U 盘制作成启动盘，网上很多工具可以把 U 盘制作成系统启动盘，然后把操作系统镜像文件拷贝到 U 盘指定文件夹，再设置启动项，从 U 盘启动，根据启动菜单选择一键安装或还原操作系统。

3.2　云计算

云计算（Cloud Computing）是分布式计算（Distributed Computing）、并行计算（Parallel Computing）、效用计算（Utility Computing）、网络存储（Network Storage Technologies）、虚拟化技术（Virtualization）等传统计算机和网络技术发展融合产生的新一代信息服务模式，是 IT 技术进步的必然产物。它通过网络把多个成本相对较低的计算实体整合成一个具有强大计算能力的完美系统，并借助 SaaS、PaaS、IaaS 等先进的商业模式将这种强大计算能力分布到终端用户手中。

云计算的概念最早可以追溯到 20 世纪 60 年代，John McCarthy 提出把计算能力作为一种像水、电一样的公用事业提供给用户，即把计算资源当作公共设施来提供。自云计算概念出现以来，云计算服务经历了十多年的发展历程。云计算服务真正受到整个 IT 产业重视始于 2005 年亚马逊推出 AWS（Amazon Web Services）服务，产业界意识到亚马逊建立了一种新型 IT 服务模式。之后，谷歌、IBM、微软、百度、腾讯、阿里巴巴等互联网和 IT 企业分别从不同的角度开始提供不同层面的云计算服务，云计算服务进入了快速发展的阶段。当前，云计算服务正在逐步突破互联网市场的范畴，政府、公共管理部门、各行业企业开始接受云计算服务的理念，并将传统自建 IT 方式转为使用公有云计算服务方式，云计算服务真正进入了产业成熟期。

3.2.1　云计算概述

目前，虽然各种企业或研究机构从不同的角度出发对云计算进行了定义（ISO/IEC JTC1 N9687 指出关于云计算定义存在 20 多个版本），但是现在还没有一个公认的标准。当前广为接受的是美国国家标准与技术研究院（NIST）对云计算做出的定义：云计算是一种模型，它可以实现随时随地、便捷地、随需应变地从可配置计算资源共享池中获取所需的资源（如网络、服务器、存储、应用及服务），资源能够快速供应并释放，并且使得管理资源工作量和与服务提供商交互减小到最低限度（如图 3-25 所示）。

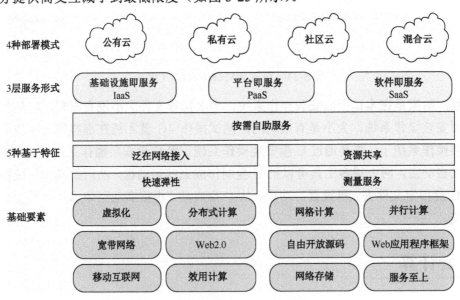

图 3-25　云计算层次化概念模型

云计算从不同的角度、按不同的分类方法可以分为不同的类别。总体而言云计算有两种分类方法。

① 依据使用方式的不同，云计算存在四种典型类型：公有云、私有云、社区云和混合

云（表 3-1 为不同云（除社区云）计算使用方式优劣势比较）。

表 3-1 不同云计算使用方式优劣势比较

	公有云	私有云	混合云
可扩展性	非常高	有限	非常高
安全性	良好，取决于服务供应商所采取的安全措施	最安全，所有的存储都是内部部署	非常安全，因为核心和机密的数据和应用可采取内部部署
性能	中等	非常好	良好
可靠性	中等，取决于互联网连接特性和服务提供商供应能力	高，因为所有的设备都是内部部署	中等，因为缓存内容保存在内部，但也取决于互联网连接特性和服务商供应能力
成本	较低，即用即付模式，也没有对公司内部存储基础设施的要求	高，需要内部资源、数据中心空间、电力和冷却设备等	较高，低于传统模式，因其允许部分存储资源移动到即用即付模式

公有云（Public Cloud）是由第三方供应商通过互联网提供的云计算服务。云计算服务提供商拥有基础设施，将云计算服务通过互联网以按使用情况付费的方式销售给企业或个人用户。公有云的服务提供商通常需要超大型的 IT 基础设施，如大型的数据中心、公有云计算服务有亚马逊的 EC2、谷歌的 Google Apps 等。公有云通过规模经济性可以有效地降低客户的风险和成本，尤其是对于资金相对缺乏的中小企业而言。国内著名的公有云计算服务有阿里云、盛大云等。

私有云（Private Cloud）是将云基础设施部署在企业内部，从而使企业在一定程度上具有公有云的弹性计算等优势。由于私有云方案是为一个客户单独使用而构建的，因而提供对数据安全性和服务质量的最有效控制。私有云所在企业拥有基础设施，并可以控制在此基础设施上部署应用程序的方式。私有云可部署在企业数据中心的防火墙内，也可以部署在一个安全的主机托管场所。

混合云（Hybrid Cloud）由两个或更多云端系统组成云端基础设施，这些云端系统包含了私有云、社群云和公有云等。这些系统保有独立性，但是借由标准化或封闭式专属技术相互结合，确保资料与应用程序的可携性，如在云端系统之间进行负载平衡的云爆技术。混合云是公有云和私有云的结合。企业将自己非机密的数据和应用外包给公有云，而核心和机密的数据和应用采取部署私有云的方案。

社区云（Community Cloud）是大的"公有云"范畴内的一个组成部分，是指在一定的地域范围内，由云计算服务提供商统一提供计算资源、网络资源、软件和服务能力形成的云计算形式。基于社区内的网络互联优势和技术易于整合等特点，通过对区域内各种计算能力进行统一服务形式的整合，结合社区内的用户需求共性，实现面向区域用户需求的云计算服务模式。

② 依据服务模式，云计算分为：基础设施即服务（IaaS）、平台即服务（PaaS）及软件即服务（SaaS）。如表 3-2 为云计算与传统 IT 服务模式的区别。

表 3-2　云计算与传统 IT 服务模式的区别

云计算	服务内容	服务对象	使用模式	同传统 IT 模式的区别	典型实例
IaaS	IT 基础设施	需要硬件资源的用户	上传数据、程序代码和环境变量	无限和按需获取的计算资源；初始投入小；按需付费（相比传统的服务器、存储设备等）	亚马逊、AT&T、RackSpace、Eucalyptus、中国万网、阿里云
PaaS	提供应用程序开发环境	程序开发者	上传数据、程序代码	无线和按需获取的计算资源；初始投入小；按需付费；兼容性；集成全生命周期的开发环境（相比传统运营系统、数据库、中间件、Wed服务器和其他软件等）	Google's App Engine、Microsoft's Azure、Amazon Web services、新浪、腾讯开放平台、百度开放平台
SaaS	提供基于互联网的应用服务	企业和个人用户	上传数据	无线和按需获取的计算资源；初始投入小；按需付费；兼容性；灵活性；共享的应用和基础设施；稳定和可靠性。（相比传统的 ASP 模式）	Google's Apps、Saleforec、SAP、用友、八百客、联通"互联云"、电信"e 云"

　　基础设施即服务（Infrastructure-as-a-Service，IaaS）：这种模式的云服务通过 Internet 传输计算机基础设施服务（如虚拟服务器、存储设备等），消费者通过 Internet 可以获得完善的计算机基础设施服务。

　　平台即服务（Platform-as-a-Service，PaaS）：实际上是指将软件研发平台作为一种服务，以 SaaS 的模式提交给用户。因此，PaaS 也是 SaaS 模式的一种应用。PaaS 平台通常包括操作系统、编程语言的运行环境、数据库和 Web 服务器，用户在此平台上部署和运行自己的应用。用户不能管理和控制底层的基础设施，只能控制自己部署的应用。

　　软件即服务（Software-as-a-Service，SaaS）：通过 Internet 提供软件的模式，用户无须购买软件，而是向提供商租用基于 Web 的软件，来管理企业经营活动。

3.2.2　云计算产业链发展

　　近年来，云计算成为 ICT 行业热门话题，围绕着云计算概念展开的产业链逐渐成形，产业链上下游各个环节都有了自己的代表企业，且有望在产业链布局中获益。IDC 此前发布的报告指出，从 2010 年到 2013 年云计算为全球带来 8000 亿美元的新业务收入，为中国带来超过 11050 亿人民币（1590 亿美元）的新增业务收入。

　　从产业链角度，云计算产业可以分为 5 个部分：制造业、基础设施服务业、云计算服务业、支持产业及用户。云计算制造业指云计算相关的硬件、软件和系统集成领域。基础设施服务业指云计算提供承载服务的数据中心和网络，其中，数据中心既包括由电信运营商与数据中心服务商提供的租用式数据中心，也包括由云服务提供商自建的数据中心。云计算支持产业包括云计算相关的咨询、设计和评估认证机构。

　　目前，Google、亚马逊、微软、英特尔等国外 IT 巨头已大举进军全球云计算市场。Google 和亚马逊是云计算概念的原创者和云计算的标杆。布局云计算领域不仅仅是这个行业的玩家们的战略行为，也已成为各国政府、运营商关注和跟进的重要领域。

与发达国家相比，我国在云计算产业的起步稍晚，但是近两年也引起了广泛的关注和重视。例如，中国移动建设 7×24 数据中心，按照应用分成"业务云""支撑云"和"IDC云"等。

云计算使得产业链出现两种关键趋势——制造商垂直整合加剧，运营商和制造商的边界模糊。

制造商垂直整合加剧：云计算是集"计算、存储、网络、软件"于一体的解决方案，业界主要制造商纷纷通过收购和研发来补齐各自竞争力，行业垂直整合加剧。近年来，行业发生的收购行为也证明了这一点，如：Cisco 进入服务器领域；HP 收购 H3C；IBM 准备收购网络公司；Oracle 收购 SUN；微软研发软件交换机；微软和惠普的战略合作。

运营商和制造商的边界模糊：微软、Oracle、IBM、Cisco 等公司都在不同程度上向服务渗透，把原来的产品转移到网络上，提供"云服务"。特别是微软和 Oracle 等软件厂家迅速切入云服务市场，国内的金蝶也开始提供云服务。大型的互联网服务商结合自己的业务特点，设计服务器的规格，然后由硬件制造商（如技嘉、Rackable）进行具体硬件设计和生产。目前 Google、Facebook 等均采用这一模式，进军制造领域。

3.2.3 云计算架构与模式

云计算体系结构由 5 个主要部分构成，分别为应用层、平台层、资源层、用户访问层和管理层。云计算的本质是通过网络提供服务，其体系结构的构成以服务为核心。应用层、平台层和资源层是云计算提供的不同层次的服务，如图 3-26 所示。

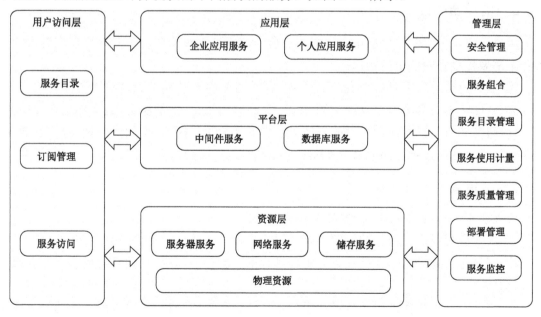

图 3-26　云计算体系结构

1. 资源层

资源层是指基础架构层面的云计算服务。它把基础架构的各种功能提供给用户，使用户可以基于这些服务搭建自己的应用。这种服务可以提供虚拟化的资源，从而隐藏物理资源的复杂性。

① 物理资源是指支撑云计算上层服务的各种物理设备，如服务器、网络设备、存储设备等。

② 服务器服务为用户提供一个服务器环境，如 Windows、Linux、UNIX 或一个集群。

③ 网络服务为用户提供网络处理能力，如防火墙、VLAN、负载均衡、路由和信息交换等。

④ 存储服务为用户提供存储能力，如文件级存储或块设备级存储。

2. 平台层

平台层为用户提供对资源层服务的封装，用户可以使用更高级的服务构建自己的应用。

① 数据库服务为用户提供可扩展的数据库处理能力。

② 中间件服务为用户提供可扩展的消息中间件或事务处理中间件等服务。

3. 应用层

应用层为用户提供软件服务。

① 企业应用服务是面向企业用户的应用，如财务管理、客户管理、商业智能等。

② 个人应用服务是面向个人用户的应用，如电子邮件、文本处理、个人信息存储等。

4. 用户访问层

用户访问层是方便用户使用云计算服务所需的各种支撑服务。针对每个层次的云计算服务都需要提供相应的访问接口。

① 服务目录是一个服务列表，用户可以从中选择需要使用的云计算服务。

② 订阅管理提供给用户管理功能，用户可以查阅自己订阅的服务，或者终止订阅服务。

③ 服务访问是针对每种层次的云计算服务提供的访问接口。例如，针对资源层的访问，提供的接口可能是远程桌面或者是 Xwindow，针对应用层的访问，提供的接口可能是 Web。

5. 管理层

管理层提供对所有层次云计算服务的管理功能。

① 安全管理提供对服务的授权控制、用户认证、审计、一致性检查等功能。

② 服务组合提供对已有的云计算服务进行组合的功能，使新的服务可以基于既有服务组合创建。

③ 服务目录管理提供服务目录和服务本身的管理功能。管理员可以增加新的服务或从服务目录中除去服务。

④ 服务使用计量是对用户的使用情况进行统计，并以此为依据对用户进行计费。

⑤ 服务质量管理提供对服务的性能、可靠性、可扩展性进行管理的功能。

⑥ 部署管理提供对服务实例的自动化部署和配置。用户通过订阅管理增加新的服务订阅后，部署管理模块自动为用户准备服务实例。

⑦ 服务监控提供对服务的健康状态的记录。

云计算体系结构和网格计算体系结构有所类似，都是利用底层的资源为用户提供服务。区别在于云计算能提供广泛的服务类型，服务管理能力也更强，而网格局限在提供资源服务上。

3.2.4 云计算的关键技术

按需部署是云计算的核心。要解决好按需部署，必须解决好资源的动态可重构、监控和自动化部署等。这些需要以虚拟化技术、高性能存储技术、处理器技术、高速立联网技术为基础，所以云计算除了需要仔细研究其体系结构，还要特别注意研究资源的动态可重构、自动化部署、资源监控、虚拟化技术、高性能存储技术、处理器技术等。本节将从其体系结构上简要介绍云计算的关键技术。

1. 虚拟化技术

虚拟化不仅是大数据中的关键技术，也是实现云计算的技术基础，虚拟化技术实现了物理资源的逻辑抽象和统一的表示。通过虚拟化技术可以提高资源的利用率，并能根据用户需求的变化，快速、灵活地进行资源部署。

虚拟化是一个宽泛的技术术语，指将计算资源或计算环境加以抽象。虚拟化提供了一个平台将物理计算资源逻辑化后呈现给其上运行的操作系统。这样可以使多个操作系统同时共享一个物理计算机设备，且认为自身对物理设备拥有独享控制权。虚拟化还会修改物理资源的某些真实属性，将其转变成一个通用的逻辑资源呈现给操作系统。

换句话说，虚拟化技术就是将具体的技术特性加以封装隐藏，对外提供统一的逻辑接口，从而屏蔽物理设备多样性带来的差异。

2. 并行编程模型

为了使用户能更轻松地享受云计算带来的服务，让用户能利用编程模型编写简单的程序来实现特定的目的，云计算上的编程模型必须十分简单，以保证后台复杂的并行执行和任务调度向用户和编程人员透明。

Map-Reduce 是 Google 开发的 Java、Python、C++的编程模型，它是一种简化的分布式编程模型和高效的任务调度模型，用于大规模数据集（大于 1TB)的并行运算。严格的编程模型使云计算环境下的编程变得简单。Map-Reduce 模式的思想是将要执行的问题分解成 Map（映射）和 Reduce（归约）的方式，先通过 Map 程序将数据切割成不相关的区块，分配（调度）给大量计算机处理，达到分布式运算的效果，再通过 Reduce 程序将结果汇总输出。

云计算大部分采用 Map-Reduce 的编程模式。现在大部分 IT 厂商提出的"云"计划中采用的编程模型，都是基于 Map-Reduce 的思想开发的编程工具。Map-Reduce 不仅仅是一种编程模型，同时也是一种高效的任务调度模型。Map-Reduce 这种编程模型不仅适用于云计算，在多核和多处理器以及异构机群上同样有良好的性能。该编程模式仅适用于编写任务内部松耦合、高度并行化的程序。如何改进该编程模式，使程序员能够轻松地编写紧耦合的程序，运行时能高效地调度和执行任务，是 Map-Reduce 编程模型未来的发展方向。如图 3-27 所示，Map-Reduce 模型的并行特征主要体现在 Map 和 Reduce 两个核心环节。通过对数据集（原材料）的切分，多个计算机节点（多个厨师）可以并行地处理相关数据，并根据应用的最终目的（制成汉堡）对处理完成的数据或者计算得到的中间结果进行汇总。

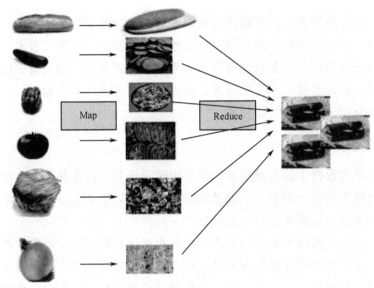

图 3-27　Map-Reduce 执行过程示意图

3. 分布式存储与数据管理技术

为保证高可用性、高可靠性和经济性，云计算采用分布式存储的方式来存储数据，采用冗余存储的方式来保证存储数据的可靠性，即为同一份数据存储多个副本。

另外，云计算系统需要同时满足大量用户的需求，并行地为大量用户提供服务。因此，云计算的数据存储技术必须具有高吞吐率和高传输率的特点。

云计算系统由大量服务器组成，同时为大量用户服务，因此云计算系统采用分布式存储的方式存储数据，用冗余存储的方式保证数据的可靠性。在云计算系统中广泛使用的数据存储系统是 Google 的 GFS 和 Hadoop 团队开发的 GFS 的开源实现 HDFS。

4. 云计算平台管理技术

云计算资源规模庞大，服务器数量众多并分布在不同的地点，同时运行着数百种应用。如何有效地管理这些服务器，保证整个系统提供不间断的服务是巨大的挑战。

云计算系统的平台管理技术能够使大量的服务器协同工作，方便业务部署和开通，快速发现和恢复系统故障,通过自动化、智能化的手段实现系统的可靠运营,如图 3-28 所示。

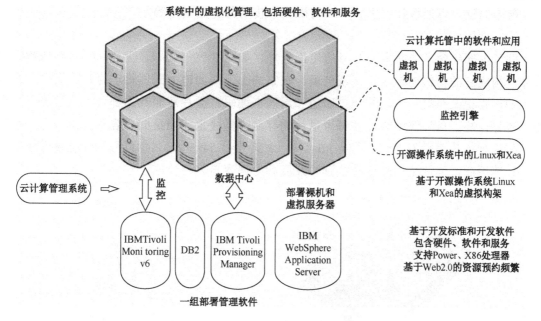

图 3-28　云计算平台的管理系统

3.3　存储技术

数据存储是大数据挖掘、处理和应用的基础。随着大数据规模和应用的发展,人们对存储设备的容量和访问特征提出了更高的要求。为了满足大数据时代人们对存储系统的严苛需求,存储技术不断进步,就技术本身的发展目标而言,主要包括更大的容量、更好的性能、更强的安全性和稳定性等。为实现这些目标,存储技术主要从存储介质等硬件设备与存储体系架构两个方面不断进步和发展。

3.3.1　存储介质的发展

1．磁盘

为了提升存储系统的性能和访问特性,近年来大量新的存储媒介以及基于这些新媒介的存储技术纷纷涌现,然而磁盘仍旧是存储领域的"主力军"。

磁盘是利用磁记录技术,在涂有磁记录介质的旋转圆盘上进行数据存储的外部存储设备,具有存储容量大、数据传输率高、数据可长期保存等特点,是计算机系统和存储系统的主要存储设备。

从 1956 年 IBM 推出首个具有商业用途的 IBM Model350 磁盘以来,尽管出现了许多存储新技术,但磁盘始终占据着非易失性存储器的主导地位。原因有两个方面:第一,磁盘是存储层次中主存的下一级存储层次,是虚拟存储器技术的物质基础。执行程序时,磁盘为主存的后备交换缓冲区。第二,关机时,磁盘是操作系统和所有应用程序的驻留介质。

磁盘又包括软盘和硬盘两种，除非特别说明，本章中的磁盘指硬盘。

典型的磁盘包括盘片、主轴、读写磁头、传动臂和控制器等。

（1）盘片

硬盘内部包含一个或多个圆形的磁盘盘片（如图 3-29 所示）。盘片是硬盘存储数据的载体，构成它的材料通常是金属或玻璃，在它的上下两面镀上磁性物理材料，数据以二进制码的形式记录在盘片上，并通过磁道和扇区来编码。盘片双面数据都可以通过上下两个磁头进行读写。盘片的个数以及每个盘片的存储容量决定了磁盘的总容量。当今存储系统中用的磁盘盘片直径是 2.5 英寸或 3.5 英寸（1 英寸=2.54 厘米），小直径的磁盘寻道速度更快、转速更高，但这是以降低持续读写速度和存储容量为代价的。

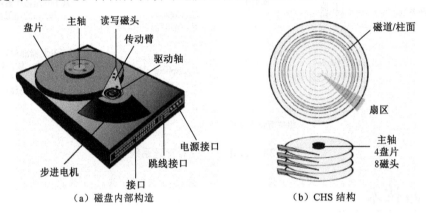

图 3-29　磁盘部件

（2）主轴

如图 3-29（b）所示，所有的盘片由一根主轴固定，并在马达的驱动下以恒定速率旋转。主轴的转速是决定磁盘内部数据传输率的决定因素之一，它的转速越快，磁盘寻找文件的速度越快，相对的磁盘传输速度也得到了提高。主轴的转速单位为 RPM（Revolution Per Minute，转/分）。消费级磁盘的转速一般为 5400RPM～7200RPM，企业级 SCSI 磁盘的主轴转速达到 10000RPM～15000RPM。

（3）读写磁头

读写磁头负责在盘片上读写数据。磁盘中每个盘片上都配备了两个读写磁头，上下各一个。当写数据的时候，读写磁头改变盘片表面的磁极；当读数据的时候，读写磁头会检查盘片表面的磁极。磁盘工作时，读写磁头和高速旋转的盘片之间保持一个微小的间隙；磁盘不工作时，主轴停止旋转，读写磁头停靠在着陆区，着陆区位于盘片上主轴附近一个特定的区域。磁盘上的逻辑电路保证了读写磁头在接触盘面之前先移动到着陆区。如果传动器出现了故障，读写磁头意外地接触到着陆区之外的盘片表面，会划伤盘片表面的磁性物质，并损坏读写磁头，导致数据的丢失。

（4）传动臂

如图 3-29（a）所示，读写磁头是安装在传动臂上的。传动臂负责将磁头移动到盘片上需要读写数据的位置。因为磁盘上所有盘片的读写磁头都连接到同一个传动臂装置上，所以读写磁头和盘片之间的相对位置是一致的。

（5）控制器

控制器是一块印刷电路板，安装在磁盘的底部。它包含微处理器、内存、电路以及固件。固件控制着主轴马达的电源和马达的转速，还负责管理磁盘和主机之间的通信。此外，它还控制传动臂移动驱动轴，切换不同读写磁头来控制读写操作，并对数据访问进行优化处理。

图 3-30 给出了现代磁盘 SOC（系统）主控芯片的主要功能模块。其中读写通道已经与 ARM9 内核、伺服控制器、内存控制器等一起集成到一个 SOC 芯片中了。

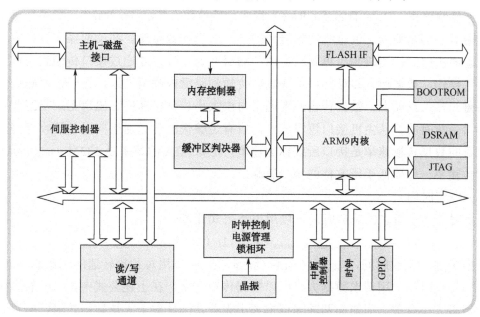

图 3-30　现代磁盘系统的内部结构图

2. 磁盘性能

磁盘的性能主要体现在磁盘服务时间上。磁盘服务时间是指磁盘完成一个 I/O 请求所花费的时间，也称响应时间。影响它的因素包括定位时间和数据传输速率。

（1）定位时间

读写磁头的定位时间（Positioning Time）是指从发出读写命令后，读写磁头从某一起始位置移动至记录位置，开始从盘片表面读出或写入信息所需要的时间。这段时间由两个基本动作组成：一个是将读写磁头定位至所要求的磁道上所需的时间，称为寻道时间（Seek Time）；另一个是数据所在扇区旋转到读写磁头下方的时间，称为旋转延迟（Rotational Latency）。这两个时间都是随机变化的，往往使用平均值来表示。平均定位时间等于平均寻道时间与平均旋转等待时间之和。平均寻道时间的计算方法是最大寻道时间与最小寻道时间的平均值。平均寻道时间为 2~20ms[①]，平均旋转等待时间和磁盘转速有关，它用磁盘

---

① 1s=1000ms。

旋转一周所需时间的一半来表示，如果固定头盘转速为 5 400RPM，故平均等待时间大约为 5ms。因此磁头的平均定位时间为 7～25ms。上述计算方法比较粗略，定位时间必须依赖于上一个任务完成时读写磁头的位置，如果两个请求所在的位置在一个磁道上，则无须额外的寻道时间。

当前磁盘寻道的时间从高端服务器磁盘的 2ms 到微硬盘的 15ms，通常的桌面磁盘为 8ms。寻道时间多年来提高不大，原因在于这种机械运动的性能很难得到改进，例如在微距离内的高度加减速对材料和电机提出极大的挑战。

（2）数据传输速率

数据传输速率（Data Transfer Rate）也叫传输速率（Transfer Rate），指的是每个单位时间内磁盘能够传输到主机总线适配器（HBA）的平均数据量。在读取操作过程中，首先数据从盘面读取到读写磁头，再到磁盘内部的缓冲区，最后才通过接口传输到主机 HBA。对于写入操作，数据通过磁盘接口从 HBA 传输到磁盘内部缓冲区，再到读写磁头，最终从读写磁头写入盘面上。数据传输速率通常与块大小、旋转速度、磁道记录密度和磁盘的外部接口带宽有关。从主机接口逻辑考虑，应有足够快的传送速度向设备接收/发送信息。通常磁盘的数据传输速率是接口所宣称的速率，比如 ATA 的速率是 133Mb/s。实际工作时的数据传输率一般要低于所宣称的接口速率。

（3）响应时间

磁盘对于单个请求的响应时间可以用下述公式计算：

$$T_{res}=T_{seek}+T_{rotation}+T_{transfer}= T_{seek}+1/（2*RPM）+S_{data}/W_{transfer}$$

其中 T_{seek} 为定位时间，$T_{rotation}$ 为旋转延迟时间，可以用每秒旋转速的倒数的一半计算，$T_{transfer}$ 为传输时间，用请求数据大小除以数据传输速率。在上述公式中，可以看到仅仅第三项和请求大小有关，而前面两项和请求大小无关，因此对于大块数据传输，磁盘有较好的传输效率。

在本地磁盘控制器和内存之间，还包括主机控制器和数据通道两个物理层次，事实上在引入直接存储器存储（DMA）机制后，主机内存和磁盘交换数据不再需要 CPU 的全程参与，大大地提高了磁盘的传输速率。

磁盘的物理存取特性决定了磁盘对单个请求的响应时间受限于机械部件移动的延迟。为了提高磁盘的性能，通常使用增加缓冲区和 I/O 优化调度的方法。

3．固态盘

随着固态盘（Solid-State Driver，SSD）的出现，其不同于机械磁盘的新特性为提升服务器存储系统性能带来了新的希望。相对于机械磁盘，固态盘作为电子设备没有读写磁头的寻道和旋转定位时间，因此有更快的随机访问性能。由于固态盘功耗低、体积小、重量轻并抗震，所以它被广泛地应用于移动计算设备并逐步成为笔记本电脑存储设备的新选择。随着价格的下降和可靠性的提高，固态盘作为磁盘系统的高速缓存被应用于服务器存储系统中。它位于 DRAM 和磁盘的中间层来缓存数据，作用在于弥补内存和外存之间日益增大的速度鸿沟。

在硬件层面，SSD 与 HDD（Hard Disk Drive，硬盘驱动器）最大的不同是它没有马达、盘片、读写磁头和磁臂这些 HDD 必需的机械部件，这是由两种硬盘不同的工作原理所决定的。SSD 相比 HDD 来说节省了机械部件运动的时间，并且 SSD 所使用的主要存储元件 NAND 闪存是一种电子元件，因此它的数据传输速度要比 HDD 快得多。消费级 SSD 通常采用和磁盘驱动器相同的接口，而企业级 SSD 的常见形式是一种采用 PCIe 接口的主板插卡设备。如图 3-31 所示，SSD 的硬件构成包含了四个主要组成部分，即存储（闪存）介质、控制器、FTL、主机接口和 ROM。

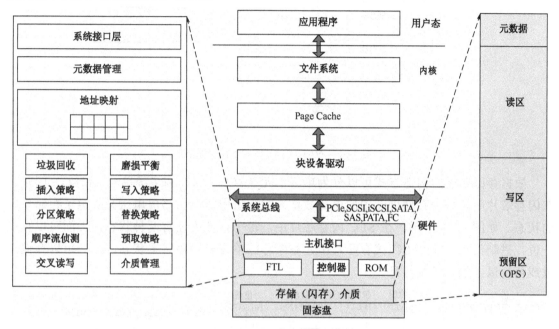

图 3-31　固态盘的基本架构

SSD 的软件层较为复杂。闪存的读写单位为页，页的大小一般为 4KB 或 8KB，但操作系统读写数据是按磁盘驱动器的扇区尺寸（512 字节）进行操作的，并且闪存擦除以块为单位，未擦除之前无法写入，这导致了操作系统现在使用的文件系统根本无法管理 SSD，需要更换先进、复杂的文件系统去解决这个问题，这会加重操作系统的负担。为了不加重操作系统的负担，保证 SSD 对磁盘驱动器的兼容性，SSD 采用软件的方式把闪存的操作虚拟成磁盘的独立扇区操作，这就是闪存转换层（FTL）。因 FTL 存在于文件系统和物理介质（闪存）之间，操作系统只需跟原来一样操作逻辑区块地址（LBA）即可，而 LBA 到 PBA（物理区块地址）的所有转换工作，全交由 FTL 负责。FTL 的设计相当复杂，有多个功能模块，包括系统接口层、元数据管理、地址映射、写入策略、垃圾回收、磨损平衡、分区策略、顺序流侦测、预取策略、替换策略、交叉读写和介质管理等。

闪存存储器是一个由大量存储器单元（Cell）组成的网格结构，每个存储单元是一个金属氧化层半导体场效应晶体管（MOSFET），里面有一个浮置栅极（Floating Gate），它是存储数据的单元，其结构如图 3-32 所示。

数据在闪存的存储单元中是以电荷形式存储的。存储电荷的多少，取决于图中的控制栅极所施加的电压，它负责控制向存储单元中充入电荷或使其释放电荷。数据的表示以所存储电荷的电压是否超过一个特定的阈值 V_{th} 来表示。对于 NAND 闪存的写入（Program，编程），是让控制栅极施加电压充电，使得浮置栅极存储的电荷够多，超过阈值 V_{th}，则表示为 0；对于 NAND Flash 的擦除，是对浮置栅极放电，低于阈值 V_{th}，则表示为 1。

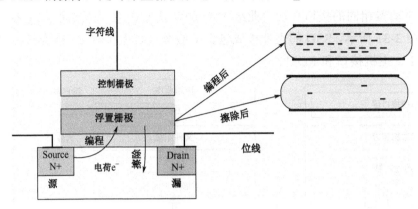

图 3-32　NAND 闪存单元的结构图

根据存储单元的构造方式可以分为单级单元（SLC）闪存和多级单元（MLC）闪存。在闪存芯片中，每个存储单元中的电荷数量影响阈值电压，而阈值电压又决定了存储单元的状态。如图 3-33 所示，在 SLC 闪存芯片中，每个存储单元有两种状态，因而可以存储一位二进制信息。在 MLC 闪存芯片中，每个存储单元有四种以上状态，因而可以存储两位或两位以上的二进制信息。

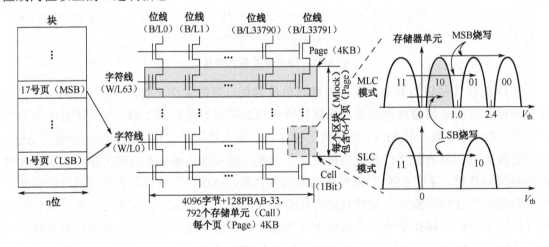

图 3-33　MLC 闪存结构图

耗费同等规格的晶圆，MLC 可以提供比 SLC 更大的存储容量，所以 MLC 闪存较 SLC 闪存便宜。因此，对于构建大规模的闪存存储器系统，如 SD 卡或固态盘（SSD），采用 MLC 闪存是一种极具竞争力的解决方案。然而，影响 MLC 闪存推广使用的关键障碍在于其糟糕的写性能和过短的使用寿命。由于在一个存储器单元中储存多位二进制信息，MLC 闪存需要为多个状态指定狭小的阈值电压范围。因此，MLC 需要更精确的充电和感应装置，这减少了 MLC 相对于 SLC 的持久性。MLC 的写性能约为 SLC 的一半，而可用的写入/擦除（Program/Erase）循环次数大约是 SLC 的五分之一。

4．相变存储器

相变存储器（Phase Change Memory，PCM）是一种利用硫系化合物来存储数据的随机存储器。其以硫系化合物为存储介质，利用电能使材料在晶态和非晶态之间相互转变实现数据的写入与擦除。相变存储器具有非易失性、循环寿命长、元件尺寸小、功耗低、多级存储特点，在数据读写速度、可擦写次数、读取方式、工作电压以及工艺兼容性等各项性能指标上有独特的优势。基于其各方面的优势，相变存储器被认为是下一代存储器的主流产品。

相变存储器是一种具有较长历史的新兴半导体存储技术，它的研究最早可以追溯到 20世纪 60 年代末，当时 S.R.Ovshinsky 博士发表了一篇名为《无序结构中的可逆电开关现象》的文章。由于当时加工技术的限制，相变存储单元的尺寸不能达到纳米级，只有当相变存储单元尺寸达到纳米级时才能充分体现其优越性，因此在 1970—1999 年近 30 年的时间内，相变存储器的研究进展非常缓慢，该技术只被应用在可重复擦写的相变光盘中。直到 1999年，随着半导体工业界的制备工艺和技术能达到深亚微米甚至是纳米尺寸，器件中相变材料的尺寸可以缩小到纳米级，材料发生相变所需的电压和功耗大大降低，其优势愈加明显，因此近十多年来，相变存储器的研究有了较快的发展。下面将从相变存储器材料、工作原理和存储单元特征参数进行详细讲述。

相变存储器以硫系化合物（GST）为存储介质，利用电能使材料在晶态与非晶态之间相互转变实现数据的写入与擦除。由于晶态电阻低，非晶态电阻高，单元的高低阻态代表了存储的二进制数据，即数据读出靠测量电阻变化实现，所以它属于电阻式的非挥发性存储器。

本质上相变存储器利用材料本身的物理状态来记录和表示数据，不同的相变状态记录和表示不同的数据，相变状态的变化依赖于温度，系统通过对材料施加不同强度和时长的电压来改变其温度，图 3-34 给出了相变存储器单元擦除、写入和读取操作过程中系统施加的电压变化以及存储器材料的温度变化，其基本过程包括：

擦除过程：施加一个持续时间长且强度中等的电压脉冲，相变材料的温度升高到结晶温度（T_c）以上、溶化温度（T_m）以下，并保持一定的时间，使相变材料由非晶转化为多晶。

写入过程：施加一个短而强的电压脉冲，电能转变成热能，使相变材料的温度升高到溶化温度（T_m）以上，经快速冷却，可以使多晶的长程有序遭到破坏，从而实现由多晶向非晶的转化。

读取过程：通过测量相变材料的电阻来实现，根据多晶态和非晶态相变材料电阻的不同读取其对应的数据，此时，所加脉冲电压的强度很弱，产生的热能只能使相变材料的温度升高到结晶温度（T_c）以下、室温（T_{room}）以上，并不引起材料发生相变。

相变存储器具有非易失性、循环寿命长、元件尺寸小、功耗低及多级存储的特点，在数据读写速度、可擦写次数、读取方式、工作电压以及工艺兼容性等各项性能指标上有着独特的优势，这使它在高性能移动设备和嵌入式领域有很广阔的应用前景，如计算机、网络通信和相关终端设备。自 2001 年之后，英特尔、IBM、三星和美光等半导体巨头公司及国内外很多高校和研究所都投入了大量资源参与研发，有力地促进了相变存储器的发展。

三星公司于 2009 年 9 月宣布采用 60nm 工艺生产 512Mb 的 PCRAM 芯片，Numonyx 公司在 2010 年 4 月推出了容量为 128Mb、名为 Omneo 系列的 PCRAM。目前，关于相变存储器研究的主要困难在于其可靠性的提高、功耗的减小和成本的缩减上，相信未来几年内，相变存储器技术会逐渐出现在现有设备上。

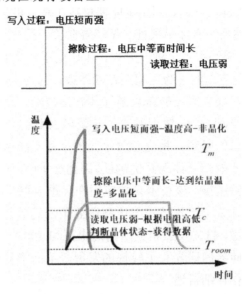

图 3-34　相变存储器单元擦写脉冲参数示图

5．其他存储设备

除了上述存储设备，存储领域还有其他一些基于不同存储介质、用于不同应用场景和存储目的的设备，包括磁带、光盘和微电子机械存储系统。

（1）磁带

随着社会的发展，各领域的信息容量呈现爆炸式增长，规模在 PB 以上的存储系统不断出现，如电信通话记录数据库；大型数字相册；地理、空间及环境数据库；视频音频归档数据库等。若完全依赖磁盘存储，系统成本太高，与磁盘相比，磁带成本很低，最新资料显示每 GB 仅需要 6 美分。人们开始考虑将磁带用于数据的随机存储，使磁带设备成为大型数据库系统存储结构中的底层存储层次。

磁带存储器的读写原理与磁盘存储器基本相同，只是它的载磁体是种带状塑料，叫作磁带。写入时可通过磁头把信息代码记录在磁带上。当记录代码的磁带在磁头下移动时，可在磁头线圈上感应出电动势，即读出信息代码。磁带存储器由磁带机和磁带两部分组成。

磁盘和磁带性能价格比差异主要取决于它们的机械构成。磁盘盘片具有有限的存储面积，存储介质和磁头被封装在一起，提供毫秒级的随机访问时间。磁带绕在可转动轴上，读写部件可以使用多盘磁带（没有长度限制），但磁带需要顺序访问，每次访问可能需要较长的反绕、退出和加载时间，需要数秒的等待时间。和磁盘相比，磁带最大的优点是容量极大、技术成熟、单位价格低廉，最大的缺点是访问时间较长。这种性能差异恰好使磁带成为磁盘的备份技术。

（2）光盘

光盘在存储设备市场是极富竞争力的外部存储设备。无论使用磁记录介质还是使用光记录介质，只要使用激光作为读出数据手段的设备就是光盘存储器。光盘主要有只读光盘（如 CD ROM，DVD-ROM 等）和可写光盘（如 CD-Recordable，CD-R、MO 等）两类。可写类光盘又包括一次性写光盘 CD-R（又称为 Write Once Read Many，WORM）和可多次写光盘 CD-RW（CD ReWritable，又称为 Write Many Read Many，WMRM）。

光盘类型不同，盘容量也不同，目前 CD 盘最大容量能达到 700M，DVD 盘单面容量能达到4.7G，如果单张光盘是多面，那么容量最高可达 17.7G，蓝光是新一代的光盘格式，它的容量比较大，单面单层可达到 25G，单张光盘四层时可达到 100G。当然光盘存储容量越大，对制作光盘的技术要求越高，价格也随之而增加。在选取光盘时，应根据应用领域不同综合选取类型，例如，DVDRAM 可擦写光盘容量大、价格低、速度快而且兼容性高，适合用户存取数据，提供数据删除服务。

随着光盘技术和网络技术的发展，实现光盘数据的资源共享越来越受到人们的关注。目前，光盘数据网络的优势与重要性日益显现，它有效地实现了光盘数据资源在网络中的共享，极大地提高了光盘的利用率。成组的光盘设备也可以构成高性能的阵列设备，将多台光盘机组合在一起有三种结构，分别是光盘塔（CD-ROM tower）、光盘库（jukebox）和光盘阵列（CD-ROM array）。

（3）微电子机械存储系统

IBM、HP、Nanotech、CMU（卡内基·梅隆大学）和 UC Berkeley（加州大学伯克利分校）采用相似的原理设计了一种新的存储设备基于 MEMS（Micro Electro Mechanical Systems，微电子机械系统）的存储设备。该存储设备采用 CMOS 制造生产工艺，把机械和电子部分整合在一个封装中；采用平行的介质和读写头，通过施加静电等方法使介质平面或读写头平面往复运动；通过让多个头并行工作来提高读写速率。采用该原理的存储设备理论上可在存储密度、寻道时间和功耗上比传统硬盘有数量级的改善；实际的实验数据也证实了这一点：试验出的 MEMS 存储元件具有可并行访问的数千探头，随机访问时间少于 1ms，功耗比低功耗磁盘小 10～100 倍，存储密度可达 260～720GB/平方英寸。可以预计 MEMS 多探头存储技术在存储领域具有很好的应用前景。

MEMS 存储设备是基于探头阵列的存储，因为使用探头阵列是它最显著的特征。各个公司和大学设计的基于 MEMS 的存储设备在介质和探头运动方式的选择上，以及运动控制模式的设计上都有不同之处。但共同的是，头阵列在介质 y 方向上做相对的往复运动，头阵列自身又可以在 z 方向上往复运动。本节以 CMU 的 CHIPs 作为讨论对象，其构造如图 3-35 所示。

CMU 研制的 MEMS 存储设备原型采用磁介质记录数据，与磁盘磁介质类似。采用磁介质主要是从两个方面考虑：一是磁介质是磁盘中比较成熟的技术；二是采用磁介质，探针和介质不需要直接接触，可以减少接触产生的物理磨损。它选择介质在头阵列上做谐振，以 y 方向作为主运动方向，在该方向上读写数据，x 方向上采用类似硬盘的柱面和轨道标识，用于控制寻道和定位，z 方向是读写头的运动方向。由于采用的是磁记录的方式，因此读写头就是磁头。z 方向的位置控制是通过计算磁头所在的平面和介质所在的平面产生的电容来实现的,该方法控制的精度大约在 10nm。磁头阵列采用的是 80×80 矩阵,共 6400 个头,这 6400 个头理论上可以同时工作,但是考虑到功耗的因素,实际工作时,会把头阵列分成若干个区,每个区内的头可以并行工作。分区的方法有很多种,它不仅仅影响数据的读写速率,还影响逻辑地址的组织方式。

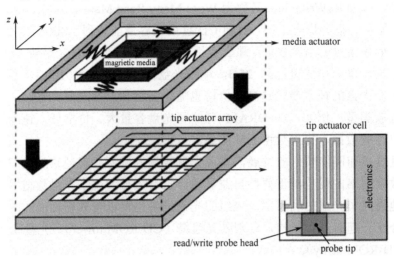

图 3-35　CMU CHIPs 的构造

　　除了多个头可并行读写,MEMS 存储设备和硬盘另一个显著的区别是它采用往复运动而非旋转运动。当介质运动在中心位置时,运动的速率是最大的,在两边时,处于加速或减速状态,速度较慢。介质在 y 方向上运行速率的不同,导致磁头采用相同的读写速度时,记录下来的密度不同。为了得到较快的读写速度,应该在 y 方向上读写更多的东西,而避免在 x 方向上寻道,因而可以把在 x 方向上偏移量相同的轨道定义为柱面,每个柱面由若干个轨道组成,每个轨道由若干数据块组成。当介质运动到最大位移时,速度降到最低,此时有充分的时间把介质移动到一个轨道,并加速读写数据。为了达到较高的读写速率,数据在组织时应该保证切换的连续性。

3.3.2　存储体系架构的发展

　　单一的存储设备其存储容量和性能是有限的,当需求超出上限之后,人们只能通过更优的存储体系架构来进行满足。

1. 直连存储

　　20 世纪 80 年代末期,高性能计算机系统采用内部直连存储模式(Direct Attached Storage,DAS),如图 3-36 所示。其峰值计算能力已达到每秒千万至数亿次操作,I/O 系统的通道速率达到 10MB/s 量级,而当时最高性能的硬盘容量只有 500MB 左右,传输率约为 1.2MB/s,这远不能满足高性能计算机系统的整体要求。

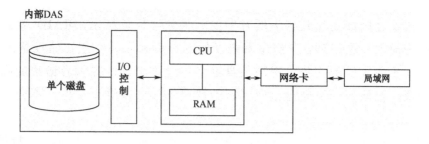

图 3-36　内部直连存储

在传统的存储系统体系结构 DAS 下，存储设备连接在总线上并通过外设通道（SCSI 或 FC）挂接在文件服务器上，由文件服务器调度和管理。数据的存储与交换是以文件服务器为中心的，这种体系结构的优点在于能够集中管理和控制数据，但网络用户通过网络访问文件服务器上的数据资源时，被访问的数据必须在存储设备和文件服务器之间进行多次存储与转发。虽然文件服务器并不关心数据内容，通常也不对数据本身进行处理，但是数据请求与传送都需要文件服务器的介入。在使用相对慢速的存储设备和网络时，服务器的制约作用还不太显著，随着快速的存储设备和网络技术的出现以及网络用户进行大数据量访问时，服务器和多次存储转发的开销对系统性能的制约作用趋向明显，并使得文件服务器成为整个系统的"瓶颈"。卡耐基·梅隆大学的研究表明，这种"瓶颈"效应会导致系统的资源利用率降到 3%。

在这种集中式的体系结构中，计算机系统的 I/O 速度远低于计算速度，数据的传输受到 I/O 通道的约束，I/O 通道成为整个系统的瓶颈。当存储资源被网络上多个用户共享时，在网上传输大量数据信息或进行实时数据收发所引发的 I/O 瓶颈问题尤为突出。文件服务器作为事实上的网络资源与控制中心，维系着网络的效率、性能、安全性和可靠性，而传统的 DAS 以文件服务器为中心，面对庞大的数据量和数传率需求，系统的可用性和可扩展性都难以提高。

由于 DAS 只能被一台计算机连接，因此被称为"信息孤岛"。而且 DAS 无法实现共享，这让 NAS 和 SAN 成为存储系统的主流。当然，DAS 在大部分的单人或小型企业环境还是有优势的。对于服务器不是很多，要求数据集中管理，需要最大可能降低管理成本的小企业、部门或工作室，DAS 是适合的解决方案。中型的公司使用 DAS 作为文件服务器和邮件服务器，大型的企业则使用 DAS 作为 SAN 和 NAS 的辅助。主机的内部磁盘或直接连接的外部磁盘组，都是一些 DAS 实例。

2. 磁盘阵列

为了解决硬盘与系统其他部分的性能差距造成的瓶颈问题，Patterson、Gibson 和 Katz 提出了廉价磁盘冗余阵列技术（Redundant Arrays of Inexpensive Disks，RAID），后来磁盘价格不断降低，廉价二字变得没有意义，因此也有人将其改为独立磁盘冗余阵列（Redundant Array of Independent Disks，RAID）。

RAID 磁盘阵列最初是为了组合小的廉价磁盘来代替大的昂贵磁盘，同时希望磁盘失效时数据不会因此而受到损失所开发的一种数据保护技术。RAID 就是一种由多块廉价磁盘构成的冗余阵列，在操作系统下作为一个独立的大型存储设备出现。RAID 可以充分发挥多块硬盘的优势，提高硬盘速度；增大容量，提供容错功能确保数据安全；易于管理，在任何一块硬盘出现问题的情况下都可以继续工作，不会受到损坏硬盘的影响。

众所周知，Amdahl 定律是计算机科学领域的一个重要定律，Patterson 教授将这一定律应用到了 RAID 上面，主要体现在提高并行传输速率和通过提高 I/O 的并发度来加速 I/O 事件，这里的 I/O 并发主要体现在上层文件系统级的 I/O 并发。RAID 的出现可以称之为计算机存储领域的一次革命，并带来了巨大的经济利益。

RAID 的基本思想有两个方面：利用数据条纹化提高性能以及利用数据冗余提高可靠性。提出的一个主要目的就是解决硬盘性能落后于系统其他部分的问题，解决的办法就是利用大量磁盘的并行操作来提高性能，而数据条纹化就是使磁盘阵列具有并行工作能力的技术。所谓条纹化，就是将原来顺序存放在单个磁盘上的用户数据交错分布到所有磁盘，以实现磁盘操作的并行性。这种并行性体现为两种方式：一种方式是多个独立的小请求同时由不同的磁盘处理，这种方式减少了请求的响应时间，称为请求间并行方式；另一种方式为一个大的请求同时由多个磁盘协同进行处理，这种方式可以提高数据传输率，称为请求内并行方式。显然，组成磁盘阵列的磁盘数目越多，阵列的性能越高。但随着磁盘数目的增加，发生故障的可能性也随之增大。如果不同磁盘发生故障的概率是不相关的话，那么 100 个磁盘总的可靠性就只有单个磁盘的 1/100。这种可靠性显然是不能被接受的，RAID 的另一个基础——数据冗余就是用来提高系统可靠性的。数据冗余通过牺牲一些存储空间保存校验数据，来实现对用户数据的保护，从而达到提高可靠性的目的。

构建磁盘阵列，也是区分不同磁盘阵列结构最基本的两个问题：数据交错（条纹化）的粒度以及如何计算和分布冗余数据。数据条纹化可以是细粒度的，即数据以较小的单位交错分布到所有磁盘（极限情况按位交错）。在这种情况下，任何大小的请求都将由所有磁盘共同进行处理。在寻道和定位操作完成后，N 个磁盘的阵列可以以单个磁盘 N 倍的速度与主机进行数据传输，但阵列只能同时处理一个请求。因此，细粒度条纹化在单一进程的情况下可以使性能达到最优，但不适用于高并发度的环境。条纹化还可以是粗粒度的，将数据交错单位设置得较大，使得多数较小的请求均可由一个磁盘完成。这样阵列就可以同时处理多个不同的请求，只要访问模式不带有规律性，负载就能均匀分布到所有磁盘，使阵列达到较高的并行度。因此在多进程高度并发访问环境下，使用粗粒度条纹化可达到最佳性能。同时，对于较大的访问请求，仍由多个乃至所有磁盘共同处理完成，可达到较高的数据传输率。

在磁盘阵列中使用冗余技术带来两方面的问题。一方面是冗余数据如何计算。虽然某些 RAID 结构使用海明码（Hamming Codes）或里德—所罗门编码（Reed-Solomon Codes），但出于效率上的考虑，多数情况下还是使用较为简单的奇偶校验（Parity）。另一方面的问题就是冗余数据如何分布。按照冗余数据的分布规律不同，可将磁盘阵列粗略地分为两种情况：使用少数磁盘专门存放校验数据和将校验数据均匀分布到所有磁盘。后者与前者相比，避免了可能出现的热点问题和其他负载不均的问题，显然性能更优。

在信息时代高速发展的今天，对于应用的需求和技术已经发展到了非常成熟的地步。由于信息的发展带来了数据的爆炸性增长，这间接地导致数据存储技术也要随着相应的发展来满足数据的存储需求。应用驱动存储技术的发展有如下的趋势。

（1）存储技术的应用范围及领域

当今时代，工业迅速发展，而工业化进程导致在工业的各个领域都有大量的信息数据需要存储。存储技术的发展正好符合这一需求。

（2）互联网的广泛普及

互联网的应用已经深入千家万户，成了人们生活中不可或缺的一部分。日趋成熟的网络技术及应用深深地影响了存储技术的选择。

（3）海量数据存储

现在的应用对存储系统提出了非常高的要求，要求它们既能提供海量的数据存储容量，同时还要有丰富的数据管理维护功能。基于这样的要求，PB级的存储成为重要的存储需求之一。由于容量与性能通常是成反比例关系的，这就导致存储与数据呈分离的趋势。到目前为止，为了保护客户的数据所使用的数据存储最佳方法是应用 RAID，RAID 所使用的级别根据需求而设定。RAID 经过二十多年的发展，出现了很多关于 RAID 的级别设计，从原来的 5 种 RAID 级别中又衍生出很多组合 RAID 级别。

在磁盘阵列中，针对不同的应用使用的不同数据分布技术，称为 RAID 级别。每一级别代表一种技术，目前业界公认的标准是 RAID0－RAID5。这种分法并不代表技术的高低，RAID5 并不高于 RAID3，RAID1 也不低于 RAID4。至于要选择哪一种 RAID 级别的产品，根据用户的操作环境及应用而定，与级别的高低没有必然的关系。RAID0 和 RAID1 适用于 PC 及 PC 相关的系统，如小型的网络服务器、需要高磁盘容量及快速磁盘存取的工作站等；RAID2 和 RAID3 适用于大型计算机及影像、CAD/CAM 等处理系统；RAID5 多用于联机事务处理（On-Line Transaction Processing，OLTP），因为金融机构和大型数据处理中心的迫切需要，故使用较多，但也因此形成很多人对磁盘阵列的误解，以为磁盘阵列非要 RAID5 不可；RAID4 较少使用，因为与 RAID5 有共同之处，但 RAID4 有其先天的限制。RAID1/0 也正变得越来越流行，它与其他阵列级别相比有如下优势：与校验 RAID 相比较没有写的开销，有更高的可靠性。假如一个 RAID1/0 有 X 块虚拟成员驱动器，那么，在所有 X 块虚拟成员驱动器失败之前，它还能够继续工作。阵列的容量扩展并不减少 MTDL（Mean Time to Data Loss）。MTDL 依赖于单个磁盘，而与阵列中磁盘的数目无关。表 3-3 是关于各级别磁盘阵列的比较。

表 3-3　各级别磁盘阵列比较

RAID 级别	数据可靠性	相对特点	应用场合	容错的额外开销
0	无法处理磁盘的错误	在各种 RAID 级别中读写性能最好	不要求系统可靠性的场合	无容错
1	可以处理多个磁盘的错误	无写开销冗余，但只能使用一半的磁盘容量	任何场合	采用一半磁盘实现冗余，存储成本最高
2	可以处理多个磁盘的错误	可以并行使用多块磁盘，编码要通过硬件实现	对大数据进行读写的场合	实现冗余用掉了多个磁盘
3	能处理一个磁盘的错误	读写数据传输速度仅次于 RAID0。没有重叠的 I/O 操作	多媒体（视频、图像、声音等）大文件的应用	采用一个磁盘实现冗余，写开销最小
4	能处理一个磁盘的错误	读操作要使用所有的磁盘，但同时只能访问一个磁盘；校验磁盘是这个系统的瓶颈，影响了写操作的速度；有少量重叠的 I/O 操作	读操作多而写操作较少的应用；大块写的应用	采用一个磁盘实现冗余，校验磁盘是瓶颈
5	能处理一个磁盘的错误	读操作要使用所有的磁盘，但同时只能访问一个磁盘；由于校验数据的原因，写操作很慢，有少量的重叠 I/O 操作	读操作比写操作多的事务处理	采用一个磁盘实现冗余，写开销大

3．附网存储

附网存储（Network-Attached Storage，NAS）是一种以数据为中心的数据存储模式。在 NAS 中，存储系统不再通过 I/O 总线附属于某个特定的服务器或客户机，它完全独立于网络中的主服务器，可以看作是一个专用的文件服务器。客户机与存储设备之间的数据访问已不再需要主服务器的干预，允许客户机与存储设备之间进行直接的数据访问。在 LAN 环境下，NAS 已经完全可以实现异构平台之间的数据级共享，比如 NT、UNIX 等平台之间的共享。

按照存储网络工业协会（Storage Network Industry Association，SNIA）的定义：NAS 是可以直接连到网络上向用户提供文件级服务的存储设备。NAS 基于 LAN 按照 TCP/IP 协议进行通信，以文件的方式进行数据传输。NAS 是从传统的文件服务器发展起来的一种专有系统，它和其他节点一样直接连接到互联网上，可以像网络打印机一样被其他节点共享。NAS 直接把存储连接到网络上，而不再挂载在主服务器后面，可以减小主服务器的负担。

一个 NAS 包括处理器、文件服务管理模块和多个硬盘驱动器用于数据的存储。NAS 可以应用在任何网络环境中。主服务器和客户端可以非常方便地在 NAS 上存取任意格式的文件，包括 SMB 格式、NFS 格式和 CIFS 格式等。NAS 可以根据服务器或客户端计算机发出的指令完成对内在文件的管理。

与传统的将 RAID 安装到通用服务器上的方法相比，NAS 具有以下优点。

首先，NAS 简化了通用服务器不适用的计算功能，仅仅为数据存储而设计，降低了成本。并且 NAS 中还专门优化了系统硬软件体系结构，其多线程、多任务的网络操作内核特别适合处理来自网络的 I/O 请求，不仅响应速度快，而且数据传输速率也高。

其次，由于是采用适用于硬件软件构造的专用服务器，不占用网络主服务器的系统资源，不需要在服务器上安装任何软件，不用关闭网络上的主服务器，就可以为网络增加存储设备，安装、使用更为方便。并且 NAS 可以直接通过 Hub 或交换机连到网络上，是一种即插即用的网络设备。

再次，由于 NAS 独立于主服务器之外，因此对主服务器没有任何需求，可以大大降低主服务器的投资成本。

最后，NAS 具有更好的扩展性、灵活性。存储设备不会受地理位置的拘束，在任何地点都可以通过物理连接和网络连接连起来。

NAS 硬件部分由核心控制部分的 NAS 控制器和存储子系统构成，如图 3-37 所示。

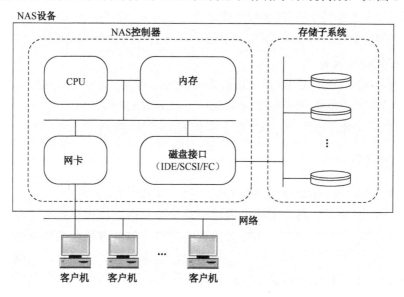

图 3-37　NAS 硬件部分

NAS 控制器主要包括 CPU、内存、网卡和磁盘接口。整个 NAS 通常采用已广泛应用的 Intelx86 服务器体系结构，兼具高性能和低成本的优点。

磁盘接口一般选用 IDE（Integrated Drive Electronics，集成电子驱动器）、SCSI（Small Computer System Interface，小型计算机系统接口）或 FC（Fiber Channel，光纤通信）。这三种磁盘接口当前主流的数传率分别为 100Mb/s、160Mb/s 和 200Mb/s，均能较好地满足存储数传率的要求。

为了优化数据传输，避免网络接口成为传输路径上的瓶颈，多数 NAS 设备采用千兆以太网卡接口、多个网卡链路聚集（Trunking）乃至多台 NAS 设备集群等技术，从而充分利用计算能力和系统总线带宽，获得极高的数据吞吐率。

存储子系统中的存储设备通常使用磁盘阵列，但也有特殊的 NAS 服务器同时使用磁盘和光盘库作为存储设备，这样的 NAS 被称为 NAS 光盘镜像服务器。NAS 光盘镜像服务器是一种将硬盘高速缓存和 NAS 相结合，专为光盘网络共享设计的 NAS 设备，它将光盘库中被频繁访问的光盘上的数据缓存到磁盘中，这样使得客户机能以磁盘的存取速度来访问光盘上的信息资源，消除光盘驱动器的瓶颈，改善光盘的网络共享性能。

基于 NAS 的体系结构的数据访问与其他架构不同。NAS 的 I/O 过程如下：

① 请求者将一个 I/O 请求封装成 TCP/IP 报文，通过网络协议栈进行转发，NAS 设备从网络上接收请求。

② NAS 设备将 I/O 请求转换为一种对应的物理存储请求，即块级 I/O 请求，然后对物理存储池执行相应操作。

③ 当数据从物理存储池返回时，NAS 设备对其进行处理并封装为相应的文件协议作为响应。

④ NAS 设备将这个响应封装成 TCP/IP 报文，通过网络转发给用户。

以下是在 NAS 上创建文件系统的步骤：

① 创建存储阵列卷：在存储阵列上创建卷，为卷分配逻辑设备编号（LUN），然后提交新创建的卷到 NAS 设备上。

② 创建 NAS 卷：在 NAS 设备上进行探测操作，识别出新的阵列卷，并创建 NAS 卷（逻辑卷）。存储阵列上的多个卷可以合并为一个大的 NAS 卷。

③ 创建 NAS 文件系统：在 NAS 卷上创建 NAS 文件系统。

4．存储区域网

存储区域网（Storage Area Network, SAN）独立于传统的局域网之外，通过网关设备和局域网连接。其传输速率极高，不但可以跨平台处理数据，还可以在多种存储设备和服务器以及其他网络设备之间通信。以 SAN 为代表的网络存储具有现代数据存储所需要的高速度、高可用性、高可扩展性、跨平台、远程虚拟存储等特性，并通过两个网络的分离充分保证应用系统的效率。其未来发展的目标是将系统监控、资源管理、系统配置、安全策略、高可靠性、容量计划及冗余管理等众多功能集成一身的集成式数据分发与检索架构解决方案。网络存储被视为继处理技术、网络技术之后第三次 IT 革命浪潮，近年来在西方国家方兴未艾。

SAN 指的是通过一个专用的网络把存储设备和挂在 TCP/IP 局域网上的服务器群相连。当有海量数据存取的需求时，数据可以通过存储区域网在相关服务器和后台存储设备之间高速传输。

SAN 以光纤通道（FC）为基础，实现了存储设备的共享，突破现有的距离限制和容量限制，服务器通过存储网络直接同存储设备交换数据，释放了宝贵的局域网资源。一般而言，网络拓扑是基于传统 LAN 或 WAN 的技术，它提供终端用户与服务器间的连接，但是在特殊要求下，终端用户的设备可直接连接光纤存储区域网提供的存储设备。服务器可以单独或以群集的方式接入存储区域网。存储子系统通过光纤集线器、光纤路由器、光纤交换机等不同的连接设备构成光纤通道网络，与服务器、终端用户设备相连。

从逻辑的角度看，一个存储区域网包括存储区域网组件、资源以及它们的相关性与从属关系。存储区域网组件间的关系并不受物理连接的限制。

SAN 允许存储设备和处理器（服务器）之间建立直接的高速网络（与 LAN 相比）连接，通过这种连接实现只受光纤线路长度限制的集中式存储。SAN 可以被看作是存储总线概念的一个扩展，它使用局域网（LAN）和广域网（WAN）中类似的单元，实现存储设备和服务器之间的互联。图 3-38 是一个典型的 SAN 结构，解决了传统方式存在的一些弊端。存储数据流从 LAN 中被分离到一个专用的高速网络中，数据可以在服务器和存储设备之间共享，同时数据的管理也得到了简化。SAN 通过路由器、网关、集线器、交换机等互联单元实现 any-to-any 的连接，消除了单服务器访问数据容量和存储设备数量的限制，实现了服务器或多个异构服务器共享存储设备（磁盘、磁带和光盘）。

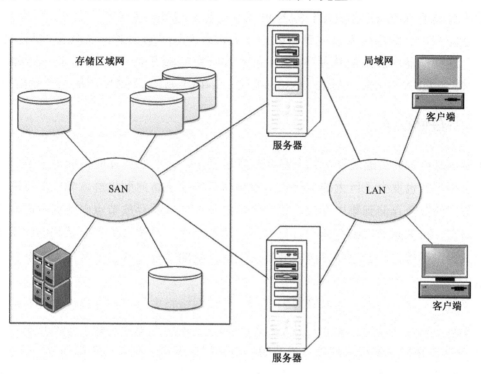

图 3-38　典型的 SAN 结构

SAN 的接口可以是企业系统连接（ESCON）、小型计算机系统接口（SCSI）、串行存储结构（SSA）、高性能并行接口（HPPI）、光纤通道（FC）或任何新的物理连接方法。

SAN 是一个集中式管理的高速存储网络，由多供应商存储系统、存储管理软件、应用程序服务器和网络硬件组成。由于 SAN 的基础是存储接口，是与传统网络不同的一种网络，因此被称为服务器后面的网络。SAN 可被用来绕过传统网络的瓶颈，它通过以下三种方式支持服务器与存储设备之间的直接高速数据传输。

服务器到存储设备：这是服务器与存储设备之间传统的相互作用模式，其优点在于多个服务器可以串行或并行地访问同一个存储设备。

服务器到服务器：SAN 可用于服务器之间的高速大容量数据通信。

存储设备到存储设备：通过外部数据传输能力，可以在不需要服务器参与的情况下传输数据，从而使服务器能更多地用于其他活动如应用程序处理等。这样的例子还包括磁盘设备不需服务器参与就可以将数据备份到磁带设备上，以及跨 SAN 的远程设备镜像操作。

在 20 世纪 90 年代前期，有人提出了 SAN 的构想。光纤通道的发展为 SAN 的构想铺平了道路。由于传统 SCSI 协议具有相当的局限性，在效率与可扩展性方面存在着一定的缺陷，人们很早就想提出一种改进型的协议，来弥补其不足。在设计智能化设备接口（Intelligent Peripheral Interface，IPI）时，人们已经意识到了这个缺陷。FC 结构的设计始于 1989 年，历经 5 年，在 1994 年 10 月制定了相应的 ANSI 标准。各大主机与存储设备生产厂家均意识到了其先进性，纷纷研发对应的 FC 产品。1997 年，产品日趋成熟，逐步开始大规模的生产与应用，从此 SAN 产品开始进入市场。SAN 产品涵盖光纤交换设备、光纤磁盘阵列、光纤磁带库、光纤适配卡、光电收发设备以及群集软件系统和群集管理系统等，这些产品的逐渐成熟使得 SAN 的解决方案瓜熟蒂落。在 1998 年，存储网络工业协会（Storage Network Industry Association，SNIA）成立，SAN 的概念正式出现。

3.3.3 云存储技术

随着信息技术的高速发展和社会经济的发展进步，人们对计算能力的需求不断提高，数据的访问形式也发生了巨大的变化。从单个节点的独享访问到集群、多机系统的共享访问；从数据的分散存储到集中存放、统一管理；从单个数据存放节点向数据中心发展，到建立跨城市、跨洲际的数据存储和备份体系。这些变化，对传统的存储系统的体系架构、管理模式提出了挑战。云存储是有效地解决这些挑战的途径，并已成为信息存储领域的研究热点。

云存储是一种以数据存储和管理为核心，通过网络将大量异构存储设备互联的存储资源池，融合了分布式存储、多租户共享、数据安全、数据去重等多种云存储技术，通过统一的 Web 服务接口为授权用户提供灵活的、透明的、按需分配存储资源的云系统。

云存储是在云计算基础上衍生、延伸和发展出来的。它遵循了云计算共享基础设施的服务理念，以传统的大规模、可扩展的海量数据存储技术为基础，集合存储、网络、虚拟化和文件系统等技术，以超大规模、高性能、高效率、低能耗、高度可扩展、可靠、可定制、动态组合和面向规模庞大的群体服务为系统目标，为用户提供高效廉价、安全可靠、可扩展、可定制和按需使用的强大存储服务。

云存储以其独特的优势，集成并突破多种传统存储技术，避免用户采购昂贵的设备、付出高额的管理和维护费用，通过资源集中分配提高了资源利用率，屏蔽了海量异构的数据存储管理的复杂性，增强了存储系统的可扩展性、可伸缩性、可靠性和健壮性。

云存储的主要特征为网络访问、按需分配、用户控制和标准开放。云存储对存储服务提供了更高层次的抽象，实现了操作系统和文件系统的无关性。这些特性融合在一起，可以在整体上提供 IaaS 类型的基础设施及服务。然而大多数普通用户并不使用类似于

Amazon S3 的 IaaS 云存储系统，反而会使用云存储对数据进行备份、同步、归档、分级和缓存，以及同一些其他类型的软件进行交互。云存储系统往往在一个云存储卷上附加了应用软件及服务，从而使大多数产品符合 SaaS 服务模型。

云存储设备可以是块存储设备、文件存储设备或对象存储设备。块存储设备对于客户端来说相当于原始存储，可以被分区以创建卷。它由操作系统来创建和管理文件系统。从存储设备的角度来看，数据的传输单位是块。块存储之外的另一种选择是文件服务器，通常采用 NAS 的形式。NAS 维护自己的文件系统，将存储以文件形式提供给客户。两者相比较的话，块存储设备能够提供更快的数据传输，但客户端需要有额外的开销。面向文件的存储设备通常比较慢，但建立连接时客户端开销较小。对象存储同时兼具块存储高速访问及文件存储分布式共享的特点。对象存储设备由元数据服务器（Metadata Server，MDS）、存储节点（Object-based Storage Device，OSD）和客户端构成。元数据服务器负责管理文件的存储位置、状态等，存储节点负责文件数据的存储，客户端负责对外接口访问。数据通路（数据读或写）和控制通路（元数据）分离，对象存储等于扁平架构分布式文件系统加上非 POSIX 访问方式，代表存储领域未来的发展方向。

作为一种新型服务化存储模式，云存储可广泛服务于经济建设、科学研究和国家安全等领域，具有重要而广阔的应用前景。

1. 云存储的主要思想

（1）云存储的高冗余思想

保证数据在生命周期内的可靠性和可用性是云存储系统的设计重点之一。回顾过去，为了保证互联网在遭受打击后可以继续工作，设计者采用了高容错的设计。例如，端点之间的路径是冗余的，信息分组后通过不同的路径传输，丢失的数据包按照重传机制保证数据的完整性。这些高冗余的设计使互联网系统获得整体层面的高容错性。云存储系统的设计可以借鉴互联网的设计思路来提高可靠性。例如，在云存储系统中将数据的多个副本存储在位置不同的多个服务器上，在部分服务器出现故障时，系统只需要简单地改变指向存储对象位置的指针即可。

亚马逊网络服务（Amazon Web Services，AWS）在其 IaaS 系统中采用了高冗余的设计，它允许 EC2 虚拟机实例和 S3 存储容器（Bucket）创建到 4 个数据中心的任何一个区域中。基于 AWS 的 S3 创建云存储时，用户可以将数据合理地分布在亚马逊的系统中，通过高冗余设计保证系统的高可用性。

AWS 在区域内创建了"可用区"，它们是彼此之间相互隔离的一组系统。理论上讲，不同的可用区不会同时出现故障。考虑到在实际生产中整个区域可能会同时出现故障，系统和存储的冗余设计需要建立在多区域的基础上，AWS 可以在多个实例间执行负载均衡，还可以从一个地理位置到另一个执行故障后的实例转移。但这是一个额外的服务，需要用户付费购买。总之，在系统结构的上层实现冗余设计是非常重要的，也是非常有效的。

（2）云存储的虚拟化聚合思想

通过虚拟化技术实现存储资源高效聚合，是云存储的一个重要思想。虚拟化聚合思想在于消除资源的差异性，通过一致性的抽象接口实现资源的同质化。通过存储虚拟化技术，可以实现硬件聚合和数据聚合，帮助企业削减运营成本，保护既有投资。如果一个企业想把所有的存储资产聚合为一个云存储系统，可以尝试使用一些企业级软件产品，如存储虚拟化软件 StorageGRID。该软件由 NetApp 公司开发，它创建了一个虚拟化层，从而把不同的存储设备通过管理系统聚合为单个存储池。通过它可以构建 PB 级别的存储池，能够兼容不同的存储设备、不同的传输协议和不同的地理位置。图 3-39 显示了如何使用 StorageGRID 存储到云存储。StorageGRID 允许企业借助位于存储硬件和应用服务器之间的虚拟化层来创建一个具有容错能力的云存储系统。

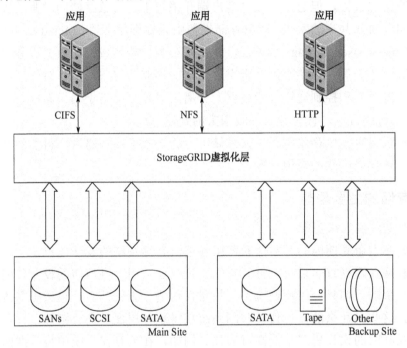

图 3-39　使用虚拟化软件 StorageGRID 聚合异构存储资源

2．云存储的优势

在大数据时代，数据增长很快。伴随着数据量的增长，数据的价值密度在持续降低。对于企业来说，显然不允许 IT 预算随着数据量的增长而增长，相反，需要伴随着下降的数据价值密度来控制大数据的收集、存储、管理和分析成本。传统的存储技术在成本、可扩展性等方面都无法满足数据快速增长的需要。为此，很多企业选择了具有更低组建成本的云存储系统。可以说云存储是传统存储技术在大数据时代自然演进的结果。相比于传统存储，云存储具有如下优势：

（1）硬件成本低

云存储系统由大量的廉价存储设备组成。云存储系统通过多副本技术得到了很强的容错能力，使得企业可以使用低端硬件替代高端硬件，如采购入门级服务器替代高性能服务器和高端存储设备。此外，云存储系统的硬件折旧成本也相对较低，这是因为云存储系统具有可扩展架构，一些原本面临淘汰的陈旧硬件也可以在云存储系统中继续使用。

（2）管理成本低

云存储系统，通过虚拟化技术对资源进行池化管理，管理高度自动化，极少需要人工干预，可以大大降低管理成本。根据相关数据显示，一个拥有 50 000 个服务器的特大型数据中心与拥有 1 000 个服务器的中型数据中心相比，特大型数据中心的网络和存储成本只相当于中型数据中心的 1/5 或 1/7，而每个管理员能够管理的服务器数量扩大 7 倍之多。因而对于规模达到几十万至上百万计算机的云存储平台而言，其网络、存储和管理成本较中型数据中心可以降低 5～7 倍。

（3）能耗成本低

能源使用效率（Power Usage Effectiveness，PUE）用来衡量数据中心的能源效率，等于数据中心所有设备能耗（包括 IT 电源、冷却等设备）除以 IT 设备能耗。PUE 是一个比率，基准是 2，结果越接近 1 表明能效水平越高。国内很多中型数据中心的 PUE 值大于 2，也就是说，一半以上的能源被白白浪费掉。而特大型数据中心，比如 Facebook 某太阳能供电数据中心的 PUE 值为 1.07，几乎没有额外的能源损耗。大型的云存储数据中心可以建设在水电站附近，通过协议电价有效节约能源开销。

（4）资源利用率高

传统的存储系统资源利用率非常低，原因有两个方面。一方面，系统按照峰值需求进行设计，在夜晚和非业务高峰时段，大量的计算、存储和带宽资源闲置。通过云存储系统，可实现基于多租户多业务的弹性服务，按需提供和释放存储资源，降低各个环节的冗余度，提高资源的利用率。另一方面，传统的存储系统按照静态方式分配存储资源，有大量的预留空间被浪费掉。在云存储系统中，通过服务器整合和重复数据删除技术，可以大幅度减少不必要的存储开销，从而提高存储资源的利用率。

（5）服务能力强

用户在使用云存储服务时，不必关心存储基础设施的实现细节，也不必关心底层的业务弹性和抗风险性，按照实际需求得到资源并付费，因而减少了不必要的精力浪费和成本开支。此外，云存储属于托管存储，云存储可以将数据传送到用户选择的任何媒介，用户可以通过这些媒介访问及管理数据。

3.4 开源大数据生态系统

随着各种大数据技术的成熟，以及人们对大数据价值认识的日渐深入，围绕大数据的生态系统得到了越来越多学术界和企业的重视。为此，大量的大数据平台和系统涌现，其中开源大数据生态系统以其高开放、低门槛、高质量的特性成为当前大数据领域最为重要的支撑力量。

3.4.1 Linux

Linux 为大数据应用提供了开源的操作系统平台。Linux 系统诞生于 20 世纪 80 年代，最早是由芬兰赫尔辛基大学计算机系的学生 Linus Torvalds 开发的。在大学期间，他接触到了学校的 Unix 系统，但是当时的 Unix 系统是一台主机对应多个终端，这导致使用过程中需要等待的问题，很多时候必须要等到其他同学使用完才能获得使用权。为此他开始开发自己的 Unix 操作系统，首先他获得了谭邦宁教授开发的用于教学的 Minix 操作系统，他把 Minix 安装到了他的 i386 个人计算机上。此后，Torvalds 以 Minix 系统的源代码为基础，在吸取相应操作系统核心功能、思想和组建的基础上开始逐步设计并开发完成了 Linux 系统的雏形。因此，Linux 从诞生开始就自带了 Unix 的某些基因，与 Unix 操作系统非常相似。Linux 是一套类 Unix 的作业系统，基于 Torvalds 开发的 Linux 内核，世界各地成千上万的程序员设计和开发了当前人们看到的完整的 Linux 系统。

当初开发 Linux 系统的目的是建立不受任何商业化软件版权制约的、全世界都能自由使用的类 Unix 操作系统兼容产品，因此 Torvalds 选择用 GPL（通用公共许可证，是一个广泛被使用的自由软件许可协议条款）的方式来发行该操作系统软件。Linux 系统在服务器端、嵌入式开发和 PC 桌面三大领域都得到了广泛应用，其中服务器端领域是重中之重。进入大数据时代后，Linux 成为大数据生态环境中重要的免费操作系统平台之一。后续很多大数据存储、计算和处理软件与系统都是基于 Linux 平台开发出来的。

Linux 之所以成为大数据生态系统的关键一环与其本身的优势与特点是分不开的，归纳起来包含以下几个方面：

① 免费开源且成本低。Linux 基于 GPL，因此任何人都可以免费使用或者修改其中的源代码。只有在选择某些厂商制作的 Linux 的发行版本时，才需要交纳费用。

② 稳定性和高效性。因为 Linux 由 Unix 发展而来，因此 Linux 与 Unix 有许多相似之处，不只是用户接口和操作方式，Linux 还继承了 Unix 卓越的稳定性和高效性。

③ 跨平台特性。由于 Linux 的内核大部分是用 C 语言编写的，并采用了可移植的 Unix 标准应用程序接口，所以它支持如 i386、Alpha、AMD 和 Sparc 等系统平台，以及从个人计算机到大型主机，甚至包括嵌入式系统在内的各种硬件设备。

④ 多任务、多用户。和 Unix 系统一样，Linux 系统是一个真正的多用户多任务的操作系统。多个用户可以各自拥有和使用系统资源，即每个用户对自己的资源（如文件、设备）有特定的权限，互不影响，同时多个用户可以在同一时间以网络联机的方式使用计算机系统。多任务是现代计算机一个最主要的特点，由于 Linux 系统调度每一个进程是平等地访问处理器的，所以它能同时执行多个程序，而且各个程序的运行是相互独立的。Linux 实现了不同的用户同时登录系统，资源分享比较公平，而不是像那些伪多用户操作系统，如果需要登录更多的用户，要么退出当前用户，要么购买多用户授权。

⑤ 软件支持相对丰富。与其他的操作系统不同的是，安装了 Linux 系统后，用户常用

的一些办公软件、图形处理工具、多媒体播放软件和网络工具等都无须安装。对于程序开发人员来说，Linux 是一个很好的操作平台，在 Linux 的软件包中，包含了多种程序语言与开发工具，如 gcc、cc、C++、Tcl/Tk、Perl 和 Fortran77 等。

⑥ 可靠的安全性。对于一个开放式系统而言，由于拥有相当庞大的用户和社区支持，因此能很快发现系统漏洞。及时修补系统的漏洞，能提高 Linux 系统的安全性，让黑客们无机可乘。

⑦ 强大的网络功能。

⑧ 具有图形用户界面。

3.4.2　Hadoop

Hadoop 是一个由 Apache 基金会开发的分布式系统基础架构，也是一个开源框架，它可以使用户在不了解分布式底层细节的情况下开发分布式程序，充分利用集群的威力进行高速运算和存储。从其定义就可以发现，它解决了大数据存储和大数据分析两个问题，也就是 Hadoop 的两大核心：HDFS 和 Map-Reduce。

Hadoop 的核心思想最早起源于 Google 公司发表的两篇关于 GFS 和 Map-Reduce 的论文。Hadoop 是一个能够让用户轻松架构和使用的分布式计算的平台。用户可以轻松地在 Hadoop 中开发和运行处理海量数据的应用程序。其优点主要有以下几个方面：

① 高可靠性：Hadoop 按位存储和处理数据的能力值得人们信赖。

② 高扩展性：Hadoop 是在可用的计算机集簇间分配数据并完成计算任务的，这些集簇可以方便地扩展到数以千计的节点中。

③ 高效性：Hadoop 能够在节点之间动态地移动数据，并保证各个节点的动态平衡，因此处理速度非常快。

④ 高容错性：Hadoop 能够自动保存数据的多个副本，并且能够自动将失败的任务重新划分。

⑤ 低成本：与一体机、商用数据仓库以及 QlikView、Yonghong Z-Suites 等数据集市相比，Hadoop 是开源的，项目的软件成本因此会大大降低。

Hadoop 带有用 Java 语言编写的框架，因此运行在 Linux 生产平台上是非常理想的，Hadoop 上的应用程序也可以使用其他语言编写，比如 C++。

1. HDFS

HDFS（Hadoop Distributed File System)是 Hadoop 自己实现的分布式文件系统，是 Google 分布式文件系统 GFS 的开源实现。设计初衷就是要在大量通用的廉价机器上搭建一个有高度容错性的分布式文件系统。

（1）HDFS 架构

HDFS 采用主从式架构，一个 HDFS 集群一般由一个 NameNode 和多个 DataNode 组成，其体系架构如图 3-40 所示。NameNode 节点是一个 master 节点，负责管理整个 HDFS 的元数据信息、文件系统的名字空间、客户端对文件的访问、数据块到具体 DataNode 的映射。NameNode 负责执行文件系统的名字空间操作（如打开文件、关闭文件、重命名文件或目录）。

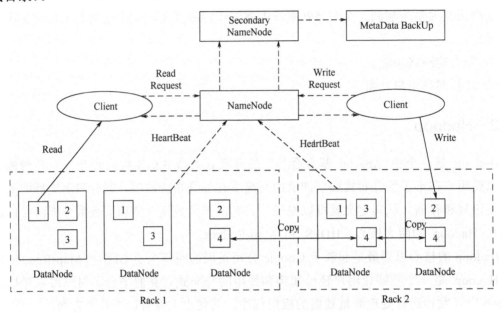

图 3-40　HDFS 体系架构图

DataNode 节点是 Salve 节点，负责管理它所在节点上的数据存储。在 HDFS 内部，每一个文件都会被分割成一个或多个数据块，这些数据块分别存储在各个 DataNode 上，DataNode 负责实际的客户端读写请求。Secondary NameNode（二级名字节点）是负责备份元数据信息的，NameNode 中的元数据信息保存在 FSImage 和 EditLog 两个文件中，二级名字节点只不过是定期从 NameNode 拷贝这两个文件到本地目录，确保在 NameNode 延机时可以将 HDFS 恢复到延机之前的状态，并不能替代 NameNode 提供服务。

DataNode 与 NameNode 之间的通信是通过心跳（HeartBeat）机制来实现的，DataNode 定期向 NameNode 发送 HeartBeat，如果 NameNode 长时间没有收到来自某一节点发送过来的 HeartBeat，就判断该 DataNode 的连接已经中断，不能继续提供服务，并将该节点标记 "DeadNode"；同理，当新增加一个 DataNode 节点时，NameNode 收到来自新节点的 HeartBeat，则可以根据 HeartBeat 中所包含的信息，将新的节点加入可用节点中，方便了 HDFS 的扩展。

2．HDFS 读写数据流程

HDFS 读写数据流程如图 3-41 所示，写入数据的步骤如下：

① 客户端首先向 NameNode 发出创建文件请求。

② NameNode 节点首先要确认新文件原来并不存在，然后在文件系统的命名空间中添

加新文件的信息，最后授权给客户端创建新文件。

③ 客户端开始写入文件，文件的写入是分块进行的。对每一个数据块的写入，DataNode 都需要向 NameNode 申请分配数据节点。

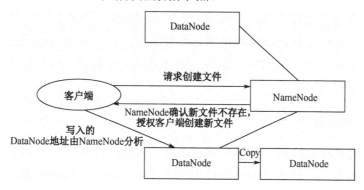

图 3-41　HDFS 写数据流程

在写入文件时，默认每个数据块需要保存三个副本，因此 NameNode 会返回三个 DataNode 节点地址给客户端，然后客户端将文件写入第一个 DataNode 节点，第一个 DataNode 节点写入完成后发送给第二个 DataNode 节点，第二个 DataNode 节点写完后再发送给第三个 DataNode 节点。只有当所有的数据块都写入完成后，客户端才会告知 NameNode 文件写入完毕。

HDFS 为了简化数据一致性的问题，支持高吞吐量的数据并发访问，设计成"一次写入多次读取"的文件访问模型。一个文件一旦创建，写入和关闭以后就不能再改变，除非修改以后重新上传。这种文件访问模型非常适合搜索引擎、网络爬虫、Map-Reduce 类的应用。

HDFS 读取数据的流程如图 3-42 所示，读取数据的步骤如下：

① 客户端首先向 NameNode 发出读取数据请求。

② NameNode 中保存了所有文件的元数据信息，以及每个数据块到具体 DataNode 的映射。当 NameNode 接收到客户端的读取数据请求时，将实际存储该文件的 DataNode 地址返回给客户端。

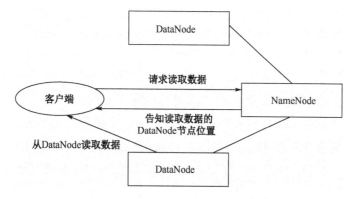

图 3-42　HDFS 读取数据的流程

③ 客户端通过 NameNode 返回的一系列 DataNode 地址，到相应的 DataNode 去读取数据。在读取文件时，HDFS 客户端是直接与 DataNode 进行数据交互的，NameNode 只是处理地址请求，并不提供数据服务。由于数据只是在各个 DataNode 之间流动，使得 HDFS 可以同时处理大量并发的客户端读取请求。而 NameNode 需要将所有文件的元数据信息都加载到内存中去，每个文件、目录和块的元数据信息约占 150 字节，因此 NameNode 所在节点内存的大小直接限制了 HDFS 文件系统所支持的文件数量。这也是 HDFS 在处理海量文件时性能欠佳的原因。

3．Map-Reduce

在大数据处理过程中很多步骤都是逻辑清晰并直观的计算，计算本身并不复杂，但是由于涉及的数据量过大，从而导致计算效率低下，无法满足大数据应用的时间需求。为了能在合理的时间内完成大数据计算，这些计算必须分布在大量不同的但相互协作的机器上。比如通过网络爬取的网页数据、网页请求日志数据以及其他相关的衍生数据，针对此类大数据的处理则包含数据排序、索引构建、网页关系图表示等需要在不同主机上并行执行的相关操作。

Map-Reduce 是为处理大数据集的一种分布式运算程序的编程框架和相应的实现，是用户开发"基于 Hadoop 的数据分析应用"以及 Hadoop 开源大数据生态系统中的核心编程计算框架。Map-Reduce 的核心功能是将用户编写的业务逻辑代码和自带的默认组件整合成一个完整的分布式运算程序，并运行在一个 Hadoop 集群上。

在分布式计算中，Map-Reduce 框架负责处理并行编程中分布式存储、工作调度、负载均衡、容错均衡、容错处理以及网络通信等复杂问题，把处理过程高度抽象为两个函数：Map 和 Reduce，Map 负责把任务分解成多个任务，Reduce 负责把分解后多任务处理的结果汇总起来。Map-Reduce 2.0 版本之前只有运行框架，它里面有两种节点，一个是 master，一个是 worker。master 既做资源调度又做程序调度，worker 只是用来参与计算的。但是在 2.0 版本之后加入了 Yarn 集群，Yarn 集群的主节点承担了资源调度，Yarn 集群的从节点会选出一个节点（这个由 Redource manager 决定）负责类似于 2.0 版本之前的 master 的工作，来进行应用程序的调度。Yarn 集群是一个资源调度平台，负责为运算程序提供服务器运算资源，相当于一个分布式的操作系统平台，而 Map-Reduce 等运算程序相当于运行于操作系统之上的应用程序。

Map 函数和 Reduce 函数是交给用户实现的，这两个函数定义了任务本身，也就是需要开发者根据自己大数据处理任务的特点来编写这两个函数的代码。在 Map-Reduce 过程中，用户首先需要编写一个 Map 函数来处理并生成一个键值对的集合，然后编写 Reduce 函数来合并具有相同键值的数据。具体来说，Map 函数接受一个键值对（Key-Value Pair），产生一组中间键值对。Map-Reduce 框架会将 Map 函数产生的中间键值对里键相同的值传递给一个 Reduce 函数。Reduce 函数接受一个键（Key），以及相关的一组值（Value List），将这组值进行合并产生一组规模更小的值（通常只有一个或零个值）。

从以上定义可以看出，Map-Reduce 是分治算法的一种体现。所谓分治算法，就是"分而治之"，将大的问题分解为相同类型的子问题（最好具有相同的规模），相应输入数据也要进行分片，然后将问题交给不同的 task 进行并求解，最后合并成大问题的解。因此这一过程可以理解为分片阶段、Map 阶段、Shuffle 阶段和 Sort 前段、Reduce 阶段和 Output 阶段，具体如下：

（1）分片（Split）阶段

数据以一定的格式传递给系统，进行分片，框架中有相关的函数与类，开发者也可以开发自己分片函数与方法。此阶段相关输入数据被分片输入 Map 中，比如一个文件有 200M 数据，根据系统设置的分片大小进行均分。如果输入为大量的小文件数据，则会造成过多的 Map 数量，导致效率下降，因此可采用压缩输入格式的方式进行输入，这些工作都是分片输入阶段的工作。

（2）Map 阶段

该阶段执行 Map 任务，具体 Map 任务的数量由分片决定，开发者可以根据需要通过设置分片的大小调整 Map 的任务数量。Map 任务会根据用户自定义的映射规则，输出一系列的<Key,Value>作为中间结果。

（3）Shuffle 阶段和 Sort 阶段

为了让 Reduce 可以并行处理 Map 阶段的结果，需要对 Map 阶段的输出进行一定的分区（Partition）、排序（Sort）、合并（Combine）、归并（Merge）等操作，得到<Key,Value>形式的中间结果，再交给对应的 Reduce 进行处理，这个过程称为 Shuffle。从无序的<Key,Value>到有序的<Key,Value-List>，这个过程用 Shuffle 来称呼是非常形象的。

（4）Reduce 阶段

Reduce 以一系列<Key,Value-List>中间结果为输入，执行用户定义的逻辑，输出的结果到结果输出（Output）模块。

（5）Output 阶段

以 Reduce 阶段的结果为输入，根据最终要求按照格式输出数据。

为了更好地理解 Map-Reduce 编程框架的处理过程，本书设计了一个简单的例子：在给定的文本材料数据集中，统计不同词汇出现的频率（这作为实际应用，如文本压缩和语义挖掘等的早期数据处理具有重要作用）。如图 3-43 所示，首先输入的数据是来源各异的原始文本材料数据集。接下来，在 Split 阶段以 3 个单词作为分片大小对原始数据进行分片，共分成了 4 组。然后，这四组单词被划分成了不同的 Map 任务，每个任务在 Map 阶段进行各自的处理，最终形成（Key，Value）对，在本例子中，Key 表示不同的单词，而其对应的 Value 则表示该单词出现的次数。Map 逐个遍历单词，每遇到一个单词（Word）就产生一个中间键值对<w, "1">（表示单词 w 又找到了一个）。接下来，对具有相同 Key 所对应的 Value 进行合并累加，并在 Sort 阶段进行排序处理，一般默认的是根据 Key 进行排序，开发者也可以根据大数据处理的需求自定义排序规则。此后，Map-Reduce 将键相同

（都是单词 w）的键值对传给 Reduce 函数，这样 Reduce 函数接受的键就是单词 w，值是一串数字（最基本的实现是这样，但可以优化），个数等于键为 w 的键值对应的个数，然后将这些数字累加就得到单词 w 的出现次数。最后这些单词的出现次数会被写到用户定义的位置，存储在底层的分布式存储系统中（GFS 或 HDFS）。

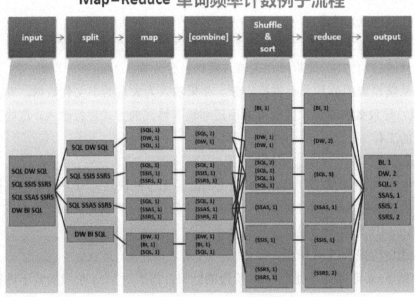

图 3-43　单词频率统计示例

3.4.3　基于 Linux+Hadoop 的大数据云系统构建

本节构建的大数据云平台以浏览器/服务器模式提供云存储服务，其中 Web 服务器运行 HDFS API 应用程序，作为 HDFS 客户端与 Hadoop 集群进行交互。平台中的 Web 服务器使用 Tomcat 来搭建，数据库服务器由 MySQL 构成，数据库存储用户账号信息和文件信息。该大数据云平台的数据存储环境为 Hadoop 集群，即由运行 HDFS 文件系统的服务器组成。

云平台是层次化结构模型，共分为四层，从上到下依次是：用户访问层、数据服务层、数据管理层和数据存储层。本章搭建的云存储平台层次结构模型如图 3-44 所示。

云存储平台的主要功能包括用户管理、文件管理和目录管理三个模块，每个模块的功能如图 3-45 所示。

在系统构建中，Hadoop 集群通过 VMWare Workstation 的虚拟机进行部署，由 1 个 NameNode（主机名为 master）节点和 2 个 DataNode（主机名分别为 slavel，slave2）节点组成，所有节点的操作系统为 CentOS 6.6，其主机名和 IP 地址分别为：

master 192.168.100.1

slave1 192.168.100.2

slave2 192.168.100.3

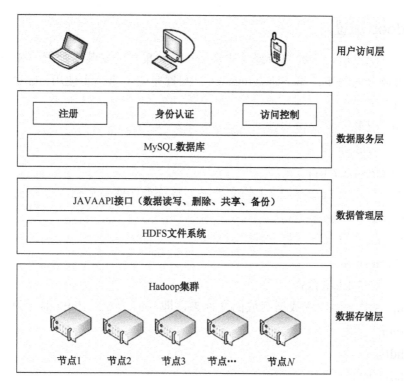

图 3-44 云存储平台层次结构模型

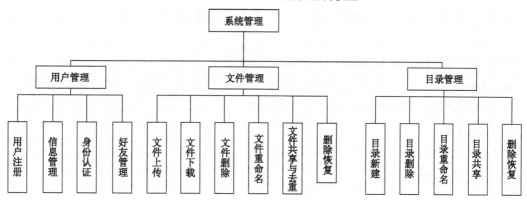

图 3-45 云存储平台功能模块图

1. 基础配置

基础配置需要完成基本实验操作：首先基于 VMWare Workstation 虚拟机软件安装相应的 Linux 操作系统，操作系统可以选择 CentOS6.6 桌面版。其次，在安装完成的操作系统中配置 JDK 环境。然后，配置 Hadoop 环境变量以加快后续 Hadoop 安装，方便虚拟机的克隆。此后，关闭防火墙亦防止部署 Hadoop 过程中可能出现的节点通信障碍。最后一系列的配置步骤还包括：克隆虚拟机完成 master、slave1、slave2 三个虚拟机的安装；修改主机名使之与架构匹配；按照设计分配 IP 地址。

2. Hadoop 配置

在完成基础配置后，关键的步骤是实现 Hadoop 集群的安装与配置。Hadoop（2.7.1）集群的配置可以分为两步：第一步在 master 上配置完成，第二步使用 scp 命令复制文件到 slave1 和 slave2 子节点中。

（1）master 配置

下载并解压 hadoop 文件：

#tar -xvf hadoop-2.7.1.tar.gz

这将生成一个名为 hadoop-2.7.1 的文件夹，将这个文件夹复制到/usr/local 目录下面：

#cp hadoop-2.7.1 -r /usr/local

切换到/usr/local 目录下，将文件夹重命名：

#cd /usr/local

#mv hadoop-2.7.1 hadoop

在 hadoop 目录下面创建数据存放的文件夹，即 tmp、hdfs、hdfs/data 和 hdfs/name。

#mkdir tmp

#mkdir hdfs

#mkdir hdfs/data

#mkdir hdfs/name

进入目录/usr/local/hadoop/etc/hadoop，修改七个配置文件。

a）slaves

编辑 slaves 文件，添加 slave 节点的 IP 地址，每个节点占一行。

#vi slaves

在 slaves 中加入如下两行。

192.168.100.2

192.168.100.3

b）core-site.xml

编辑 core-site.xml 文件，在其中添加以下配置信息。

```
<configuration>
    <property>
        <name>fs.defaultFS</name>
        <value>hdfs://192.168.100.1:9000</value>
    </property>
    <property>
        <name>hadoop.tmp.dir</name>
        <value>/usr/local/hadoop/tmp</value>
    </property>
    <property>
```

```
        <name>io.file.buffer.size</name>
        <value>131702</value>
    </property>
</configuration>
```

其中，fs.defaultFS 表示"系统默认分布式文件 URI"。hadoop.tmp.dir 的默认值为"/tmp"。尽量手动配置这个选项，否则会存在系统的默认临时文件/tmp 里。手动配置的时候，如果服务器是多磁盘的，每个磁盘都设置一个临时文件目录，这样便于 Map-Reduce 或 HDFS 使用的时候提高磁盘 I/O 效率。

Hadoop 访问文件的 I/O 操作都需要通过代码库。因此，在很多情况下 io.file.buffer.size 被用来设置缓存的大小。不论是对硬盘或网络操作来讲，较大的缓存都可以提供更高的数据传输。这个参数要设置为系统页面大小的倍数，以 byte 为单位，默认值是 4KB，一般情况下可以设置为 64KB（65 536bytes）。

c）hdfs-site.xml

编辑 hdfs-site.xml 文件，在其中添加以下配置信息。

```
<configuration>
    <property>
        <name>dfs.namenode.name.dir</name>
        <value>file:/usr/local/hadoop/hdfs/name</value>
        <final>true</final>
    </property>
    <property>
        <name>dfs.datanode.data.dir</name>
        <value>file:/usr/local/hadoop/hdfs/data</value>
        <final>true</final>
    </property>
    <property>
        <name>dfs.replication</name>
        <value>2</value>
    </property>
    <property>
        <name>dfs.namenode.secondary.http-address</name>
        <value>192.168.100.1:9001</value>
    </property>
    <property>
        <name>dfs.webhdfs.enabled</name>
        <value>true</value>
    </property>
```

```
</configuration>
```
d）mapred-site.xml

编辑 mapred-site.xml 文件，在其中添加以下配置信息。
```
<configuration>
    <property>
        <name>mapreduce.framework.name</name>
        <value>yarn</value>
    </property>
</configuration>
```
e）yarn-site.xml

编辑 yarn-site.xml 文件，在其中添加以下配置信息。
```
<configuration>
        <property>
                <name>yarn.nodemanager.aux-services</name>
                <value>mapreduce_shuffle</value>
        </property>
        <property>
                <name>yarn.nodemanager.aux-services.mapreduce.shuffle.class</name>
                <value>org.apache.hadoop.mapred.ShuffleHandler</value>
        </property>
        <property>
                <name>yarn.resourcemanager.address</name>
                <value>master:8032</value>
        </property>
        <property>
                <name>yarn.resourcemanager.scheduler.address</name>
                <value>master:8030</value>
        </property>
        <property>
            <name>yarn.resourcemanager.resource-tracker.address</name>
             <value>master:8031</value>
        </property>
        <property>
                <name>yarn.resourcemanager.admin.address</name>
                <value>master:8033</value>
        </property>
        <property>
```

```
        <name>yarn.resourcemanager.webapp.address</name>
        <value>master:8088</value>
    </property>
</configuration>
```
f）hadoop-env.sh

添加 export JAVA_HOME=/usr/local/java/jdk1.8.0_51 到图 3-46 中圈选的位置。

图 3-46　配置 Hadoop-env.sh

g）yarn-env.sh

添加 export JAVA_HOME=/usr/local/java/jdk1.8.0_51 到图 3-47 中圈选的位置。

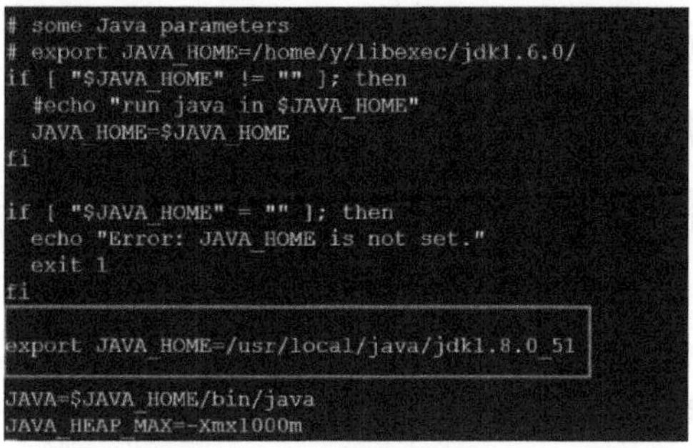

图 3-47　配置 yarn-env.sh

（2）复制 master 到 slave 上

将配置好的文件用 scp 命令同步到其他 slave 节点上，分别执行以下两行命令。

`#scp -r /usr/local/hadoop root@slave1:/usr/local`

`#scp -r /usr/local/hadoop root@slave2:/usr/local`

如果识别不出 slave1 和 slave2，可以用 IP 地址替换掉 slave1 和 slave2 的名字。

（3）启动 hadoop

在 master 服务器上启动 hadoop，slave 节点会自动启动，对 NameNode 进行初始化。

`#cd /usr/local/hadoop`

`#bin/hadoop namenode -format`

随后启动 hadoop。

`sbin/start-all.sh`

3. HDFS 客户端

Apache 基金会的 Hadoop 项目提供了一类 API 可以通过 Java 工程操作 HDFS 中的文件，包括文件的打开、读写、删除，目录的创建、删除，读取目录中所有文件等。到 http://hadoop.apache.org/releases.html 下载 Hadoop，解压后把所有 jar 加入项目的 lib 里。

在 Eclipse 开发环境中通过 Java 代码操作 HDFS 时，通常需要安装 Elipse 的 Hadoop 插件。并在源代码中引用相关 jar 包。

import org.apache.hadoop.conf.Configuration

import org.apache.hadoop.fs.FileStatus

import org.apache.hadoop.fs.FileSystem

import org.apache.hadoop.fs.Path

对 HDFS 的操作主要包含以下几个步骤：得到 Configuration 对象；得到 FileSystem 对象；进行文件操作。

3.5 Spark

Apache Spark 是一种通用的、可扩展的处理大规模数据的系统平台。与 Hadoop 不同，Hadoop 是一种基于磁盘的分布式计算系统，并基于 Map-Reduce 模型，而 Spark 则是基于内存的计算系统，大大地提高了大数据计算处理的效率。Spark 的关键特征包括以下三点。

1. 弹性分布式数据集（RDD）

RDD（Resilient Distributed Dataset）是 Spark 的基础数据结构，通过 RDD，Spark 平台可以获取基于内存的计算能力。具体来说，当轨迹数据集被加载进 Spark 集群时，数据集划分为不同的部分，并根据存储等级存储到受控节点内存中。相应的数据集划分信息将利用一个 RDD 进行表示。RDD 高级 API 提供了一系列操作，这些操作将在各自的受控节点中并行执行。

2. RDD 操作和共享变量

转换与执行是基于 RDD 之上的两类操作。前者基于已有的 RDD 创建新的 RDD，比如 Map 和取样。后者则在 RDD 上执行相应的计算并向主控节点返回结果数据，例如 Reduce 和收集。与 Hadoop 分布式缓存相似，Spark 也允许用户在每个受控节点上缓存一个只读变量，以此避免重复迁移数据副本。

3. 容错

Spark 会将示例转换操作以线性图的方式记录为一条信息链。如果在任务执行期间，RDD 中的一部分任务丢失了，该部分轨迹可以根据线性图中记录的 RDD（父 RDD 与子 RDD 之间具有依赖关系）得以重建。

Map-Reduce 模型是 Spark 平台的核心计算模型。Map-Reduce 是一种并行计算框架，它不仅适用于 Spark 平台，其采用的先 Map 后 Reduce 二阶段并行处理的基本思路与方法实现大规模并行计算的思路也被其他并行、分布式计算框架所采用，比如 Hadoop 等。如上所述，Map-Reduce 基于数据划分的 RDD 方法，实现对数据的分块并行处理，这大大提升了大数据类应用计算的效率，缩短了运行时间，提升了应用的实时性。

3.6　数据库与数据仓库技术

3.6.1　大数据与数据库的关系

大数据的出现，颠覆了传统的数据管理方式，数据库便是受影响者之一。在数据来源、数据处理方式和数据思维等方面都会对其带来革命性的变化。对于数据库研究人员和从业人员而言，从数据库（DB）到大数据（BD）看似只是一个简单的技术演进，但细细考究不难发现两者有着本质上的差别。

1．大数据与传统数据库的数据规模不同

如果传统数据库的数据量用"池塘"来形容，那么大数据的规模就必须用"大海"来对应。"池塘"规模相对较小，即便是先前认为比较大的"池塘"（Very Large Database, VLDB）和"大海"（Extremely Large Database, XLDB）相比仍旧偏小。"池塘"的处理对象通常以 MB 为基本单位，而"大海"则以 GB，甚至是 TB、PB 为基本处理单位（1PB=10^3TB=10^6GB=10^9MB）。

2．数据类型构成不同

过去的数据库中，数据的种类单一，仅仅有一种或少数几种，这些数据又以结构化数据为主。而在大数据中，数据的种类繁多，又包含着结构化数据、半结构化数据和非结构化数据，并且半结构化数据和非结构化数据所占份额越来越大。

3．模式（schema）与数据的关系不同

传统的数据库都是先有模式，然后才产生数据。这就好比是先选好合适的"池塘"，后向其中投放适合在该"池塘"环境中生长的"鱼"。而在大数据时代，很多情况下难以预先确定模式，模式只有在数据出现之后才能确定，且模式随着数据量的增长处于不断的演变之中。这就好比先有少量的鱼类，随着时间的推移，鱼的种类和数量都在不断地增长，鱼的变化会使大海的成分和环境处于不断的变化之中。

4．处理对象的地位不同

在"池塘"中捕鱼，"鱼"仅仅是其捕捞对象，而在"大海"中，"鱼"除了是捕捞对象，还可以通过某些"鱼"的存在来判断其他种类的"鱼"是否存在。也就是说，传统数据库中的数据仅作为处理对象，而在大数据时代，要将数据作为一种资源来辅助解决其他诸多领域的问题。

5．处理工具不同

捕捞"池塘"中的"鱼"，一种或少数几种渔网基本就可以应对，也就是一套工具到处适用。但是在"大海"中，一种渔网不可能捕获所有的鱼类，也就是说没有固定的工具可用于所有数据与应用。

数据库技术也根据大数据的特征而不断改进和提升，比如当前应用广泛的 NoSQL 数据库。NoSQL 数据库的出现打破了长久以来关系型数据库与 ACID 理论大一统的局面。NoSQL 数据库存储数据不需要固定的表结构，通常也不存在连接操作。在大数据存取上具备关系型数据库无法比拟的性能优势。关系型数据库中的表都是存储一些格式化的数据结构，每个元组字段的组成都一样，即使不是每个元组都需要所有的字段，数据库也会为每个元组分配所有的字段。这样的结构便于表与表之间进行连接等操作，但从另一个角度来说，它也是关系型数据库性能瓶颈的一个因素。非关系型数据库以键值对存储，它的结构不固定，每一个元组可以有不一样的字段，可以根据需要增加一些自己的键值对，这样就不会局限于固定的结构，减少一些时间和空间的开销。与关系型数据库相比，NoSQL 数据库具有以下几个优点：

（1）易扩展性

NoSQL 数据库种类繁多，不同种类数据库的共同特点是去掉关系型数据库的关系型特性。数据之间无关系，这样非常容易扩展。无形之间，在架构的层面上带来了可扩展的能力。

（2）高性能

NoSQL 数据库具有非常高的读写性能，尤其在大数据量下表现同样优秀，这得益于它的无关系性和数据库的结构简单。

（3）灵活性

NoSQL 数据库无须事先为要存储的数据建立字段，随时可以存储自定义的数据格式。而在关系型数据库里，增删字段是一件非常麻烦的事情，如果是数据量非常大的表，增加字段简直就是一个噩梦。

（4）高可用性

NoSQL 数据库在不太影响性能的情况下，可以方便地实现高可用的架构。比如Cassandra、HBase 模型，通过复制模型也能实现其高可用性。

这些特征使 NoSQL 数据库相比于传统关系型数据库更适合大数据的存储和管理。

3.6.2 数据库技术概述

数据库技术是通过研究数据库的结构、存储、设计、管理以及应用的基本理论和实现方法，并利用这些理论来实现对数据库中的数据进行处理、分析和理解的技术。数据库技术是研究、管理和应用数据库的一门软件科学。

数据库技术研究和管理的对象是数据，所以数据库技术所涉及的具体内容主要包括：通过对数据的统一组织和管理，按照指定的结构建立相应的数据库和数据仓库；利用数据库管理系统和数据挖掘系统设计出能够实现对数据库中的数据进行添加、修改、删除、处理、分析、理解、报表和打印等多种功能的数据管理和数据挖掘应用系统；利用应用管理系统最终实现对数据的处理、分析和理解。

数据库技术是信息系统的一个核心技术，是一种计算机辅助管理数据的方法，它研究如何组织和存储数据，如何高效地获取和处理数据。

数据库技术是现代信息科学与技术的重要组成部分，是计算机数据处理与信息管理系统的核心。数据库技术研究和解决了计算机信息处理过程中大量数据有效地组织和存储的问题，能在数据库系统中减少数据存储冗余、实现数据共享、保障数据安全以及高效地检索数据和处理数据。

数据库技术是计算机科学技术的一个重要分支。从 20 世纪 50 年代中期开始，计算机应用从科学研究部门扩展到企业管理及政府行政部门，人们对数据处理的要求也越来越高。1968 年，世界上第一个商品化的信息管理系统（Information Management System，IMS）诞生了，从此数据库技术得到迅猛发展。在互联网日益被人们接受的今天，互联网又使数据库技术、知识、技能的重要性得到了充分的放大。如今数据库已经成为信息管理、办公自动化、计算机辅助设计等应用的主要软件工具之一，帮助人们处理各种各样的信息数据。然而，人类进入大数据时代后，数据的特征发生了很大的变化，传统的数据库技术已经无法适用于大数据的应用要求，因此一系列的面向复杂、高效、规模庞大数据集的数据库技术纷纷出现。

3.6.3 数据仓库技术概述

数据仓库技术（Data Warehousing）是基于信息系统业务发展的需要、基于数据库系统技术发展，逐步独立的一系列应用技术。

随着 20 世纪 90 年代后期互联网的兴起与飞速发展，人们进入了一个新的时代，大量的信息和数据迎面而来，用科学的方法去整理数据，从不同视角对企业经营各方面信息进行精确分析、准确判断比以往更为迫切，实施商业行为的有效性也比以往更受关注。

使用这些技术建设的信息系统称为数据仓库系统。随着数据仓库技术应用的不断深入，近几年数据仓库技术得到了长足发展。典型的数据仓库系统，如经营分析系统、决策支持系统等。随着数据仓库系统带来的良好效果，各行各业接受了"整合数据，从数据中找知识，运用数据知识、用数据说话"等关系到改良生产活动各环节、提高生产效率、发展生产力的理念。

数据仓库技术是基于数学及统计学严谨逻辑思维并达成"科学的判断、有效的行为"的一个工具。数据仓库技术也是一种达成"数据整合、知识管理"的有效手段。

数据仓库是面向主题的、集成的、与时间相关的、不可修改的数据集合，这是数据仓库技术特征的定位。

数据仓库最根本的特点是物理存放数据，这些数据并不是最新的、专有的，而是来源于其他数据库的。数据仓库的建立并不是要取代数据库，它建立在一个较全面和完善的信息应用的基础上，用于支持高层决策分析，而事务处理数据库在企业的信息环境中承担的是日常操作性的任务。数据仓库是数据库技术的一种新的应用，到目前为止，数据仓库还是用关系数据库管理系统来管理其中的数据。

在具体应用过程中，数据仓库往往体现出如下特征：

1. 面向主题

与传统数据库面向应用进行数据组织的特点相对应，数据仓库中的数据是面向主题进行组织的。面向主题的数据组织方式是在较高层次上对分析对象数据的一个完整、一致的描述，能完整、统一地刻画各个分析对象所涉及的各项数据及数据间的联系。

2. 集成化特性

数据仓库中的数据是从原有分散的数据库中抽取出来的，由于数据仓库的每一主题所对应的源数据在原有分散的数据库中可能有重复或不一致的地方，加上综合数据不能从原有数据库中直接得到，因此数据在进入数据仓库之前必须要经过统一和综合，从而形成集成化的数据。

3. 随时间不断变化

数据仓库中数据的不可更新性是针对应用来说的，即用户进行分析处理时是不进行数据更新操作的。但这并不是说从数据集成入库到最终被删除的整个数据生成周期中，数据仓库中的数据都不变，数据是随时间不断变化的。

4. 非易失性

数据的非易失性是数据仓库的另一个重要特征。操作型环境中的数据通常是一次访问和记录的，操作型环境中的数据是可以被更新的。但是在数据仓库中的数据通常是一次载入与访问的，数据仓库中的数据并不进行一般意义上的数据更新。

第**4**章▶▶

大数据采集与预处理

【章首小案例】　　　　　　语气词的使用与股票估值

投资者做出股票投资决策主要基于财务、公司治理等较容易量化的信息，股票发行公司信息披露时语气词的使用是否会影响投资者对该公司股票价值的评估呢？美国两位学者将 1997—2010 年间美国拟上市企业向美国证监会（SEC）提交的 IPO（首次发行股票）申请文件进行了计算机自动文本分析，计算申请文件中在介绍公司商业策略、经营管理及未来预期等方面时根据不确定性语气单词（uncertain, weak modal, negative, positive, leal, strong modal 等）的使用频率，考察文件内容的不确定性水平是否会影响投资者对 IPO 估值的能力。结果表明，文件内容不确定性水平越高，公司 IPO 首日收益越高，绝对报价修改情况越大，上市后的波动率也越大。

（资料来源：洛杉矶时报（美国），"语气词与股票".）

在进行大数据挖掘与应用之前有两个前提性的问题是必须要解决的：大数据采集与预处理。大数据并非是凭空产生的，需要相关技术从不同大数据源进行收集。而收集来的大数据称为"原始数据"或"裸数据"，这些数据来源复杂、数据格式不统一，数据本身存在很多问题，比如数据冗余、数据缺失、数据噪音以及与处理模型输入要求不匹配等。这些问题严重影响大数据的后续处理与挖掘，因此在对大数据进行正式挖掘之前，一般都需要对大数据进行预处理。

数据预处理是数据挖掘的重要组成部分，是后续数据处理和操作的基础和前提条件。数据预处理指的是对数据进行最终目标的主要处理和操作之前的一些处理工作。比如在进行自然语言文本处理之前，往往需要将单词或者词语文字映射到一个 one-hot 或其他类型数字向量上，只有这样，计算机才能正确、高效地运行和计算；还有在地址等资料数据方面也需要进行预处理，将数据进行垂直叠加、重排、编辑等。

之所以在大数据正式处理之前对数据进行预处理，是因为数据的来源复杂，并且数据挖掘对数据格式具有特定的要求。现实世界中的数据大多是不完整、不一致的"脏"数据，无法直接进行数据挖掘，或挖掘结果无法满足需求。为了提高数据挖掘的质量，产生了数据预处理技术。数据预处理有多种方法，包括数据清理等。这些数据处理技术在数据挖掘之前使用会提高数据挖掘的质量，减少实际挖掘所需要的时间。数据的预处理是对所收集的数据进行实际挖掘其价值前所做的审核、筛选、排序等必要的处理。

本章围绕大数据的采集（以网络爬取为主）和预处理展开介绍。

4.1 数据爬取

数据的挖掘首先是数据的爬取与收集。数据越丰富越好，数据量越大越好，只有获得足够高质量的数据，才能获得准确的判断、产生认知模型，这是量变到质变的过程，由此产生经验，经验的积累又能产生有价值的判断。认知模型是渐进发展的模型，当认识深入后，会产生更加抽象的模型与猜想，再通过猜想扩展模型，从而达到深度学习和深度挖掘。

4.1.1 数据爬取概述

人类迈入大数据时代是信息化、网络化技术发展的直接结果，因此网络世界一直是大数据的核心来源，是数据爬取的重心地带。从浩如烟海的网络中获取所需的海量数据并不是一件容易的事情，高昂的代价使得数据爬取无法直接依靠人力完成。因此各种数据爬取计算陆续出现并得到了快速发展，这对结构化和半结构化数据的自动获取提供了可能。

网络爬虫是当前互联网数据爬取的重要技术手段之一。网络爬虫最早是搜索引擎系统的一个核心组件，通过它可以将互联网上的各种网页数据下载到搜索引擎服务器本地，从而形成一个互联网内容的镜像备份，既能确保搜索引擎的高效性，又能够形成诸如网页快照的相关功能。此后，随着数据挖掘相关应用的研究和展开，网络爬虫的应用迅速扩张，成为数据挖掘中的重要组成部分。

一般来说，网络爬虫的基本工作流程可以归纳为以下步骤：

① 获取数据目标的地址种子。在互联网中，基于 Web 网页的数据爬取则是首先选取一部分的种子 URL，将这些 URL 放入待抓取的 URL 队列（List-A）。

② 获取数据内容。取出待抓取的 URL，解析 DNS 得到主机的 IP 地址，并将 URL 对应的网页下载，存储到已下载的网页库中，并且将这些 URL 放进已抓取的 URL 队列（List-B）。

③ 解析数据内容，并提炼新的数据目标地址。分析②中下载的网页内容，将已抓取网页中包含的超链接 URL 提取出来，将这些 URL 放入待抓取的 URL 队列（List-A），再次进入步骤①，直至 URL 队列（List-A）中所有 URL 为空。

上述步骤的基本逻辑过程如图 4-1 所示。通过数据爬取的基本过程可以看到，在电子商务网站推广等应用领域，如果想让自己的网站及网页内容能够被搜索引擎获取，需要使自己的 URL 进入爬虫的 URL 队列中。一般来说，让搜索引擎获取一个新的 URL 地址有如下几种方法：

方法一，网站主动向搜索引擎提交网址，搜索引擎往往都会为此提供相应的接口，比如百度 http://zhanzhang.baidu.com/linksubmit/url 就是用于此目的。

方法二，在其他网站上设置新网站的外链。这样搜索引擎在更新相关内容时会找到本网站。

方法三，搜索引擎和 DNS 解析服务商（如 DNSPod 等）合作，新网站域名将迅速被抓取。

网页的抓取搜索策略可以分为广度优先、最佳优先和深度优先三种。深度优先在很多情况下会导致爬虫地陷入（trapped）问题，目前常见的是广度优先和最佳优先搜索策略。

（1）广度优先搜索策略

广度优先搜索策略是指在抓取过程中，完成当前层次的搜索后，再进行下一层次的搜索。该算法的设计和实现相对简单。为覆盖尽可能多的网页，一般使用广度优先搜索策略，也有很多研究将广度优先搜索策略应用于聚焦爬虫中。其基本思想是认为与初始 URL 在一定链接距离内的网页具有主题相关性的概率很大，或是将广度优先搜索策略与网页过滤技术结合使用，先用广度优先搜索策略抓取网页，再将其中无关的网页过滤掉。这种方法的缺点是随着抓取网页的增多，大量的无关网页将下载并过滤，算法的效率变低。

（2）最佳优先搜索策略

最佳优先搜索策略按照一定的网页分析算法，预测候选 URL 与目标网页的相似度或相关性，并选取评价最好的一个或几个 URL 进行抓取。它只访问经过网页分析算法预测为

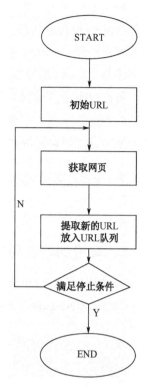

图 4-1　网络爬虫工作流程图

"有用"的网页。存在的一个问题是，在爬虫抓取路径上的很多相关网页可能被忽略，因为最佳优先搜索策略是一种局部最优搜索算法。因此需要将最佳优先搜索结合具体的应用进行改进，以跳出局部最优这一点。研究表明，这样的闭环调整可以将无关网页数量降低30%～90%。

（3）深度优先搜索策略

深度优先搜索策略从起始网页开始，选择一个 URL 进入，分析这个网页中的 URL，选择一个再进入。如此一个链接一个链接地抓取下去，直到处理完一条路线后再处理下一条路线。深度优先搜索策略的设计较为简单，而门户网站提供的链接往往最具价值，PageRank 也很高，每深入一层，网页价值和 PageRank 都会相应地有所下降。这暗示了重要网页通常距离种子较近，而过度深入抓取到的网页价值很低。同时，这种策略抓取深度直接影响抓取命中率及抓取效率，抓取深度是该种策略的关键。相对其他两种策略而言，此种策略很少被使用。

数据爬取的应用如此广泛，人们可以借助相关爬虫工具降低其进入门槛，提升使用效率。当前比较流行的开源爬虫有：DataparkSearch，这是一个在 GNU GPL 许可下发布的爬虫搜索引擎；GNU Wget 是一个在 GPL 许可下，使用 C 语言编写的命令形式的爬虫，它主要用于网络服务器和 FTP 服务器的镜像；Heritrix 是一个互联网档案馆级的爬虫，设计的目标是对大型网络的大部分内容定期存档快照，是使用 Java 编写的；HTTrack 用网络爬虫创建网络站点镜像，以便离线观看，它使用 C 语言编写，在 GPL 许可下发行；ICDL Crawler

是一种用 C++编写，跨平台的网络爬虫，它仅仅使用空闲的 CPU 资源，在 ICDL 标准上抓取整个站点的有用信息；JSpider 是一个在 GPL 许可下发行的、高度可配置的、可定制的网络爬虫引擎；Nutch 是一个使用 Java 编写，在 Apache 许可下发行的网络爬虫，它可以用来连接 Lucene 的全文检索套件。

　　数据挖掘中的数据爬取原理和操作与搜索引擎有一些不同之处。一般来说，数据挖掘中所需的数据往往具有很强的目的性，大多数情况下都是需要"面向特定主题"的，因此在数据挖掘中进行数据爬取时需要对内容进行处理和筛选，以保证只抓取与需求密切相关的内容。

4.1.2　数据爬取案例

　　本节给出了一个基于 Python 语言爬取智联招聘网站数据的例子和具体实验步骤。

1．环境的配置与项目创建

　　① 配置好 Python 开发环境（以 Anaconda 环境为例），如图 4-2 所示。
　　② 通过 Anaconda Prompt 创建一个爬虫项目，如图 4-3 所示。

图 4-2　配置 Python 开发环境

图 4-3　创建爬虫项目

　　③ 完成以上步骤后，在 PyCharm 里输入爬虫代码。

2．爬虫程序编写

　　① 打开 pycharm，单击左上角的 File，然后单击 open 找到 python3_zhilian（或者单击 create 创建相应项目），单击 OK，用 PyCharm 编辑器打开刚刚创建的 python3_zhilian，如图 4-4 所示。

图 4-4　打开创建好的项目（或创建相应项目）

② 打开 spiders 下的 job.py 进行修改，如图 4-5 所示。

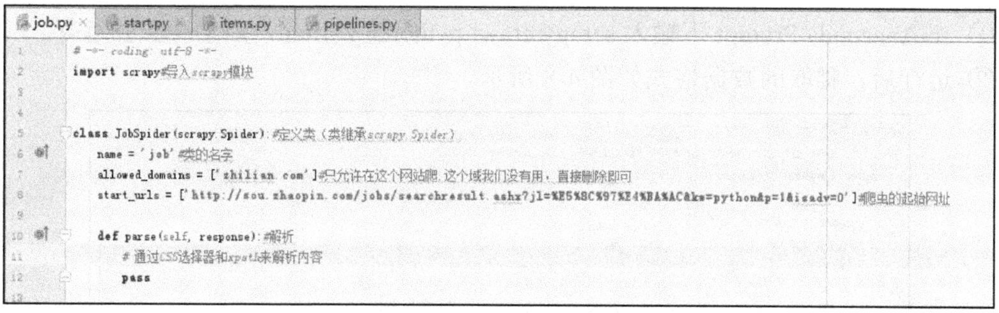

图 4-5　在 job.py 中进行修改

③ 打开 items.py，爬取职位名称、公司名称、职位月薪、工作地点和职位要求 5 个字段，如图 4-6 所示。

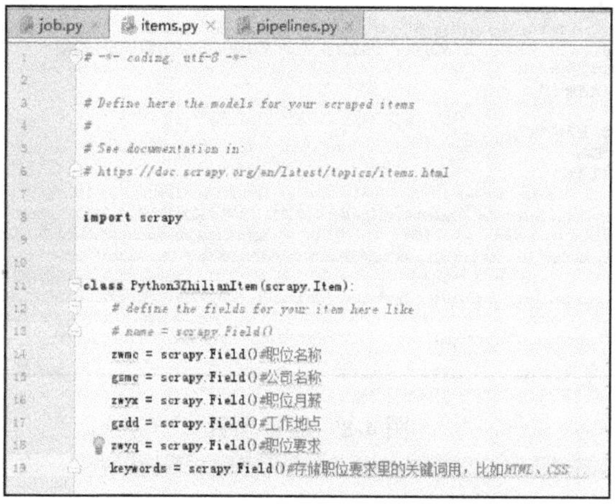

图 4-6　爬取字段

④ 打开 pipelines.py，输入代码，如图 4-7 所示。

图 4-7　输入代码

3．运行

① 在 Anaconda Prompt 下输入 scrapy crawl python3_zhilian，启动爬虫并运行。

② 运行后，爬取的数据格式如图 4-8 所示。

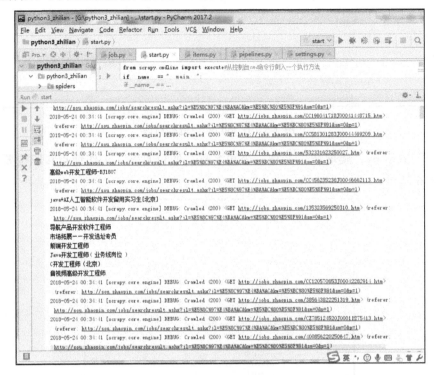

图 4-8　运行项目

4.2　数据变换与集成

4.2.1　数据变换与集成概述

数据变换指的是通过平滑聚集、数据概化、规范化等方式将数据转换成适用于数据挖掘的形式。数据集成是将多个数据源或者不同数据集中的数据整合到一个数据仓库或系统中。数据集成与变换往往是一起出现的，因为将多元、复杂样式的数据集中存放在一起后，为了后续能够进行统一化的处理，必须对相关数据进行变换，使之具有相同的形式。

数据的集成是将多个数据集整合为一个数据库的过程，该过程需要着重解决几个相关问题，如模式匹配、数据冗余、数据值冲突、来自多个数据集的数据，其中相同的实体因为命名规则不同而导致无法合并处理，还有相同数据采用不同的计量单位等，这些都会给数据集成带来挑战。

数据冗余可能源于数据属性命名的不一致，在解决数据冗余的过程中需要充分利用相关元数据，对于数值属性可以利用皮尔逊积矩来衡量，它是一个位于[-1,1]之间的数值，大于 0 呈正相关，否则为负相关，绝对值越大表明两者之间的相关性越强。对于离散数据可以利用卡方检验来检测两个属性之间的关联。数据值冲突也是数据集成中的重大问题，主要表现为来源不同的统一实体具有不同的数据值。

数据变换将数据转换或者统一为适合进行数据挖掘的形式，主要涉及以下几点。

① 光滑（平滑去噪）：去掉数据中的噪声，主要有分箱、回归和聚类等方法。

② 聚集：通过对数据仓库中的数据进行简单的汇总和聚集来获得统计信息，以便对数据进行更高层次的分析。

③ 数据泛化：使用概念分层的方式，利用高层的概念来替换低层或原始数据。

④ 规范化：对属性数据进行缩放，使之落入一个特定区域之间，主要有最小到最大规范化、Z-Score 规范化（利用均值和标准差）以及小数定标（除以 10 的 n 次方，使之落到 $[-1,1]$）规范化等方法。

⑤ 属性构造：构造新的属性并添加到属性集合中以便帮助挖掘。

4.2.2　数据变换案例

本节给出了一个基于汉宁窗（Hanning Window）的数据平滑案例，案例数据可以在网络公开的数据源中下载序列类数据，比如股票数据等。

汉宁窗又称升余弦窗，汉宁窗可以看作是 3 个矩形时间窗的频谱之和，或者说是 3 个 $sinc(t)$ 型函数之和，而其中的两项相对于中间谱窗向左、右各移动了 π/T，从而使旁瓣互相抵消，消去高频干扰和漏能。

实验步骤：

① 获取相应数据集，或构造数据集，本实验以股票数据作为示例数据集。保存文件命名为 stockdata.csv。

② 在配置完成的 Python 编辑环境中输入以下代码。

```
import numpy as np
import matplotlib.pyplot as plt
import sys


N=int(sys.argv[1])
weights=np.hanning(N)
print("WEIGHTS",weights)
#调用窗口函数计算权重，生成一个长度为N 的窗口
c=np.loadtxt('/stockdata.csv',delimiter=',',skiprows=(2),usecols=(2,),unpack=True)
sam=np.convolve(weights/weights.sum(),c)[N-1:-N+1]
t=np.arange(N-1,len(c))


plt.plot(t,c[N-1:],lw=1.0)
plt.plot(t,sam,lw=2.0)
```

③ 运行，其结果输出如图 4-9 和图 4-10 所示。

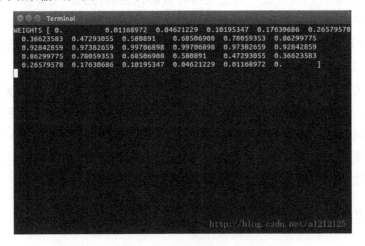

图 4-9　汉宁函数生成的权重

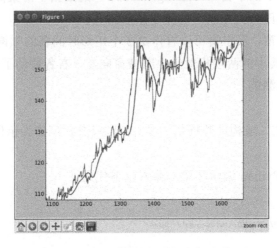

图 4-10　平滑处理后的效果（粗实线）

4.3　数据规约

4.3.1　数据规约概述

数据规约是在充分理解数据挖掘任务和数据构成内容的基础上，针对挖掘需求在尽可能保持数据原貌的前提下，最大限度地精简数据量。因此，规约是一种有目的的数据精简（Data Reduce）。数据规约主要通过属性和数据本身两个方面实现数据精简。

数据规约的应用前提是数据本身规模庞大且冗余。比如我们收集学生相关数据可能包括姓名、学号、地址、兴趣、班级、分数等信息，针对这些数据挖掘其成绩变化来评估教学结果，但是地址之类的信息实际上并不需要，如果不进行规约会增加数据挖掘过程中相应资源的消耗。数据规约技术成功与否，可以用得到的数据集的精简程度来衡量，数据量少，但仍保持原数据的完整性则表示规约是成功的。在规约后的数据集上挖掘更有效，并产生相同（或几乎相同）的分析结果。

数据规约的本质是对原始数据集的缩减，它通过维度的减少或数据量的减少来达到上述目的。其具体规约策略包括以下内容。

1. 维度规约

维度规约（Dimensionality Reduction）的思想是将原始数据变换或投影到较小的空间，减少所需自变量的个数。属性选择是最常用的一种规约方法，通过检测或者删除不相关、弱相关或冗余的属性来实现数据缩减。

高维数据可能包含许多不相关的干扰信息，显著降低了数据挖掘过程的性能，甚至一流的数据挖掘算法也不能处理大量弱相关特征和冗余特征的数据。通常归因于"维数灾"或非相关特征降低了信噪比，维数非常高时，许多算法都无法执行。

数据质量和已规约数据集性能的改善，不仅与干扰数据和污染数据有关，也与非相关、相关、冗余数据有关。收集具备大量特征的数据通常不仅仅用于数据挖掘，因此应选择与数据挖掘应用相关的特征，以获得最佳性能，且测量和处理的工作量最小。维度规约处理的结果是：用更少的数据，以便数据挖掘算法更快地进行；更高的数据挖掘处理精度，以便从数据中归纳出模型；简单的数据挖掘处理结果，以便理解和使用；更少的特征，以便在下一轮数据收集中去除冗余和不相关的特征，减少工作量。

2. 数量规约

数量规约（Numerosity Reduction）用可替代的、较小的数据表示形式替换原始数据，这些数据可以是参数或者非参数。对参数方法而言，使用模型估计数据，一般只需要存放模型参数而不用实际数据（离群点需存放）。非参数方法包括：直方图、抽样和数据立方体聚类。

4.3.2 数据规约案例

本节给出简单的数据规约示例——主成分分析函数规约。原始数据集如图 4-11 所示，共有 8 个属性，根据挖掘需求需要参数为 3，这是一个典型的维度规约。

	A	B	C	D	E	F	G	H
1	40.4	24.7	7.2	6.1	8.3	8.7	2.442	20
2	25	12.7	11.2	11	12.9	20.2	3.542	9.1
3	13.2	3.3	3.9	4.3	4.4	5.5	0.578	3.6
4	22.3	6.7	5.6	3.7	6	7.4	0.176	7.3
5	34.3	11.8	7.1	7.1	8	8.9	1.726	27.5
6	35.6	12.5	16.4	16.7	22.8	29.3	3.017	26.6
7	22	7.8	9.9	10.2	12.6	17.6	0.847	10.6
8	48.4	13.4	10.9	9.9	10.9	13.9	1.772	17.8
9	40.6	19.1	19.8	19	29.7	39.6	2.449	35.8
10	24.8	8	9.8	8.9	11.9	16.2	0.789	13.7
11	12.5	9.7	4.2	4.2	4.6	6.5	0.874	3.9
12	1.8	0.6	0.7	0.7	0.8	1.1	0.056	1
13	32.3	13.9	9.4	8.3	9.8	13.3	2.126	17.1
14	38.5	9.1	11.3	9.5	12.2	16.4	1.327	11.6

图 4-11　原始数据集

实验步骤:

① 构造如图 4-11 所示的数据集,并存储在相应文件 test.xls 中。

② 启动配置完善的 Python 环境,并在代码编辑器中输入如下代码。

```python
import pandas as pd
from sklearn.decomposition import PCA        #主成分分析函数

inputfile = '../data/principal_component.xls'
outputfile = './dimention_reducted.xls'
data = pd.read_excel(inputfile)

pca = PCA(3)     #参数为3 表示 PCA 算法中所要保留的主成分个数为3,即保留下来的特征个数为3
pca.fit(data)
low_d = pca.transform(data)        #用它来降低维度
print(low_d)

pd.DataFrame(low_d).to_excel(outputfile, index=False)        #保存结果
```

③ 运行并输出结果如下。

```
[[  1.05001221  -5.51748501  -5.91441212]
 [-22.99722874  -1.97512405  -0.20900558]
 [-13.89767671   3.37263948  -0.79992678]
 [  5.67710353  10.923606    11.64081709]
 [ 25.0534891   -6.9734989    0.85775793]
 [ -2.81280563  -6.07880095  -2.65207248]
 [ 14.1489874   16.43302809  -4.11709058]
 [ 41.83184701 -11.32960529   3.20277843]
 [ -1.00625614  -2.65780713  -0.27401457]
 [-21.33464558  -2.82555148   0.17044138]
 [-35.91396474  -5.99120963   3.78629425]
 [  3.6840302    5.68331179   1.42625345]
 [  6.51710808   6.93649707  -7.11782042]]]
```

在第二步维度规约算法中,数据集的 8 个属性(维度)具有一定的相关关系,因此可以考虑将关系紧密的变量变成尽可能少的新变量,使这些新变量两两不相关,就可以用较少的综合指标分别代表存在于各个变量中的各类信息。本例子的主成分分析算法就是基于这个原理,经过规约处理,原始数据中的 8 个属性被精简为 3 个。

4.4 数据清洗

4.4.1 数据清洗概述

大数据挖掘的所有操作都是建立在来源多样、杂乱无章的数据上，这会拖慢数据挖掘的整体工作效率。随着多元的、大规模的复杂数据集得到越来越多的关注，数据清洗的工作量会超过后续的主要数据挖掘的工作量。

数据清洗的必要性来源于大数据本身包含的"脏"数据。比如，当我们对某些包含住址信息的数据进行分析和可视化前，往往需要进行"清理"工作。具体来说像"New York City"这样的数据，在数据集的其他地方可能是"New York"或"NY"，还有"北京市"也可能表述为"北京""京城""首都""京"等。因此需要标准化这些称呼数据，使之有统一的样式，否则在数据挖掘中可能被作为不同的实体对待，会造成很大的误差，甚至错误。大数据中需要进行清洗的"脏"数据主要体现在以下几个方面。

1．残缺数据

数据残缺是大数据中部分信息的缺失，这是很常见的情况。比如大家在填写某个网站的注册信息的过程中，除了那些必填的信息还提供了很多选填信息，据此可以预见，该网站提供的注册大数据必然会有部分信息是残缺不全的，但这些选填信息并不意味着是在数据挖掘中不重要的信息。这类数据很难回过头去找到原始数据来源或者让相关人员进行补充，因此根据现有信息，通过专家进行"经验性"补充，或者通过对已有的数据进行分析，根据其表现出的模式、特征采用一定的算法或者数学方法进行填补。

2．错误数据

错误数据往往是由于系统在数据收集过程中不够严谨，对于数据缺乏必要的甄别与判断，造成数据在格式上、数值范围上出现错误。如数值数据输成全角数字字符、数字中夹杂非数字内容、日期格式不正确、日期越界、数字越界和字符串数字格式错误等。

3．冗余、重复数据

冗余数据主要是大数据中出现内容相同的数据，其形成的主要原因是数据收集过程中出现失误，导致相同数据被重复记录，或不同来源、不同角度获取的数据集中有重复的内容。

针对大数据中"脏"数据的各种问题，数据清洗的主要内容分两类。

1．一致性检查

一致性检查（Consistency Check）是根据每个变量的合理取值范围和相互关系，检查数据是否合乎要求、是否超出正常范围、逻辑上是否合理或相互矛盾。

2. 无效值和缺失值处理

由于调查、编码和录入误差，数据中可能存在一些无效值和缺失值，需要进行适当的处理。常用的处理方法有：估算、整实例删除、变量删除和成对删除。

估算（Estimation）：最简单的办法就是用某个变量的样本均值、中位数或众数代替无效值和缺失值。这种办法简单，但没有充分考虑数据中已有的信息，误差可能较大。另一种办法就是根据调查对象和其他问题的答案，通过变量之间的相关分析或逻辑推论进行估计。例如，某一产品的拥有情况可能与家庭收入有关，可以根据调查对象的家庭收入推算拥有这一产品的可能性。

整实例删除（Casewise Deletion）：剔除含有缺失值的样本。由于很多问卷都可能存在缺失值，这种做法的结果会导致有效样本量减少，无法充分利用已经收集到的数据。因此，只适合关键变量缺失或者含有无效值的样本比重很小的情况。

变量删除（Variable Deletion）：如果某一变量的无效值和缺失值有很多，而且该变量对于所研究的问题不是特别重要，则可以考虑将该变量删除。这种做法减少了供分析用的变量数目，但没有改变样本量。

成对删除（Pairwise Deletion）：适用于两两配对的变量。如果某条记录在其中一个配对变量中的数据缺失，则在进行配对变量的统计时把含有缺失值的数据删除，在计算其他变量时不受影响。

采用不同的处理方法可能对分析结果产生影响，尤其当缺失值的出现并非随机且变量之间明显相关时。因此，在调查中应当尽量避免出现无效值和缺失值，保证数据的完整性。

针对大数据中的各种问题，数据清洗的基本方法还应格外关注以下事项。

① 缺失值数据处理方法。对于缺失值的处理一般来说不是弃之不用就是进行补全。补全的方法很多时候都是需要进行人工填写缺失值，但其效率非常低下，尤其是对于大规模的数据集来说，人工填写可能是难于实现的。

② 噪声（错误、异常）数据处理方法。噪声是被测量变量的随机误差或方差。分箱、回归、离群点分析等技术都可以被用来去除噪声，使数据变得"光滑"。

③ 重复数据处理方法。重复类数据的清洗工作主要集中在重复数据的检测方面，一旦检测完成，进行删除处理即可。在此期间，"排序与合并"是完成上述工作的基本思路，先将数据进行排序，然后针对相邻数据进行更加高效的相似性、相同性检测。

4.4.2 数据清洗案例

本节展示用均值补充方法补充缺失值数据的案例。现有关于某公司职员工资的相关信息，所示如下。

```
    姓名    工资
0   张三    11 687.0
1   李四    10 237.0
```

2	王五	8971.0
3	赵六	9310.0
4	马七	15 890.0
5	杨八	Na
6	谭九	12 361.0
7	黄十	9219.0

其中第六行，杨八工资信息缺失，需要根据数据集中其他数据的平均值进行插补。其实验步骤如下。

① 下载或者构建文本文件，其中内容如例子所示，数据文件命名为 test.xlsx。

② 在配置完成 Python 开发环境中，打开编辑工具窗口，输入如下所示代码。

```
import pandas as pd
#读取数据文件
datafile = u'test.xlsx'#文件所在位置
data = pd.read_excel(datafile)#如果是 csv 文件则用 read_csv
print("显示源数据 data：\n", data)#如果是缺失值返回 True，否则范围 False
print("------------------\n 用均值插补后的数据 data：\n", data.fillna(data.mean()))
#data.mean()计算数据的平均值，data.fillna（）函数实现对缺失值的补充
```

③ 运行，输出插补值内容如下。

用均值插补后的数据：

	姓名	工资
0	张三	11 687.0
1	李四	10 237.0
2	王五	8971.0
3	赵六	9310.0
4	马七	15 890.0
5	杨八	11 096.4
6	谭九	12 361.0
7	黄十	9219.0

4.5 数据管理平台

数据采集与预处理非常重要，尤其是在一些财务场景中更是如此。使用高效的数据整理工具可以达到事半功倍的效果。为此，本节介绍一种常用的数据管理平台——浪潮 DMP。

浪潮数据管理平台是在浪潮多年的 ERP 实施经验及数据处理过程中不断开发完善的一款数据处理平台工具。该平台支撑数仓建设和数据管理，具有智能、敏捷、高效、协同

等特点，拥有数据源、数据加工厂、数据质量管理、聚数、运行监控等功能模块，可实现数据的全生命周期管理。该平台能够对多种数据库、文件提供统一管理功能，包括 Oracle、SQLServer、Mysql、MariaDB、金仓、Hbase、Hive、Excel 和 Txt 文本等。

DMP 平台由数据源、支撑层、数据源管理、数据加工厂、数据治理层、服务层和运行监控构成，功能强大且高度集成，能够提高数据处理、数据仓库建设的效率，更好地支持企业数据分析和挖掘应用。如图 4-12 所示。

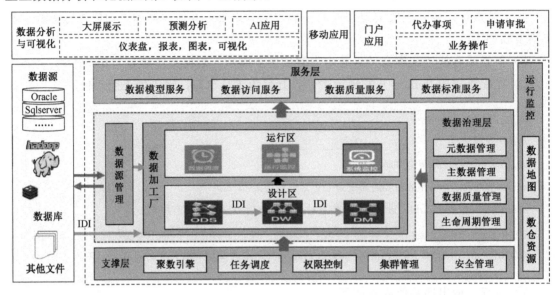

图 4-12　DMP 平台

数据源：数据源支持主流数据库（Oracle、SQLServer、Mysql、MariaDB、金仓、Hbase、Hive 等）、Excel 文件和 Txt 文本等类型数据的获取和管理。

支撑层：底层框架技术，通过聚数引擎、任务调度、权限控制集群管理和安全管理，为数仓模型和 ETL 设计提供组件化服务和计算引擎。

数据源管理：实现各类数据源的实体表、代码表、存储过程等对象的管理和检查，预置多种数据源检查规则，能够实现数据源在线监管，随时掌握数据源的变化。

数据加工厂：预置数据仓库分层结构和模型，提供丰富的 ETL 组件，实现数据仓库的快速搭建，解决数据仓库建设难及维护难等问题。

数据治理层：提供数据的标准化管理服务，包括主数据管理、数据质量管理、元数据管理、生命周期管理，帮助客户建设数据治理体系。

服务层：提供数据模型服务、数据质量服务、数据访问服务和数据标准服务，为客户提供完备的数据服务。

运行监控：数据仓库一张图，全景展示数据仓库运行状态，提供数据资源快速检索功能，能够对数仓中的各类资源进行检索。

第**5**章▶▶

大数据分析与挖掘

【章首小案例】 农夫山泉利用大数据卖矿泉水

将自己定位成"大自然搬运工"的农夫山泉,在全国有十多个水源地。农夫山泉把水灌装、配送、上架,一瓶超市售价2元的550ml饮用水,其中3毛钱花在了运输上。在农夫山泉内部,有着"搬上搬下,银子哗哗"的说法。如何根据不同的变量因素来控制自己的物流成本成为核心问题。SAP团队和农夫山泉团队开始了场景开发,他们纳入很多数据:高速公路的收费、道路等级、天气、配送中心辐射半径、季节性变化、不同市场的售价、不同渠道的费用、各地的人力成本甚至突发性的需求(比如某城市召开一次大型运动会)。利用这些数据,农夫山泉计算出一套最优的仓储运输方案,使各条线路的运输成本、物流中心设置最佳地点等信息及时呈现,将全国十多个水源地、几百家办事处和配送中心整合到一个体系之中,形成一个动态网状结构,进行即时的管控。让退货、残次等问题与生产基地能够实时连接起来,通过大数据准确获知该生产多少、送多少。农夫山泉最终解决了采购、仓储、配送这条线上的顽症,实现产品运输决策的智能化、物流成本的精准化、运输资源的配置合理化。

(资料来源:搜狐"大数据时代,您还继续只做一枚围观路人吗?",
http://www.sohu.com/a/1401376-4 68646.)

人类进入大数据时代后,信息化技术高速发展在为人类提供了更优的服务体验与交互、共享渠道的同时,也产生了大量的数据,导致了数据大"爆炸",给人们带来了新的挑战。数据在保持指数级别的增长,人类收集数据、存储数据的能力也随之得到了极大的提高,无论是科学研究还是社会生活的各个领域都积累了大量的数据,这些数据中蕴含着丰富的信息和价值,因此对这些数据进行分析并挖掘出其中蕴含的知识已经成为很多行业与领域的共同需求。

5.1 数据挖掘概述

大量的数据与有用的知识是两个不同的概念,如同我们拥有大量的铁矿石和一柄宝剑,前者是后者的来源和出处,但必须要经过"千锤百炼"的过程。

5.1.1 数据挖掘起源

数据挖掘从诞生起就是一个直接面向实际应用的学科领域。数据挖掘的发展与大数据时代数据"大爆炸"以及传统统计和数据分析手段无法满足需求这一现状是分不开的。收集数据是为了得到信息，然而大量的数据本身并不意味着信息。尽管现代的数据库技术很容易存储大量的数据，但现在还没有一种成熟的技术使数据以可理解的信息表示出来。在过去，常用的知识获取方法是由知识工程师把专家的经验和知识经过分析、筛选、比较、综合，再提取出知识和规则。由于知识工程师所拥有知识的局限性，获得知识的可信度就打了折扣。传统的知识获取技术面对巨型数据库无能为力，数据挖掘技术应运而生。

大数据时代，数据增长是一个不容回避的棘手问题，数据的来源包罗万象，归纳起来主要有三个重要来源。首先，随着社会发展，世界上各行各业都在经历大数据增长所带来的问题。纽约证交所每天产生的交易数据达到 TB 级别，FaceBook 网站每天上传 10TB 级别的数亿张照片，日内瓦大型强子对撞机每年产生数十 PB[①]的数据，等等。人类社会在生产、生活、娱乐、教育、科研等各个方面产生的大量数据蜂拥而至。人类自身的一举一动也产生了数据，拍摄照片、录制视频、网上社交、电话、邮件以及网上购物等都会产生大量的数据。各种机器产生的数据可能比人类本身产生的更多。在物联网世界中，万事万物都在产生数据，而且是不受时间和空间限制的，比如，物流货物上的 RFID 标签、车载 GPS 跟踪定位、智慧城市遍布大街小巷的摄像头和空气质量检测仪等。

面对数据量的飞速增长，传统的处理手段和方法显得力不从心，数据的迅速增加与数据分析方法滞后之间的矛盾越来越突出，人们希望在对已有的大量数据分析的基础上进行科学研究、商业决策或者企业管理。但是目前所拥有的数据分析工具很难对数据进行深层次的处理，使得人们只能望"数"兴叹。在 20 世纪 60 年代，人们开始利用计算机和早期数据库对数据进行管理；70 年代，随着关系数据库的出现和发展，人们管理数据的能力越来越强，收集存储的数据也越来越多。如果只利用数据库进行一些简单的事务处理，显然没有对数据进行充分的利用，只有从数据中挖掘出有用的知识，才可以更好地实现数据的价值。为此，数据挖掘充分汲取来自数据库（有效的存储、索引和查询处理支持）、机器学习（搜索算法、建模技术和学习理论）、统计学（抽样、估计和假设检验等）、高性能（并行）计算技术以及其他学科（最优化、进化计算、信息论、信号处理、可视化和信息检索）和领域的思想与方法，不断提升从数据中获取知识的能力。1989 年 8 月在第 11 届国际人工智能联合会议（IJCAI'89）上组织了一个名为"在数据库中发现知识"的研讨会，这个研讨会是数据挖掘自成一个领域的标志。

从数据分析的角度来看，绝大多数数据挖掘技术都来自机器学习领域。尽管统计学界的很多方法都可以用于数据分析，但统计学本身往往容易忽视其实际效用，因此相关技术通常都会在机器学习模型上进一步优化与使用之后才应用于数据挖掘领域，这有助于挖掘能力的提升。

---

① 1PB=10^3TB=10^6GB=10^9MB

数据挖掘与机器学习自 2000 年以来经历了飞速发展，目前已经成为子领域众多、内涵丰富的学科领域。更多、更好地解决实际问题成为机器学习和数据挖掘发展的驱动力。当前，数据挖掘出现了很多新的研究领域，如半监督学习、代价敏感学习、流数据挖掘和社会网络分析等，这些领域研究的问题都是随着大数据时代的发展和大数据思维的深入，从实际应用中抽象出来的。

5.1.2 数据挖掘定义

数据挖掘是在大量的数据中自动发现有用信息的过程，这一过程是通过对数据的分析揭示数据之间有意义的联系、趋势和模式。数据挖掘技术指为了完成数据挖掘任务所需要的全部技术，数据挖掘技术往往用来探查大型数据集，发现先前未知的有用模式。数据挖掘还具有预测未来、观测结果的能力。如预测一位新的顾客是否会在一家百货公司消费 1000 美元以上，或预测一位申请贷款客户是否会在未来违约等。

发现或者定位特定的数据信息与数据挖掘具有很大的区别，后者要经历更加复杂的数据处理与变换，蕴含在其中的知识并不是"裸露"在表面的。比如，通过数据库查询某个特定学生的成绩，或者在搜索引擎中查找包含某个单词的页面，这些操作称为信息检索（Information Retrieval），它们并没有改变信息原本的状态。信息检索是对原始信息数据的一种查找，其算法和技术核心具有有效的组织数据，比如构建索引、数据分片、分布式并行处理等，从而有效地检索信息。虽然信息检索和数据挖掘的目的和过程有很大区别，但是数据挖掘也可以提升信息检索的效率。

基于以上定义，数据挖掘是通过在大量数据的基础上对各种学习算法的训练，得到数据对象间的关系模式，这些模式反映了数据的内在特性，是对数据包含信息的更高层次的抽象。因此数据挖掘包含了以下几个方面的特点。

① 数据挖掘涉及数据融合、数据分析、人工智能和决策支持等多项内容和多种技术。

② 在数据挖掘过程中，数据源的质量尤其重要。然而数据源的原始数据有其自身的特点：数据源必须是真实的、大量的、含有噪声的、用户感兴趣的数据。

③ 数据挖掘的最终目标是获取知识，而这些知识往往具有局限性和针对性。数据挖掘发现的知识首先要具备可接受、可理解、可运用的特征，但同时并不要求发现的知识具有普适性，仅需要其在某个领域或者针对某种具体问题时有效即可。一方面符合人类知识和真理具有相对性的特征，另一方面受限于当前人工智能在解决通用型问题方面没有重大突破。

④ 知识来源于数据，但知识本身的表现形式是多种多样的。从数据中获取的知识可以表现为概念、规则、模式、规律和约束等。就像从矿石中采矿或淘金一样，从数据中获取知识也需要经历"艰辛"的过程。

⑤ 原始数据的形式是多种多样的，试图通过单一方式完成对所有数据的处理是不现实的。原始数据因其来源不同，有的可能是结构化数据，如关系型数据库中的数据等，但大多情况下原始数据都是非结构化的数据，如文本、图形和图像等，或半结构化数据，如网

页等。

⑥ 挖掘知识的方法可以是数学的方法，也可以是非数学的方法；可以是演绎的方法，也可以是归纳的方法。

⑦ 挖掘的知识应该具有应用的价值，可以用于信息管理、查询优化、决策支持和过程控制等，还可以用于数据自身的维护。

⑧ 数据挖掘是一门交叉学科，将人们对数据的应用从低层次的简单查询，提升到从数据中挖掘知识，提供决策支持。在需求的推动下，不同领域的研究者把数据库技术、人工智能技术、数理统计、可视化技术、并行计算等方面的知识融合后，形成新的研究热点。

5.1.3 数据挖掘技术与应用

数据挖掘技术是数据挖掘方法的集合，数据挖掘的方法众多。根据挖掘任务可将数据挖掘技术分为预测模型发现、聚类分析、分类与回归、关联分析、序列模式发现、依赖关系或依赖模型发现、异常和趋势发现、离群点检测等。根据挖掘对象可分为关系数据库、面向对象数据库、空间数据库、时态数据库、文本数据源、多媒体数据库、异质数据库、遗产数据库以及环球网 Web。根据挖掘方法可分为机器学习方法、统计方法、神经网络方法和数据库方法。机器学习方法中，可细分为归纳学习方法（决策树、规则归纳等）、基于范例学习、遗传算法等。统计方法中，可细分为回归分析（多元回归、自回归等）、判别分析（贝叶斯判别、费歇尔判别和非参数判别等）、聚类分析（系统聚类、动态聚类等）、探索性分析（主元分析法、相关分析法等）等。神经网络方法中，可细分为前向神经网络（BP算法等）、自组织神经网络（自组织特征映射、竞争学习等）等。数据库方法主要是多维数据分析或 OLAP 方法，另外还有面向属性的归纳方法。

数据挖掘简单来说可以认为是机器学习与数据库的交叉学科，其系统涉及海量数据管理与分析，基于机器学习可以有效处理分析数据，而数据库则为数据的管理提供了基础。因此数据挖掘在各个领域的具体应用，往往表现为具体的机器学习模型的构建。例如，网络安全是计算机方向的一个热门研究领域，特别是在入侵检测方面，不仅有很多理论成果，还出现了不少实用系统。那么如何进行入侵检测呢？首先，通过检查服务器日志等手段来收集大量的网络访问数据，这些数据不仅包含正常访问模式还包含入侵模式。然后，利用这些数据建立一个可以很好地把正常访问模式和入侵模式分开的模型。这样，在今后接收到一个新的访问模式时，利用这个模型来判断这个模式是正常模式还是入侵模式，甚至判断出具体是何种类型的入侵。这里的关键问题是如何利用以往的网络访问数据来建立可以对今后的访问模式进行分类的模型。

数据挖掘技术在学校、金融企业、保险、零售、电信、股市、交通等领域已得到广泛的应用。数据挖掘技术一直以来都是应用驱动的，其本质目的就是要通过各种分析、推理等手段来解决实践中的实际问题，发现隐藏在数据中的模式和关联，并做出预测。图 5-1给出了数据挖掘的基本步骤。

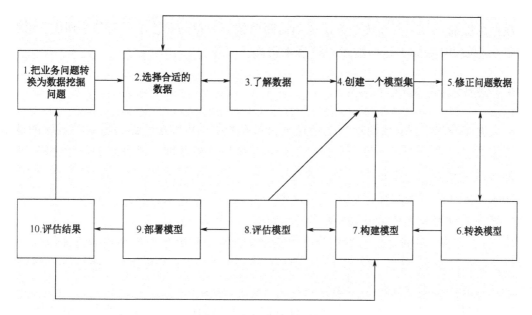

图 5-1　数据挖掘的基本步骤

1. 数据挖掘技术在高校中的应用

随着招生规模的扩大，高校的学生人数达到上万人，甚至几万人，考试成绩达到几十万个数据，还有大量的学习成绩以外的影响因素。传统的学习成绩分析方法已不能完全满足需要，对此引入数据挖掘技术可以找到影响学生成绩的真实原因，制定相应的措施，提高教育教学质量。

2. 数据挖掘技术在金融企业中的应用

数据挖掘技术在证券行业中得到了广泛应用，数据挖掘技术作为分析与辅助决策工具已经得到国内券商的重视。数据挖掘技术也应用于银行业，数据挖掘可以从大量的历史记录中发现或挖掘出更深层次的、更详尽的关联关系。

3. 数据挖掘技术在保险业中的应用

对受险人员的分类有助于确定适当的保险金额度。通过数据挖掘可以得到对不同行业的人、不同年龄段的人、处于不同社会层次的人的保险金该如何确定。

险种关联分析：分析购买了某种保险的人是否同时购买另一种保险，预测什么样的顾客会购买新险种。

4. 数据挖掘技术在零售企业中的应用

从超市销售管理系统、客户资料管理及其他运营数据中，可以收集到关于商品销售、客户信息、库存及超市店面信息等资料。数据从各种应用系统中采集，按不同条件分类，存放到数据仓库，允许管理人员、分析人员、采购人员、市场人员和客户访问，利用数据挖掘工具对这些数据进行分析，为管理者提供高效的科学决策工具。除此之外，数据挖掘技术还广泛应用于金融、零售等企业用于分析用户的可信度和购物偏好等。

数据挖掘的一些早期和传统方法在当前商业领域中也仍在使用，只是在遇到大数据的情况下（比如 PB 级别）这些技术往往表现得缺乏竞争力。

5.1.4　数据挖掘流程与模型

从数据本身来考虑，数据挖掘是通过分析每个数据，从大量数据中寻找其规律的技术，需要经过数据准备、规律寻找和规律表示的基本阶段。数据准备是从相关的数据源中选取所需的数据并整合成用于数据挖掘的数据集；规律寻找是用某种方法将数据集所包含的规律找出来；规律表示是尽可能以用户可理解的方式（如可视化）将找出的规律表示出来。这些阶段在具体操作上通常表现为以下 8 个步骤。

① 信息收集：根据确定的数据分析对象抽象出在数据分析中所需要的特征信息，然后选择合适的信息收集方法，将收集到的信息存入数据库。对于海量数据，选择一个合适的数据存储和管理的数据仓库是至关重要的。

② 数据集成：把不同来源、格式、特点性质的数据在逻辑上或物理上有机地集中，从而为企业提供全面的数据共享。

③ 数据规约：执行多数的数据挖掘算法即使在少量数据上也需要很长的时间，而做商业运营数据挖掘时往往数据量非常大。数据规约技术可以用数据集的规约表示，虽然数据的量小，但仍然接近于保持原数据的完整性，并且规约后执行数据挖掘结果与规约前执行结果相同或几乎相同。

④ 数据清理：在数据库中的数据有一些是不完整的（有些感兴趣的属性缺少属性值），含噪声的（包含错误的属性值），并且是不一致的（同样的信息不同的表示方式），因此需要进行数据清理，将完整、正确、一致的数据信息存入数据仓库中。

⑤ 数据变换：通过平滑聚集、数据概化、规范化等方式将数据转换成适用于数据挖掘的形式。对于有些实数型数据，通过概念分层和数据的离散化来转换数据也是重要的一步。

⑥ 数据挖掘过程：根据数据仓库中的数据信息，选择合适的分析工具，应用统计方法、事例推理、决策树、规则推理、模糊集、神经网络、遗传算法的方法处理信息，得出有用的分析信息。

⑦ 模式评估：从商业角度，由行业专家来验证数据挖掘结果的正确性。

⑧ 知识表示：将数据挖掘所得到的分析信息以可视化的方式呈现给用户，或作为新的知识存放在知识库中，供其他应用程序使用。

数据挖掘过程是一个反复循环的过程，任何步骤如果没有达到预期目标，都需要回到前面的步骤，重新调整并执行。不是每件数据挖掘的工作都需要这些步骤，例如在某个工作中不存在多个数据源的时候，步骤②数据集成的步骤便可以省略。步骤③数据规约④数据清理⑤数据变换又合称数据预处理。在数据挖掘中，至少 60%的费用可能要花在步骤①信息收集阶段，而至少 60%以上的精力和时间是花在数据预处理上。

5.2　数据挖掘工具

数据挖掘的应用日益广泛和深入，人类对大数据了解和分析世界的渴望不断升级，而相关专业人才一直处于缺乏的状态中。这需要易用的数据挖掘工具帮助相关领域的人员能够学习并运行数据挖掘技术，揭示本领域蕴含于数据中的知识，也需要更加高效的数据挖掘工具服务大数据领域的专业人才不断探索新的模型和方法，推进大数据挖掘整体技术的进步。

不同数据挖掘工具具有不同的特性和适用性。有一类工具是针对某一具体领域乃至解决具体某个问题而设计、开发和优化的，因此具有很强的针对性，这类工具往往无法应用到其他方面，至少其性能会受到很大的影响。而另一类则更注重通用算法和数据处理的数据挖掘工具，此类工具更着眼于数据挖掘处理中的通用型问题。因此，数据挖掘工具可以简单分为专用数据挖掘工具和通用数据挖掘工具两类。

专用数据挖掘工具是针对某个特定领域的问题提供解决方案，在涉及算法的时候充分考虑数据、需求的特殊性，并做了优化。对任何领域，都可以开发特定的数据挖掘工具。例如，IBM 公司的 AdvancedScout 系统针对 NBA 的数据，帮助教练优化战术组合。特定领域的数据挖掘工具针对性比较强，只能用于一种应用，由于针对性强，往往采用特殊的算法，可以处理特殊的数据，实现特殊的目的，发现的知识可靠度也比较高。

通用数据挖掘工具不区分具体数据的含义，采用通用的挖掘算法，处理常见的数据类型。例如，IBM 公司 Almaden 研究中心开发的 QUEST 系统，SGI 公司开发的 MineSet 系统，加拿大 SimonFraser 大学开发的 DBMiner 系统。通用的数据挖掘工具可以做多种模式的挖掘，挖掘什么、用什么来挖掘都由用户根据自己的需求来选择。

数据挖掘是一个过程，只有将数据挖掘工具提供的技术和实施经验与企业的业务逻辑和需求紧密结合，并在实施的过程中不断地磨合，才能取得成功。因此在选择数据挖掘工具的时候，要考虑多方面的因素，主要包括以下几点：

① 可产生的模式种类的数量、分类、聚类、关联等。
② 解决复杂问题的能力。
③ 操作性能。
④ 数据存取能力。
⑤ 和其他产品的接口。

在上述数据挖掘工具中，Sklearn 和 Spark Mlib 因其高效、易用等特性受到了越来越多的关注，下面展开对这两种工具的介绍。

5.2.1　Sklearn

1. Sklearn 概述

Sklearn 本质上是一个机器学习工具，而数据挖掘发展到今天，大部分复杂的数据挖掘问题都需要通过机器学习结合其他学科，如统计学等基本方法进行处理。一般来说，人们在试图通过数据挖掘解决某个问题的过程中，首先从该问题设计的数据中进行学习，然后对未知的数据进行分析与预测。大部分情况下问题涉及的数据都具有相当的复杂性，数据样例的属性或者特征往往都是多维的（多变量数据构成）。因此，从事件的角度来看，数据挖掘要做的就是首先获取一个数据集，然后在数据集上构建针对问题的一个或者多个模型，并对模型进行优化和评估，最终使用该模型解决相关问题，Sklearn 工具为数据集处理和挖掘提供了大量实用模型。

要了解 Sklearn 相关模型内容，首先需要理清当前数据挖掘中主要的机器学习问题及分类。总体而言可以分为监督学习和无监督学习。

在监督学习中，数据集需要有相应的标签，也就是需要数据集中带有跟解决问题相关的额外附加属性，这些属性往往是通过相关专家或者从实践结果中得出的结论。其典型问题包括：

（1）分类

数据样本分属于两个或者多个类别，数据挖掘的问题是需要从已经标记过的数据中学习相关知识（模式、特征等）来预测未标记数据的类别。比如我们现在有大量的图片（数以亿计的网络图片），现在要通过对图片数据的挖掘分辨出其中哪些是关于"狗"的、哪些是关于"猫"的以及"其他类"图片。这需要有监督的学习，也就是要先给机器学习模型一些正确分类的"示例样本"，只有这样，模型才能从中学到分类的"知识"和"特征"。那么这些样例必须附加上针对问题的属性（标签），我们需要从这些数据中先分离出一批比如 1 万张，然后组织人员为其增加"标签"，即为每一张图片标上是"狗类"、"猫类"或者"其他类"的信息。此后，通过训练和优化模型，该模型就可以用于对其他未知分类的图片进行自动分类了。这个过程中机器学习模型挖掘出了蕴含在图片集数据中关于"分类"的知识。除此之外，手写数据识别也是分类问题的一个典型例子，该问题的目的是将每个输入向量分配给有限数量的离散类别之一（0 到 9 十个类别）。

（2）回归

如果问题需要得到一个或者多个连续变量构成的输出则需要回归模型。比如，根据人的年龄、性别、体重等信息预测其身高。分类的常用算法包括：线性、决策树、支持向量机（SVM）、k-近邻法（kNN），朴素贝叶斯；集成分类：随机森林、Adaboost（一种迭代算法）、GradientBoosting、Bagging、ExtraTrees 等。回归的常用算法包括：线性、决策树、SVM、kNN；集成回归：随机森林、Adaboost、GradientBoosting、Bagging、ExtraTrees 等。

无监督学习与监督学习的核心区别在于数据挖掘的输入不需要有相应的标记或者目标值，其挖掘的目标往往是在数据中发现相似的数据、对象或者确定这些数据在相应空间中的分布或者确定数据如何从高维空间投影到低维空间。第一种称为聚类，第二种称为密度估计，第三种称为降维，往往用于可视化或者知识表示等。聚类的常用算法和具体模型包括：k 均值（K-means）、层次聚类（Hierarchical Clustering）、DBSCAN（一种基于密度的聚类算法）。降维的常用算法和具体模型包括：线性判别分析（Linear Discriminant Analysis）和主成分分析（PCA）。

2. Sklearn 安装与实验

安装 Sklearn 是使用该工具的前提，Sklearn0.21.0 工具依赖于其他多项内容，其中包括：Python（3.5 版本以上）、NumPy（1.11.0 版本以上）、SciPy（0.17.0 版本以上）、JobLib（0.11 版本以上）。

（1）安装步骤

① 安装 Python。具体安装步骤可以参考第六章相关章节。

② 安装 SciPy。激活 Python 并在命令行中输入以下命令。

python -m pip install --user scipy

③ 安装 matplotlib。在命令窗口中输入以下命令。

pip install matplotlib

④ 安装 numpy+mkl。在网址 http://www.lfd.uci.edu/~gohlke/pythonlibs/中找到需要的 numpy+mkl 版本，然后找到 numpy+mkl 所在的目录下，输入安装以下命令。

pip install   numpy-1.11.1+mkl-cp27-cp27m-win_amd64.whl

如果 Python 中已经安装了 numpy，只需要下载并安装 mkl 即可。

⑤ 安装 Sklearn 机器学习包，在命令窗口中输入以下命令。

pip install -U scikit-learn

（2）Sklearn 实例

要利用机器学习进行数据挖掘，首先必须准备好相应的数据集，一般来说，除了有相应的条件自己收集相关数据，大部分情况下可从网络上下载公开的数据集，这些数据集往往都做过前期的预处理，很多已经加上了标签。自己收集的原始数据需要自己进行相关的预处理，这是一件非常烦琐和耗费精力的事情。而网络下载由于数据集的容量比较大，会耗费较长的时间。幸运的是 Sklearn 工具包本身提供了一些数据，主要有两类：现在网上一些常用的数据集，可以通过相应方法直接加载；另一种 Sklearn 可以生成数据，根据设定的规模、噪声等，自动生成所需的数据。

接下来实现一个基于波士顿房价数据集的线性回归数据挖掘算法，以 Sklearn 作为基础，打开上述配置好的编辑环境或者命令窗口输入以下代码。

从相关例子可以发现，通过 Sklearn 提供的模型和算法进行数据挖掘非常简便、直接。

```
from sklearn import datasets
from sklearn.linear_model import LinearRegression
import matplotlib.pyplot as plt
#使用数据集进行线性回归（这里是波士顿房价数据）
loaded_data=datasets.load_boston()
data_X=loaded_data.data
data_y=loaded_data.target
```

```
model=LinearRegression()#利用 Sklearn 工具中的线性回归模型
model.fit(data_X,data_y)#线性回归的输入为 data_X，经线性变化输出 data_y


print(model.predict(data_X[:4,:]))#利用模型进行预测。
print(data_y[:4])


#使用生成线性回归的数据集，最后的数据集结果用散点图表示
X,y=datasets.make_regression(n_samples=100,n_features=1,n_targets=1,noise=10)    #n_samples 表示
样本数目，n_features 为特征的数目   n_tragets   noise 为噪声
plt.scatter(X,y)
plt.show()
```

5.2.2　Spark MLlib

1．Spark MLlib 概述

在 3.5 节 Spark 中介绍过，Spark 在机器学习方面有着得天独厚的优势，机器学习算法的计算过程往往由多个迭代计算组成，只有经过多次迭代后，机器学习模型才能获得足够小的误差或足够收敛，也才能获取足够精确的知识，之后才会停止。这些迭代在计算逻辑上具有很强的相似性，迭代过程中基于 Hadoop 的 Map-Reduce 计算框架，每次计算都要相似的读写操作、相似的数据处理操作和几乎相同的功能逻辑任务等工作，这会导致非常大的 I/O 和 CPU 消耗，而 Spark 基于内存的计算模型则能够有效满足相关消耗需求，对于迭代计算尤其适用。多个步骤计算和相关数据直接在内存中完成，并一直保存在内存中供后续迭代计算使用，只有在必要时才会操作磁盘和网络，所以说 Spark 正是机器学习的理想平台。从通信的角度讲，如果使用 Hadoop 的 Map-Reduce 计算框架，JobTracker 和 TaskTracker 之间通过心跳的方式来进行通信和传递数据，会导致非常慢的执行速度，而 Spark 具有出色且高效的 Akka 和 Netty 通信系统，通信效率极高。

MLlib（Machine Learning lib）是 Spark 对常用的机器学习算法的实现库，同时包括相关的测试和数据生成器。Spark 的设计初衷就是为了支持一些迭代的任务，这正好符合很多机器学习算法的特点。在 Spark 官方首页中展示了逻辑回归算法在 Spark 和 Hadoop 中运行的性能比较，Spark 性能遥遥领先，可以达到 Hadoop 的 100 倍以上。尽管 Spark 本身具有很强的性能优势和对数据挖掘的适应性，但对于数据挖掘人员来说，要开发基于分布式平台的挖掘系统仍旧是一件困难的事情，而 Spark 考虑到这种需求，并为此提供了一种开发工具 MLlib，该工具为平台提供了完整的算法模型，开发者只需要通过 API 调用相关的工具内容即可完成模型和算法的开发。Spark 平台中的 MLlib 工具也适用于数据的挖掘。

Spark MLlib 架构分为，底层基础：包括 Spark 的运行库、矩阵库和向量库；算法库：包含广义线性模型、推荐系统、聚类、决策树和评估的算法等；实用的程序：测试数据的生成、外部数据的读入等功能。这与 Sklearn 工具有相似之处，都提供了对监督学习和无监督学习两类数据挖掘的支持，并针对各自的特点封装了一系列具体算法，如图 5-2 所示。

	离散数据	连续数据
监督学习	Classification、LogisticRegression(with Elastic-Net)、SVM、DecisionTree、RandomForest、GBT、NaiveBayes、MultilayerPerceptron、OneVsRest	Regression、LinearRegression(with Elastic-Net)、DecisionTree、RandomFores、GBT、AFTSurvivalRegression、IsotonicRegression
无监督学习	Clustering、KMeans、GaussianMixture、LDA、PowerIterationClustering、BisectingKMeans	Dimensionality Reduction, matrix factorization、PCA、SVD、ALS、WLS

图 5-2　MLlib 支持的数据挖掘算法

2．MLlib 实例

MLlib 是 Spark 平台的机器学习库，Spark 平台的安装这里不再赘述，其基本过程可以参考 3.4.3 节关于 Hadoop 安装配置的相关内容。

实验以逻辑回归为例，本例子是一个癌症细胞是否会转移的预测模型。其问题描述如下。

根据患者相关检查数据和特征属性，预测患者癌细胞是否会转移。这是一种基于监督学习的数据挖掘算法，需要逻辑回归模型先从带标签的数据集中学习，然后用于对未知患者的预测。一般来说，需要相关训练数据的数量达到一定量级模型才能够接近理想的准确率，训练数据仅有 20 条左右。如果需要进一步了解算法在实践中的效果，可以从网上下载类似的公开数据进行训练和预测测试。本例子的输入为五元向量数据 $<x_1, x_2, x_3, x_4, x_5>$，输出为 y。其中，y 表示癌细胞是否会转移，$y=1$ 表示转移，$y=0$ 表示不转移。x_1 至 x_5 分别表示：患者的年龄（岁）；肾细胞癌血管内皮生长因子（VEGF），其阳性表述由低到高共三个等级；肾细胞癌组织内微血管数(MVC)；肾癌细胞核组织学分级，由低到高共 4 级 ；肾癌细胞分期，由低到高共 4 期。

数据内容如下。

```
0 1:59 2:2 3:43.4 4:2 5:1

0 1:36 2:1 3:57.2 4:1 5:1

0 1:61 2:2 3:190 4:2 5:1

1 1:58 2:3 3:128 4:4 5:3
```

```
1 1:55 2:3 3:80 4:3 5:4
0 1:61 2:1 3:94.4 4:2
0 1:38 2:1 3:76 4:1 5:1
0 1:42 2:1 3:240 4:3 5:2
0 1:50 2:1 3:74 4:1 5:1
0 1:58 2:3 3:68.6 4:2 5:2
0 1:68 2:3 3:132.8 4:4 5:2
1 1:25 2:2 3:94.6 4:4 5:3
0 1:52 2:1 3:56 4:1 5:1
0 1:31 2:1 3:47.8 4:2 5:1
1 1:36 2:3 3:31.6 4:3 5:1
0 1:42 2:1 3:66.2 4:2 5:1
1 1:14 2:3 3:138.6 4:3 5:3
0 1:32 2:1 3:114 4:2 5:3
0 1:35 2:1 3:40.2 4:2 5:1
1 1:70 2:3 3:177.2 4:4 5:3
1 1:65 2:2 3:51.6 4:4 5:4
0 1:45 2:2 3:124 4:2 5:4
1 1:68 2:3 3:127.2 4:3 5:3
0 1:31 2:2 3:124.8 4:2 5:3
```

实验步骤：

① 构建文本文件 training.txt，其内容如上所示。

② 在 Spark 环境下，在对应编辑器（如 IntelliJ IDEA 工具）中新建工程，输入如下代码。

```scala
//使用 SGD 梯度下降法的逻辑回归
import org.apache.spark.mllib.classification.LogisticRegressionWithSGD
import org.apache.spark.{SparkConf, SparkContext}
import org.apache.spark.mllib.regression.LabeledPoint
import org.apache.spark.mllib.evaluation.MulticlassMetrics
import org.apache.spark.mllib.linalg.Vectors
import org.apache.log4j.{Level,Logger}
import org.apache.spark.mllib.util.MLUtils
object LogisticRegression3{
val conf = new SparkConf().setMaster("local").setAppName("LogisticRegression3")
```

```
                                //设置环境变量
val sc = new SparkContext(conf)
def main(args:Array[String]): Unit = {
val data = MLUtils.loadLibSVMFile(sc, "E://training.txt")
                        //设置数据集,具体文件地址根据系统配置决定
val splits = data.randomSplit(Array(0.6,0.4),seed = 11L)
                //将数据集切分成两部分，一部分为训练模型，一部分为校验模型
val parsedData =splits(0)
val parsedTest =splits(1)
val numiteartor = 50
val model = LogisticRegressionWithSGD.train(parsedData,numiteartor) //训练模型
println(model.weights)
val predictionAndLabels = parsedTest.map{              //计算测试值
case LabeledPoint(label,features) =>
val prediction = model.predict(features)
(prediction,label)                                //存储测试值和预测值
}
predictionAndLabels.foreach(println)
val trainErr = predictionAndLabels.filter( r => r._1 != r._2).count.toDouble / parsedTest.count
println("容错率为trainErr：  " +trainErr)
val metrics = new MulticlassMetrics(predictionAndLabels)      //创建验证类
val precision = metrics.precision                     //计算验证值
println("Precision= "+precision)
val patient = Vectors.dense(Array(70,3,180.0,4,3))        //计算患者可能性
if(patient == 1)println("患者的胃癌有几率转移。  ")
else println("患者的胃癌没有几率转移 。")
}}
```

③ 编译、运行得到相应预测模型和结果。

5.3　数据挖掘算法

　　数据挖掘算法是针对挖掘需求与目标，根据数据创建、数据挖掘模型和方法的相关计算和逻辑步骤。当前流行的数据挖掘工具核心优势之一就是实现并封装了大量的数据挖掘算法，当人们面对具体数据集和数据挖掘需求时可以通过相应算法解决问题。随着数据挖掘和机器学习等相关领域的发展，大量经过验证的数据挖掘算法在相应问题的解

决上体现了很好的性能，从而得到了广泛的应用。本节介绍算法的基本原理、应用和相关实践案例。

5.3.1 关联

1. 关联概述

数据挖掘中的关联分析又称为关联规则挖掘，描述的是蕴含在数据中事物、对象之间的某种关系。关联在现实应用中比比皆是，最为著名的就是"尿布与啤酒"的故事。

数据关联最早起源于数据库相关领域，是数据库中的一类重要的、可被发现的知识。现在所谓的关联是指在两个或多个变量之间其取值变化所存在的某种规律性。关联可分为简单关联、时序关联和因果关联等。关联分析的目的是找出数据中隐含的关联关系网。有时人们并不知道数据集中数据的关联函数，即使知道也是不确定的，因此关联分析生成的规则、模式带有可信度。关联规则挖掘发现大量数据中不同数据项或者数据集之间存在许多有价值的关联或相关联系。Agrawal 于 1993 年提出了挖掘顾客交易数据库中数据项、数据集间的关联规则问题，此后诸多的研究人员对关联规则的挖掘问题进行了大量的研究。他们的工作主要是对原有的算法进行优化，如引入随机采样、并行的思想等，以提高算法挖掘规则的效率，并对关联规则的应用进行推广。关联规则挖掘在数据挖掘中是一个重要的课题，最近几年被业界广泛研究。

关联规则挖掘过程往往包含两个阶段：第一阶段必须先从资料集合中找出所有频繁出现的项目集。第二阶段根据这些项目集中具体项目之间的关系挖掘相应的关联规则。关联规则之所以只关注高频度项目是出于支持度的考虑，如果在沃尔玛数月的销售记录数据中只有一个人买了一包尿布和一听啤酒，算法挖掘这两样商品的关联规则在逻辑上是完全没有意义的。

关联规则挖掘的第一阶段必须从原始资料集合中找出所有高频度项目的集合。高频的意思是指某一项目组出现的频率相对于所有记录而言，必须达到某一水平。某项目出现的频率称为该项目的支持度（Support），以包含 A 与 B 两个项目的 2 项数据集为例，假设共有 10 条数据，A 出现了 9 次，B 出现了 1 次，那么 A 可以称为高频项目。当然在给定数据集中如何确定高频或者低频，有相关的计算方法和阈值。

关联规则挖掘的第二阶段是要产生关联规则（Association Rules）。利用前一步骤的高频项目集并从中产生关联规则，在最小信赖度（Minimum Confidence）的条件门槛下，若这一规则所求得的信赖度满足最小信赖度，称此规则为关联规则。通俗来说，如果高频项目集中 A、B 一起出现的次数与各自独立出现次数相比高很多，那么可以称 A 和 B 为关联规则。这里说的比例具体要达到什么程度都有相应的设置和计算方法进行确定。

就沃尔玛案例而言，使用关联规则挖掘技术，对交易资料库中的记录进行资料挖掘，首先要设定最小支持度与最小信赖度两个门槛值，在此假设最小支持度 min_support=5%且最小信赖度 min_confidence=70%。因此符合该超市需求的关联规则将必须同时满足以上两个条件。若经过挖掘过程所找到的关联规则[尿布，啤酒]，满足下列条件，将可接受[尿布，啤酒]的关联规则。用公式可以描述 Support（尿布，啤酒）>=5%且 Confidence（尿布，啤酒）>=70%。其中，Support(尿布，啤酒)>=5%于此应用范例中的意义为：在所有的交易记录资料中，至少有 5%的交易呈现尿布与啤酒这两项商品被同时购买的交易行为。Confidence（尿布，啤酒）>=70%于此应用范例中的意义为：在所有包含尿布的交易记录资料中，至少有 70%的交易会同时购买啤酒。因此，今后若有某消费者出现购买尿布的行为，超市可推荐该消费者购买啤酒。这个商品推荐行为的依据就是[尿布，啤酒]关联规则，因为就该超市过去的交易记录而言，支持了"大部分购买尿布的交易，会同时购买啤酒"的消费行为。

从上面的介绍还可以看出，关联规则挖掘通常比较适用于记录中的指标取离散值的情况。如果原始数据库中的指标值是取连续的数据，则在关联规则挖掘之前应该进行适当的数据离散化（实际上就是将某个区间的值对应于某个具体离散值），数据的离散化是数据挖掘前的重要环节，离散化的过程是否合理直接影响关联规则的挖掘结果。

2．关联实例

在实践中，同一个算法可以通过不同框架、不同语言进行实现，本例子采用 Python 实现了关联规则典型算法 Apriori。

某超市有如表 5-1 所示的购买记录。为了更便利地进行数据挖掘，可以给每一种商品编码一个 ID，比如面包 ID 为 0，奶酪为 1 等。我们的问题是挖掘该超市的销售数据中蕴含的关联规则。

表 5-1　购买记录

交易号	一起购买的商品
T1	面包、奶酪、牛奶
T2	牛奶、茶
......	啤酒、咖啡、茶

实验步骤：

① 构建或者下载数据集，如果是下载数据集可以对数据进行预处理。比如对商品进行编码，并建立 Excel 文件 test.xlsx，内容构建如表 5-2 所示。

表 5-2　文件内容

T1	2,3,5
T2	1,2,4
T3	3,5,1
T4	2,3,4
T5	2,3,5
T6	1,2,4
T7	3,5
T8	2,3,4
T9	1,2,3,4,5

② 配置好 Python 开发环境（在 6.2 节进行详述），并打开 Python 编辑工具。在编辑工具输入如下代码。

```python
def local_data(file_path):
    import pandas as pd

    dt = pd.read_excel(file_path)
    data = dt['con']
    locdata = []
    for i in data:
        locdata.append(str(i).split(","))
    length = []
    for i in locdata:
        length.append(len(i))    # 计算长度并存储
    ki = length[length.index(max(length))]
    return locdata,ki


def create_C1(data_set):
    C1 = set()
    for t in data_set:
        for item in t:
            item_set = frozenset([item])
            C1.add(item_set)
    return C1


def is_apriori(Ck_item, Lksub1):
    for item in Ck_item:
        sub_Ck = Ck_item - frozenset([item])
        if sub_Ck not in Lksub1:
            return False
    return True


def create_Ck(Lksub1, k):
    Ck = set()
    len_Lksub1 = len(Lksub1)
    list_Lksub1 = list(Lksub1)
```

```
        for i in range(len_Lksub1):
            for j in range(1, len_Lksub1):
                l1 = list(list_Lksub1[i])
                l2 = list(list_Lksub1[j])
                l1.sort()
                l2.sort()
                if l1[0:k-2] == l2[0:k-2]:
                    Ck_item = list_Lksub1[i] | list_Lksub1[j]
                    if is_apriori(Ck_item, Lksub1):
                        Ck.add(Ck_item)
    return Ck


def generate_Lk_by_Ck(data_set, Ck, min_support, support_data):
    Lk = set()
    item_count = {}
    for t in data_set:
        for item in Ck:
            if item.issubset(t):
                if item not in item_count:
                    item_count[item] = 1
                else:
                    item_count[item] += 1
    t_num = float(len(data_set))
    for item in item_count:
        if (item_count[item] / t_num) >= min_support:
            Lk.add(item)
            support_data[item] = item_count[item] / t_num
    return Lk

def generate_L(data_set, k, min_support):
    support_data = {}
    C1 = create_C1(data_set)
    L1 = generate_Lk_by_Ck(data_set, C1, min_support, support_data)
    Lksub1 = L1.copy()
    L = []
    L.append(Lksub1)
```

```python
        for i in range(2, k+1):
            Ci = create_Ck(Lksub1, i)
            Li = generate_Lk_by_Ck(data_set, Ci, min_support, support_data)
            Lksub1 = Li.copy()
            L.append(Lksub1)
        return L, support_data


def generate_big_rules(L, support_data, min_conf):
    big_rule_list = []
    sub_set_list = []
    for i in range(0, len(L)):
        for freq_set in L[i]:
            for sub_set in sub_set_list:
                if sub_set.issubset(freq_set):
                    conf = support_data[freq_set] / support_data[freq_set - sub_set]
                    big_rule = (freq_set - sub_set, sub_set, conf)
                    if conf >= min_conf and big_rule not in big_rule_list:
                        # print freq_set-sub_set, " => ", sub_set, "conf: ", conf
                        big_rule_list.append(big_rule)
            sub_set_list.append(freq_set)
    return big_rule_list


if __name__ == "__main__":
    file_path = "test.xlsx"
    data_set,k = local_data(file_path)
    L, support_data = generate_L(data_set, k, min_support=0.2)
    big_rules_list = generate_big_rules(L, support_data, min_conf=0.4)
    print(L)
    for Lk in L:
        if len(list(Lk)) == 0:
            break
        print("="*50)
        print("frequent " + str(len(list(Lk)[0])) + "-itemsets\t\tsupport")
        print("="*50)
```

```
            for freq_set in Lk:
                print(freq_set, support_data[freq_set])
        print()
        print("Big Rules")
        for item in big_rules_list:
            print(item[0], "=>", item[1], "conf: ", item[2])
```

③ 运行并查看结果。

5.3.2 分类

1. 分类概述

数据挖掘中的分类算法通俗理解就是构建一种映射模型，通过该模型可以将给定的数据对象划分到某个预定类别中，或者给出其归属一个或者多个类别的概率。数据挖掘分类包含的具体算法包括以下几种内容。

（1）朴素贝叶斯模型

最简单的监督学习分类器，这个分类器模型是建立在每一个类别的特征向量服从正态分布的基础上的，因此也被称为概率分类器。假定整个分布函数符合高斯分布，算法将会根据数据为每一个类别计算相应的向量均值和方差矩阵，然后根据这些进行预测。

（2）k-近邻（kNN）

k-近邻（k-Nearest Neighbors，kNN）算法是一种基于实例的分类方法。该方法就是找出与未知样本 x 距离最近的 k 个训练样本，看这 k 个样本中多数属于哪一类，就把 x 归为哪一类。k-近邻方法是一种懒惰学习方法，它存放样本直到需要分类时才进行分类，如果样本集比较复杂，可能会导致很大的计算开销，因此无法应用到实时性很强的场合。

（3）决策树

决策树是用于分类和预测的主要技术之一，决策树学习是以实例为基础的归纳学习算法，它着眼于从一组无次序、无规则的实例中推理出以决策树表示的分类规则。构造决策树的目的是找出属性和类别间的关系，用它来预测将来未知数据的类别。它采用自顶向下的递归方式，在决策树的内部节点进行属性的比较，并根据不同属性值判断从该节点向下的分支，在决策树的叶节点得到结论。主要的决策树算法有 ID3、C4.5（C5.0）、CART、PUBLIC、SLIQ 和 SPRINT 算法等。它们在选择测试属性采用的技术、生成决策树的结构、剪枝的方法以及时刻、能否处理大数据集等方面都有各自的不同之处。

（4）支持向量机

支持向量机（Support Vector Machine，SVM）是 Vapnik 根据统计学习理论提出的一种新的学习方法，它最大的特点是根据结构风险最小化准则，以最大化分类间隔构造最优分类超平面来提高支持向量机的泛化能力，较好地解决了非线性、高维数、局部极小点等问题。对于分类问题，支持向量机算法根据区域中的样本计算该区域的决策曲面，由此确定该区域中未知样本的类别。

（5）向量空间模型法

向量空间模型法（Vector Space Model，VSM）由 Salton 等人于 20 世纪 60 年代末提出。这是最早也是最出名的信息检索方面的数学模型。其思想是将文档表示为加权的特征向量，然后通过计算文本相似度的方法来确定待分样本的类别。当文本被表示为空间向量模型的时候，文本的相似度可以借助特征向量之间的内积来表示。在实际应用中，VSM 法一般事先依据语料库中的训练样本和分类体系建立类别向量空间。当对一篇待分样本进行分类的时候，只需要计算待分样本和每一个类别向量的相似度即内积，然后选取相似度最大的类别作为该待分样本所对应的类别。由于 VSM 法需要事先计算类别的空间向量，而该空间向量的建立又很大程度地依赖于该类别向量中所包含的特征项。根据研究发现，类别中所包含的非零特征项越多，其包含的特征项对于类别的表达能力越弱。因此，VSM 法相对其他分类方法而言，更适合专业文献的分类。

（6）人工神经网络

人工神经网络（Artificial Neural Networks，ANN）是一种应用类似于大脑神经突触连接的结构进行信息处理的数学模型。在这种模型中，大量的节点（称为"神经元"或"单元"）之间相互连接构成网络，即"神经网络"，以达到处理信息的目的。神经网络通常需要进行训练，训练的过程就是网络进行学习的过程。训练改变了网络节点的连接权的值使其具有分类的功能，经过训练的网络可用于对象的识别。目前，神经网络已有上百种不同的模型，常见的有 BP 网络、径向基 RBF 网络、Hopfield 网络、随机神经网络（Boltzmann 机）、竞争神经网络（Hamming 网络，自组织映射网络）等。但是当前的神经网络仍普遍存在收敛速度慢、计算量大、训练时间长和不可解释等缺点。

上述算法特性各异，但各类算法在应用中的表现却可以通过以下方法进行评估。

① 预测的准确率：正确地预测新的或先前未见过的数据的类标号的能力。

② 速度：构建模型的速度，利用模型进行分类的速度。

③ 鲁棒性：面对噪声数据或具有空缺值的数据，模型正确预测的能力。

④ 可伸缩性：当给定大量数据时，有效地构造模型的能力。

⑤ 可解释性：模型判别过程可以转化成具备逻辑关系规则的能力。

⑥ 混淆矩阵：根据模型正确和错误预测的检验记录进行评估，这些计数放在被称作混淆矩阵（Confusion Matrix）的表格中，对模型进行评估。

2. 分类实例

本节介绍一种分类实现的具体算法实例——kNN，其问题描述和算法基本原理如下：

假设现在要在某座城市出租一套房子，但你并不了解就你的房源情况需要给出多少月租金合适，此时可以根据自己房子的规格（面积、房间数量、厕所数量、容纳人数等输入属性），在已有数据集中查找相似（k-近邻）规格的房子价格，看别人的相同或相似户型租了多少钱，从而将自身的价格也归类到这一区间。

相关数据集可以从公开领域下载、从网络上爬取数据（如链家等租赁网站）或者自己构建简单的数据集（数据量过少和数据集本身质量不高会影响最后结果）。本例子的数据集结构如图 5-3 所示。数据集包含房间数、浴室数目、床数目等。

Index	accommodates	bedrooms	bathrooms	beds	price	minimum_nights	maximum_nights	number_of_reviews
0	4	1	1	2	$160.00	1	1125	0
1	6	3	3	3	$350.00	2	30	65
2	1	1	2	1	$50.00	2	1125	1
3	2	1	1	1	$95.00	1	1125	0
4	4	1	1	1	$50.00	7	1125	0
5	4	2	1	4	$99.00	1	1125	0
6	4	2	2	2	$100.00	3	1125	0
7	2	1	1	1	$100.00	1	1125	0
8	2	1	1.5	1	$38.00	2	180	0
9	2	1	nan	1	$71.00	2	365	4

图 5-3　租房房价数据集格式

实验步骤如下：

① 构建或者下载数据集，如果是下载数据集可以对数据进行预处理，如对商品进行编码。建立文件 test.csv，并保存数据，内容构建如图 5-3 所示。

② 配置好 Python 开发环境（后续 6.2 节详述），并打开 Python 编辑工具，输入如下代码。

```
import pandas as pd
import numpy as np
from scipy.spatial import distance#用于计算欧式距离
from sklearn.preprocessing import StandardScaler#用于对数据进行标准化操作
from sklearn.neighbors import KNeighborsRegressor#kNN 算法
from sklearn.metrics import mean_squared_error#用于计算均方根误差
 #导入数据并提取目标字段
path = r'test.csv'
file = open(path, encoding = 'gb18030', errors = 'ignore')
dc_listings = pd.read_csv(file)
features = ['accommodates','bedrooms','bathrooms','beds','price','minimum_nights','maximum_nights',
'number_of_reviews']
dc_listings = dc_listings[features]
 #数据初步清洗
our_acc_value = 3
dc_listings['distance'] = np.abs(dc_listings.accommodates - our_acc_value)
dc_listings = dc_listings.sample(frac=1, random_state=0)
```

```
dc_listings = dc_listings.sort_values('distance')

dc_listings['price'] = dc_listings.price.str.replace("\$|,", "").astype(float)

dc_listings = dc_listings.dropna()

 #数据标准化

dc_listings[features] = StandardScaler().fit_transform(dc_listings[features])

normalized_listings = dc_listings

 #取得训练集和测试集

norm_train_df = normalized_listings[:2792]

norm_test_df = normalized_listings[2792:]

 #scipy 包 distance 模块计算欧式距离

first_listings = normalized_listings.iloc[0][['accommodates', 'bathrooms']]

fifth_listings = normalized_listings.iloc[20][['accommodates', 'bathrooms']]

 #用 Python 方法做多变量 kNN 模型

def predict_price_multivariate(new_listing_value, feature_columns):

    temp_df = norm_train_df

    #distance.cdist 计算两个集合的距离

    temp_df['distance'] = distance.cdist(temp_df[feature_columns], [new_listing_value
[feature_columns]])

    temp_df = temp_df.sort_values('distance')#temp_df 按 distance 排序

    knn_5 = temp_df.price.iloc[:5]

    predicted_price = knn_5.mean()

    return predicted_price

  cols = ['accommodates', 'bathrooms']

  norm_test_df['predicted_price'] = norm_test_df[cols].apply(predict_price_multivariate, feature_
columns=cols, axis=1)

  norm_test_df['squared_error'] = (norm_test_df['predicted_price'] - norm_test_df['price']) ** 2

  mse = norm_test_df['squared_error'].mean()

  rmse = mse ** (1/2)

  print(rmse)

   #利用 Sklearn 完成 kNN

  col = ['accommodates', 'bedrooms']

  knn = KNeighborsRegressor()

  #将自变量和因变量放入模型训练，并用测试数据测试

  knn.fit(norm_train_df[cols], norm_train_df['price'])

  two_features_predictions = knn.predict(norm_test_df[cols])

   #计算预测值与实际值的均方根误差
```

```
two_features_mse = mean_squared_error(norm_test_df['price'], two_features_predictions)
two_features_rmse = two_features_mse ** (1/2)
print(two_features_rmse)
```

③ 运行并查看结果。

5.3.3　聚类

1．聚类概述

聚类是一类用于数据划分的模型，通过该划分使得处于同一类的数据具有较高的相似度，处于不同类的数据相似度较低。因此聚类是关于度量数据之间相似程度并据此进行处理的一种过程，这种相似度在不同具体算法中表现为不同的规则或标准。

聚类与分类具有一定的相似性，但聚类往往是无监督的学习，无须事先为数据添加标签等信息。在对数据集分类时，需要事先知道这个数据集包含多少种类，比如对一个学校的在校大学生进行性别分类，人们会直观且清晰地知道分为"男""女"两类。如果在银行征信系统中进行用户贷款信用评估，也可以轻易地知道分为"守信"和"失信"两类。而在通过聚类对数据进行操作和挖掘的时候，人们事先往往不知道该数据集包含多少类，模型要做的是根据数据本身表现出来的特性进行归纳并自动形成相关的类别。如要从大学生数据集中找出包含多少好友团体，这在挖掘结果出来之前是不知道大家相互的关系和有多少好友团体的，通过学生之间的"相似度"进行聚类，最终形成 N 个团体（类），这就是聚类的过程。

聚类分析广泛应用于服务业、生物、人口统计学等领域。在服务业，聚类分析用来分析、发现不同的客户群，并刻画出不同客户群的特征；在生物学上，聚类分析用来对新发现的物种进行属性的归类；在人口统计学上，分析人员利用聚类分析对地域进行划分，对不同类型的地域制定出合适的政策。此外，聚类分析还被成功应用于其他算法的预处理步骤，待聚类结果产生后，将其他算法应用于每个簇上。根据聚类具体的方法和模式不同，聚类可以分为以下算法。

① 基于统计学的聚类算法，比如 ClassIt、AutoClass、COBWeb 等。基于统计学模型的方法为每一类假定存在一个模型，寻找数据对给定模型的最佳拟合。

② 基于神经网络的聚类算法，比如自组织神经网络 SOM。

③ 基于网格的聚类算法，比如 STING、WaveCluster、CLIQUE、OPTIGRID 等。基于网格的方法把对象空间量化为有限数目的单元，形成一个网格结构，每一维上分割点的位置信息存储在数组中，分割线贯穿整个空间，所有的聚类操作都在这个网格结构（即量化空间）上进行。

④ 基于密度聚类算法，比如 DBSCAN、GDBSCAN、DBLASD、FDC 等。其核心思想是以空间中的一个样本为中心，单位体积内的样本个数称为该点的密度，其聚类的基本目标是簇内样本的密度较大，簇间区域的样本密度较小。

⑤ 基于层次聚类算法，比如 CURE、ROCK、变色龙算法、SBAC、BRICH 等。层次方法对样本集合进行合并或者分裂，直到满足某一个终止条件，聚类结果将样本组成一棵聚类树。根据层次分解是自底向上还是自顶向下，层次聚类方法可以分为凝聚（Agglomerative）和分裂（Division）两大类。

⑥ 基于划分聚类算法，比如 K-means、K-modes、K-prototypes、PCM、CLARA 等。

尽管存在很多不同类型的具体算法和模型，但它们的基本原理和蕴含其中的任务是相同的。对于聚类算法而言主要关注以下方面。

① 如何衡量相似性。聚类算法的本质在定义中已经说明，需要根据数据之间的相似性进行数据的划分和处理。这里的"相似性"是一种广义上的概念，比如常用数据之间的"距离"来表示它们的相似性，典型的欧氏距离是常用计算方法之一。相似性既可以是数据本身之间的一种关系，也可以是通过数据挖掘出相应特征向量之间的关系。另外，相似性还包含其他一些具体衡量方法，比如相似系数、核函数、DTW 等。

② 具体聚类的逻辑与方法。基于某种衡量相似性的方法采用具体的逻辑模型完成数据的聚类，不同的聚类算法有各自不同的具体方法逻辑，并适用于不同的应用和它的问题解决。

对于聚类算法好坏的评价有一个基本原则：在同一类别的内部，对象是否具有高度的相似性；不同类别的对象间是否几乎不具有相似性。除了这一原则，算法评估还应参考算法所表现出来的几个方面：能够适用于大数据量；能应付不同的数据类型；能发现不同类型的聚类；使对专业知识的要求降到最低；能应付脏数据；对于数据不同的顺序不敏感；模型可解释，可使用。

2. 聚类实例

本节介绍一种聚类实现的具体算法实例——基于密度聚类的算法（DBSCAN），其问题描述和算法基本原理如下：

在给出的国家相关示例数据集中，针对面积和人口特性进行密度聚类。之所以选择两个属性是为了能够通过二维图更好地展现分类结果。也可以通过简单修改实现包括更多属性数据的密度分类。

相关数据集可以从公开领域下载、从网络上爬取数据或者自己构建简单的数据集。数据集包含面积、人口、GDP 和人均 GDP 等属性信息，如图 5-4 所示。

```
国家，面积 km2，人口，GDP 亿美元，人均 GDP 美元

中国，9670250,1392358258,99960,7179
印度，2980000,1247923065,18707,1505
美国，9629091,317408015,167997,53101
巴西，8514877,201032714,22429,11311
日本，377873,127270000,49015,38491
澳大利亚，7692024,23540517,15053,64863
加拿大，9984670,34591000,18251,51990
俄罗斯，171244422,143551289,21180,14819
泰国，513115,67041000,3871.6,5674
柬埔寨，181035,14805358,156.5,1016
韩国，99600,50400000,12218,24329
朝鲜，120538,24052231,355,1476
```

图 5-4　数据集示例

实验步骤如下：

① 构建或者下载数据集，如果是下载数据集可以对数据进行预处理，利用如图 5-4 所示的示例数据，可以在代码中直接输入相应数据。

② 配置好 Python 开发环境（后续 6.2 节详述）和 Sklearn 工具（如 5.2.1 节所示），并打开 Python 编辑工具，输入如下代码。

```python
import numpy as np
from sklearn.cluster import DBSCAN
import matplotlib.pyplot as plt
#国家面积和人口
X = [
    [9670250, 1392358258],
    [2980000, 1247923065],
    [9629091, 317408015],
    [8514877, 201032714],
    [377873, 127270000],
    [7692024, 23540517],
    [9984670, 34591000],
    [17075400, 143551289],
    [513115, 67041000],
    [181035, 14805358],
    [99600, 50400000],
    [120538, 24052231]]
#转换成 numpy array
X = np.array(X)
#归一化
a = X[:, :1] / 17075400.0 * 10000
```

```
b = X[:, 1:] / 1392358258.0 * 10000
X = np.concatenate((a, b), axis=1)
#训练数据和对应的分类放入分类器中进行训练，示例数据没有噪声 min_samples 设置成为1
cls = DBSCAN(eps=2000, min_samples=1).fit(X)
#X 中每项所属分类的一个列表
print    'cls.labels_',cls.labels_
#类簇的数量
n_clusters = len(set(cls.labels_))
print 'n_clusters',n_clusters
#画图
markers = ['^', 'x', 'o', '*', '+']
for i in range(n_clusters):
    my_members = cls.labels_ == i
    print 'my_members:', my_members
    plt.scatter(X[my_members, 0], X[my_members, 1], s=60, marker=markers[i], c='b', alpha=0.5)
plt.title('dbscan')
plt.show()
plt.savefig('dbscan.png') # 保存图像
```

③ 运行并查看结果。

第**6**章▶▶

深度学习与人工智能

【章首小案例】　　利用大数据+人工智能解决其人才需求的问题

真正的技术人才永远是各大公司的抢手货，绝对不要坐等他们向你投简历，因为在他们还没有机会写简历之前很可能已经被其他公司抢走了。Entelo 公司能替企业家们推荐那些刚刚萌发跳槽动机的高级技术人才，以便先下手为强。Entelo 公司的数据库里目前有 3 亿份简历，而如何判断高级人才的跳槽倾向，Entelo 公司有一套正在申请专利的算法，这套算法有 70 多个指标用于判定跳槽倾向。某公司的股价下跌、高层大换血、刚被另一大公司收购，这些都会被 Entelo 公司看作是导致某公司人才跳槽的可能性因素，于是 Entelo 公司就会立刻把某公司里的高级人才的信息推送给订阅了自己服务的企业家们。企业家们收到的人才简历跟一般的人才简历还不一样，Entelo 公司抓取了那些人才在各大社交网络的信息。这样企业家们可以了解该人提交过哪些代码，在网上都回答了些什么样的问题，在 Twitter 上发表的都是些什么样的信息。总之，这些准备"挖角"的企业家能够看到一个活生生的目标人才站在面前。

（资料来源："大数据公司挖掘数据价值的 49 个典型案例"，
http://www.sohu.com/a/24553703-100058348.）

人工智能已经深入人们生活的方方面面，在经济学、管理学的很多方面，例如生产、应用以及学术研究等领域，都得到了广泛的使用。人工智能与人类自身的智力具有很强的互补性，对于人类来说，很多问题的计算和处理是很困难的，比如经管类同学经常遇到的计算某个企业长达数年的经济运行情况，包括其平均值、方差等信息，但这些问题可以通过严格的数学定理、公式等规则进行定义，这对于人工智能来说都是非常简单的问题（也是早期人工智能主要解决的问题）。相反，那些对人类来说非常简单的问题却对人工智能提出了巨大的挑战，比如我们一眼就能够识别出一张甚至数张图片中是否有一只猫或者一只狗，但这对于人工智能是非常困难的，其中一个重要的原因是无法用数学形式化地描述出（至少目前是这样的）如何才能从一张背景复杂、内容丰富、颜色多样的图片中识别出一个动物。

在 2006 年，Geoffrey Hinton 等人提出了深度学习的概念。深度学习让人工智能可以从反复的经验中通过层次化的方式学习并理解相关概念和认知世界，这就像是我们学习复杂的数学定理或者概念一样，我们总是先将一些更简单、更直接的定理和公理予以证明或者确认，之后再在它们的基础上得到相对复杂的定理，不断地重复这个过程，直到得到我们需要的内容。如此一层一层的叠加让人工智能可以不必依赖（至少不完全依赖）人类完整给出的形式化描述知识，深度学习也由此而来。

6.1 深度学习概述

要通俗易懂地解释清楚什么是深度学习以及为什么需要深度学习是一件非常困难的事情，尤其是对缺乏计算机科学背景的初学者而言。因此，本节先从相关的一些例子开始。

很多人工智能算法和模型（并不是全部）解决问题或者进行学习的基本过程是这样的：首先根据研究的问题进行特征的提取，其本质就是确定当前问题中能够影响最终结果的因素有哪些，此后，构建诸如神经网络的机器学习模型和算法，并将这些因素与最终结果关联起来，而人工智能所学习的内容就是怎样去关联。比如，要预测某个企业的电力消耗情况，与之相关的因素很多，包括上一周期电力消耗、当前温度、季节、时间、开工情况等，这些称为特征，特征向量表示为 A，模型需要完成 $f(\mathrm{W} \cdot \mathrm{A}^{\mathrm{T}})$ 的映射，其中神经网络学习的目标就是最优的一组权重值 W。

然而，在实践中并不是所有问题都能够轻易地找到与结果相关的特征。比如我们想让人工智能从很多图像中监测出"人"这一对象，人的五官、四肢、体态是不是可以作为特征呢？实际上这是很困难的，因为我们无法很准确地描述怎样的像素组合能够表示人的五官或者四肢，尽管人类看上去也具备一些基本的几何形状和轮廓，但这些都会因为场景角度的不同而不同，比如一个人站着和坐着、痛苦和大笑、戴眼镜和口罩、半身照和全身照等。要解决这个问题，需要把数据概念化和抽象化，但我们不能寄希望从原始数据中直接提取这些高层次和高度抽象的特征。取而代之的是让计算机先通过学习自动提取比较简单的局部的概念，然后在这些简单概念之上构架更为复杂的概念，最后从图片的全局进行抽象获取我们需要的对象。这正是深度学习需要去做的，也是当前基于深度学习卷积网络图像识别的基本方法，不同层次中通过卷积操作来学习特征，最后通过全链接、池化层实现对图像全局特征的提取。在 6.3.1 节中，我们将通过具体案例进行详细讲解。

深度学习是机器学习中的一个分支，与面向任务的算法不同，该类模型都是基于数据表示学习的。近年来，深度学习得到了快速发展，已经渗透到人类经济生活中的很多方面，之所以取得这样的成绩，得益于深度学习本身广泛的适应性：首先，深度学习其学习方式可以是有监督学习、半监督学习和无监督学习。其次，深度学习的模型架构包括深度神经网络、深度信念网络和循环网络等。最为重要的是，深度学习广泛应用于语音识别、计算机可视化、自然语言处理、音频识别、社交网络过滤、机器翻译、生物信息学、药物设计、医疗图像分析、材料检验和棋盘类游戏等诸多领域，并取得了与人类专家或同领域顶尖人才相似的结果，而且在某些具体情况下甚至要优于人类（比如在棋盘游戏方面）。

尽管有很多资料在描述深度学习的时候认为其模型是受到生物神经系统在信息处理和交互模式方面的影响与启发，但实际上这与生物大脑尤其是人类大脑的运行机制存在巨大的差别。绝大部分深度学习的相关研究人员更多的是从生物神经的运作机制上来说明其模型运作的合理性，在真正的研究过程中大多仍旧从计算机科学与形式化数学的角度进行。这一方面固然受到了人工智能本身相关理论、方法的发展现状所限制，另一方面也是因为人类对大脑运作机理尤其是大规模神经元协同运作的机理了解有限。

6.1.1　深度学习定义

在 2014 年，研究人员针对深度学习给出了一个相对广义的定义。深度学习是一类机器学习算法的集合，这些机器学习算法满足以下基本特征：是一种多层的级联模型，其中每一层都是由非线性处理单元构成的，通过多层级联实现对体征的提取与转换，在多层结构中级联表现为每个层的输入都是其连续前一层的输出；学习过程既可以是有监督的也可以是无监督的行为；学习多个层次的表示，每个层次都是对数据的不同等级抽象，而这些抽象构成了概念上的层次结构。

深度学习的定义表明，尽管深度信念网络和深度玻尔兹曼机之类的深度生成模型中也会涉及层次和深度学习的概念，但当前对于深度学习的研究与应用仍大多基于人工神经网络基础之上。正如上述图像识别的案例中所述，通过深度学习，模型每一层都会通过学习将输入数据转换为更高层次的抽象和整合表示。例子中，原始输入是一些原始像素的集合，第一层可能仅仅是提炼局部范围内像素，抽象出最简单的边特征；第二层可能提取边的各种组合信息；第三层通过边缘和纹理可以识别鼻子、眼睛、四肢等；第四层就可以识别出一个人。那么如何确定每一层要做的工作呢？实际上，在此过程中，人们无须进行额外的干预，深度学习的训练过程总是能很完美地确定应该在哪一层提取怎样的特征。

深度学习概念中的"深度"指的是模型中的层次数量。对于前馈神经网络，其深度就是神经网络中隐含层（hidden layer）加上输出层（output layer）的数量（之所以不计算输入层，是因为该层一般不会参数化，也不会对输入数据进行任何转换）。对于循环神经网络，由于其中的信号可能会在一层或者多层之间循环传递，因此从这个意义上可以认为其深度是无限的。实际上，当前并没有一个被广泛接受的关于层数的阈值，能够用来将网络明确划分为深度学习或是浅层学习，但我们一般认为深度学习的层数至少是大于 2 的。很多研究已经证实，深度为 2 的网络可以作为一个通用的模拟器，在某种意义上它可以模拟任何函数变化，但随着深度增加，它实际上并不会提升网络本身的函数模拟能力，只是能够更好地提取所需的特征。

6.1.2　深度学习应用领域

深度学习以深层次、高级别、抽象的特性在很多具体应用中取得了前所未有的好成绩。尽管深度学习在很多方面都具备超越传统人工智能模型和方法的优势，但并不能适用于所有的人工智能应用领域。就当前深度学习的应用实践表明，其在解决计算机视觉、语音识别、自然语言处理以及某些特定商业领域中的问题时呈现出了极高的性能。

深度学习在相应领域的应用得益于深度学习理论、模型发展和硬件计算能力的提升。

2006 年，深度学习模型及其优化相关理论取得了很大的进展，与此同时，计算机硬件的计算能力也有了进步，从而让基于大计算量的深度学习应用得以快速发展。

1. 深度学习的计算机视觉应用

长久以来，计算机视觉就是深度学习应用中几个最活跃的研究方向之一。因为运用视觉是一个对人类以及许多动物毫不费力，但对计算机却充满挑战的任务。计算机视觉是一个非常广阔的发展领域，其中包括多种多样处理图片的方式及应用方向。计算机视觉的深度学习应用早期一直致力于"模拟"或者"拓展"人类视觉的某些功能，因此其具体应用非常广泛，比如人脸识别、图像识别、对象识别及自动驾驶中的路况识别等。本节介绍了一些深度学习在计算机视觉应用方面的具体例子。

（1）人脸识别技术

人脸识别技术是指利用分析比较的计算机技术识别人脸。人脸识别是一项热门的计算机技术研究领域，其中包括人脸追踪侦测、自动调整影像放大、夜间红外侦测、自动调整曝光强度等技术。

人脸识别主要用于身份识别。由于视频监控正在快速普及，众多的视频监控应用迫切需要一种远距离、用户非配合状态下的快速身份识别技术，以求远距离快速确认人员身份，实现智能预警。人脸识别技术无疑是最佳的选择。采用快速人脸检测技术可以从监控视频图像中实时查找人脸，并与人脸数据库进行实时比对，从而实现快速身份识别。

人脸识别技术的其他一些应用包括：

a. 人脸检测跟踪；

b. 人脸关键点定位；

c. 人脸身份认证；

d. 人脸属性提取；

e. 人脸聚类；

f. 真人检测；

g. 人脸美容/美妆。

（2）图像识别

图像识别是指利用计算机对图像进行处理、分析和理解，以识别各种不同模式的目标和对象的技术。图像识别一般是以图像的主要特征为基础的，每个图像都有它的特征，如字母 A 有个尖、P 有个圈、Y 的中心有个锐角等。对图像识别时眼动的研究表明，视线总是集中在图像的主要特征上，也就是集中在图像轮廓曲度最大或轮廓方向突然改变的地方，这些地方的信息量最大。深度学习可以通过多层次的抽象获取图像更高层面上的特征信息。

图像识别的一些具体应用包括：服装属性识别、物体识别、场景识别和车型识别等。

关于图像识别，涂子沛在其著作《数文明》中写道："2014 年，手机淘宝上线'拍立淘'功能，用户只需拍下自己看到的商品，上传照片后一键比对，便可在淘宝上搜索出同款商品。类似的技术在京东、亚马逊等电商平台，在谷歌、百度等搜索引擎中都已经有成熟的应用。目前，车牌识别技术已大量应用于交通违法、停车场和'天网'卡口。2016 年，虹桥交通枢纽分析了一个月内车辆进出停车场的数据，发现进出 100 次以上的车辆有 70 辆，其中一辆车进出了 516 次。这些车辆如此频繁地进出，明显不是个人出行，在一一传讯之后，绝大部分车主都承认了非法营运的事实。2017 年 5 月，虹桥机场停车场启用了汽车智能识别系统，车辆驶入车库时不用再停车取卡，而是直接用摄像头进行智能识别并记录数据，涉嫌非法营运的多次到访车辆将立即被发现、被查处。"

（3）智能监控

智能监控是嵌入式视频服务器中集成了智能行为识别的算法，能够对画面场景中的行人或车辆的行为进行识别、判断，并在适当的条件下，报警提示用户。

智能监控的一些具体应用包括：行人车辆检测、行人属性及人群分析。

搜狐网 2017 年 8 月的一篇新闻中提到，某智能监控公司测试并推出一套监控系统，该项系统利用人们的行为和活动数据（比如是否去过出售武器的商店及其后续行为等）来评估他们实施犯罪行为的可能性。例如，如果一个人"频繁地造访交通枢纽并前往刀具店等可疑场所"，那这个人的风险就提高了。系统还利用"人群分析"来发现人群中"可疑的"行为举止，如在火车站从普通旅客中找出小偷。

（4）文字识别

利用计算机自动识别字符的技术，是模式识别应用的一个重要领域。文字识别一般包括文字信息的采集、信息的分析与处理、信息的分类判别等几个部分。文字识别尤其是一些非规范文字（如各种手写体文字）的识别，需要提取和抽象文字本身的特征信息，这是深度学习和卷积神经网络的强项。

文字识别可应用于许多领域，如阅读、翻译、文献资料的检索、信件和包裹的分拣、稿件的编辑和校对、大量统计报表和卡片的汇总与分析、银行支票的处理、商品发票的统计汇总、商品编码的识别、商品仓库的管理，还有水、电、煤气、房租、人身保险等费用的征收业务中大量信用卡片的自动处理和办公室工作的局部自动化，以及文档检索、各类证件识别、快速录入信息等，大幅度提高了各行各业的工作效率。

（5）图像及视频编辑

图像和视频编辑主要应用在图像和视频的自动化、智能化编辑方面，比如增强图像的像素、补全图像缺损及自动生成图像等方面。

2. 深度学习与语音识别

语音识别任务是将一段包括了自然语言发音的声学信号投影到对应说话人的词序列上。许多语音识别系统通过特殊的手工设计方法预处理输入信号，从而提取特征，但是某些深度学习系统可以直接从原始输入中提取特征。

从 20 世纪 80 年代至今，最先进的语音识别系统是隐马尔可夫模型（Hidden Markov Model，HMM）和高斯混合模型（Gaussian Mixture Model，GMM）的结合。GMM 对声学特征和音素（Phoneme）之间的关系建模，HMM 对音素序列建模。随着更大、更深的模型及更大的数据集的出现，通过使用神经网络代替 GMM 来实现将声学特征转化为音素

（或者子音素状态）的过程可以大大地提高识别的精度。从 2009 年开始，语音识别的研究者们将一种无监督学习的深度学习方法应用于语音识别。这种深度学习方法基于训练一个被称作是受限玻尔兹曼机的无向概率模型，从而对输入数据建模。为了完成语音识别任务，无监督的预训练被用来构造一个深度前馈网络，这个神经网络的每一层都是通过训练受限玻尔兹曼机来初始化的。这些网络的输入是从一个固定规格的输入窗（当前以帧为中心）的谱声学抽取，预测了当前帧所对应的 HMM 状态的条件概率。训练一个这样的神经网络能够显著提高在 TIMIT 数据集上的识别率，并将音素级别的错误率从大约 26% 降到了20.7%。其中的一个创新点是卷积网络的应用。卷积网络在时域与频域上复用了权重，改进了之前的仅在时域上使用重复权值的时延神经网络。这种新的二维卷积模型并不是将输入的频谱当作一个长的向量，而是当成一个图像，其中一个轴对应着时间，另一个轴对应的是谱分量的频率。

语音识别有着广泛的市场前景。语音识别可以避免键盘输入而导致的效率低下，提升人机交互的效率，类似应用包括：声控语音拨号、声控玩具、车载智能系统和智能家电等。通过语音命令进行远端服务可以提升服务质量，相关应用包括：医疗服务及银行服务等。语音识别还可以用于自动翻译等应用。

3．深度学习与自然语言处理

自然语言处理（Natural Language Processing，NLP）是让计算机能够理解并使用人类语言进行各种操作。一直以来，计算机都是一种精确计算工具，为了让计算机能够执行各种操作程序，大量精确无歧义的计算机程序开发语言诞生了，这与人类的自然语言有本质的区别，自然语言通常是模糊的，并且可以不遵循形式化的描述。自然语言处理中的应用如机器翻译，学习者需要读取一种人类语言的句子，并用另一种人类语言发出具有等同语义的句子。许多 NLP 应用程序基于语言模型，语言模型定义了关于自然语言中的字、字符或字节序列的概率分布。

尽管近年来一些非常通用的神经网络技术也相对成功地应用于自然语言处理，但其性能和准确度方面仍存在很大问题，这限制了人工智能在自然语言处理中的应用与推广。为了实现卓越的性能并扩展到大型应用程序，针对某些特定领域采取与该领域密切相关的特定策略将成为自然语言处理发展中的一个重要手段。近年来，人们在自然语言处理的词性标注、命名实体识别、垃圾邮件识别、情感分析、共指消解、词义消歧、句法分析、机器翻译和信息抽取等方面取得了长足发展，甚至其中的部分问题基本得到了解决，然而在自动问答、复述、文摘提取、会话机器人等方面仍存在很多问题。深度学习模型在自然语言处理方面的应用，提升了计算机在上述领域和应用方面的性能。

4．深度学习在具体商业领域的应用

深度学习除在上述三大领域的应用外，还在很多具体的商业领域中得到了良好的应用。在此类应用中，深度学习充分考虑相应商业领域中的具体问题和特征，结合一种甚至多种深度学习具体模型，从而取得了对特定商业问题的解决方案。具体案例介绍如下。

（1）医疗领域

医疗行业中的深度学习技术，主要从计算机视觉、自然语言处理、强化学习和通用方法这些方面入手。深度学习模型可扩展至大型数据集（原因之一是它们可以运行在诸如GPU等加速硬件设备上），并继续改进、提高运用更多数据的能力，这也使得深度学习模型优于很多经典机器学习方法。深度学习系统可以接受多种数据类型的输入，这与神经网络对具体数据类型的兼容性是一致的，而医疗领域产生的异质医疗数据就具备这种属性，因此深度学习对其具有很强的适用性。使用监督学习方法训练的模型最为常见，其数据集由输入数据点（如皮肤病变图像）和对应的输出数据标签（如良性或恶性）组成。在医疗领域，当医生进行手术操作时，强化学习非常有用，例如机器人辅助手术中的智能体学习给伤口缝合。

深度学习在计算机视觉、自然语言处理和语音识别等方面的成功技术都可以在医疗领域大显身手：

① 计算机视觉方面的研究在判断病人射线照片中是否包含恶性肿瘤时非常有用。CNN卷积神经网络对医疗成像的诊断与判断，取得了令人难以置信的成功，比如识别黑痣和黑色素瘤方面的水平已经到了医生级别的准确率。除此之外，在从眼底图像和光学相干断层扫描（OCT）图像中检测糖尿病性视网膜病变、判断心血管风险、提供转诊建议、从乳房X光片中检测乳腺病变、使用核磁共振成像进行脊柱分析等方面也达到了类似水平。

② 自然语言处理（NLP）主要通过分析文本和语音来推断词的语义。循环神经网络（RNN）能高效处理该领域的序列数据，如语言、语音和时序数据等，它在NLP中起到了非常重要的作用。NLP中的机器翻译、文本生成和图像描述取得了显著成功。在医疗领域中，序列深度学习和语言技术为电子健康档案（EHR）等应用提供了很多支持。EHR目前正在迅速普及，大型医疗机构的EHR能记录超过一千万患者过去10年内的医疗活动。此外，单独一次住院大约能产生15万条数据，因此从这些数据获取有效信息其优势是十分明显的。将深度学习应用到EHR是一个正在迅速发展的领域。

③ 语音识别。语音识别和信息抽取模型可用于开发临床语音助手，从而准确地转录患者就诊信息。医生在工作日的11个小时中，需要花6个小时处理EHR文档，而这会减少用于为患者服务的时间。自动化转录将缓解这一问题，并促进更多更有价值的服务。基于RNN的语言处理模型能够使用端到端的技术直接将语音转换为文本。不过关键难点在于，在准确总结对话的同时，模型还需要从对话中对每个医疗实体的属性和状态进行分类。虽然早期的人机交互实验非常有前景，但这些技术还没有广泛部署到医疗实践中。

（2）金融领域

随着金融领域的发展，深度学习受到了该领域专家学者的关注，当科技与金融结合起来，人们进入了一种全新的金融环境。深度学习的发展使人工智能在图像、语音、自然言语处理等多方面有了技术性突破，使得深度学习在金融领域的应用达到实践运用程度。其中，深度学习非常适用于大数据背景下的金融预测分析。

在金融领域，深度学习可以有以下具体应用：

① 识别各种金融票据文字，尤其是手写字迹。

② 人脸识别用于金融支付、认证。

③ 智能客服推进金融服务体验。

④ 金融时序分析预测期货、股票行情。

⑤ 监测金融舆情并进行舆情分析。

⑥ 智能理财投资与顾问。

综上所述，近十几年来神经网络及基于神经网络的各类应用的复杂度越来越高，从而催化了深度学习在相应领域的应用与普及。但就目前而言，神经网络的复杂程度仍旧只能与某些昆虫相比较，因此其未来的理论发展和应用实践大有可为。

6.2　人工智能与大数据

前面详细地论述了人工智能和大数据，接下来介绍一下它们之间的关系。

总体而言，大数据技术聚焦于对数据的采集、预处理和数据挖掘等方面，而人工智能则是在大数据的支持下运用人工设定的特定性能和运算方式来实现预期的应用目标。因此，人工智能离不开大数据，人工智能需要依赖大数据来帮助它完成相关的模型训练、学习与进化。

人工智能的繁荣与大数据的发展密切相关，大数据为人工智能提供了大量的训练数据，从而提高了人工智能模型优化的能力。这一显著优点在促进人工智能与大数据双赢的同时，也为两者的运用增加了海量的运算。幸运的是，随着计算机软、硬件运算能力的提升，人工智能在大数据环境下发挥出了极高的实际应用价值。高速并行运算、海量数据、更优化的算法共同促成了人工智能发展的突破，它所释放出来的力量将彻底改变和优化人们的工作和生活，这对人类的发展具有重大且深远的影响。

人工智能涉及的领域非常广泛，且深入人们的工作和生活各个方面。人工智能，特别是深度学习的快速发展需要大量数据的应用和积累，从这个角度可以认为大数据是人工智能应用的重要基础和支撑。随着数据的不断增加，人们开始在其中发现某种规律，引发了分析的需求。分析让大量的数据有了价值，运行有人工智能的机器开始懂得用户想要什么，需要干什么，可以预测未来变化或趋势，这种人工智能与场景的结合改变了人们的生活方式，解放了生产力。很多过去只有人能做的事情，现在更多的情况下能够通过机器实现，比如语音助手、无人驾驶汽车等。更重要的是，在硬件性能逐渐提升、计算资源越来越强大的同时，计算的成本却越来越低廉。

6.2.1　人工智能与大数据的区别

大数据是需要在数据变得有用之前进行清理、结构化和集成的原始输入，而人工智能则是输出，即处理数据产生的智能。这两者有着本质上的不同。

人工智能是一种计算形式，它允许机器执行认知功能，例如对输入起作用或做出反应，类似于人类的做法。人工智能系统不断改变它们的行为，以适应调查结果的变化并修改它们的反应。人工智能系统旨在分析和解释数据，然后根据这些解释来解决实际问题。人工智能可以通过决策和学习做出更好的反应。在某些方面人工智能会代替或部分代替人类来完成某些任务，并且比人类速度更快，错误更少。

大数据更关注数据本身，为了获得洞察力，它往往不会根据大数据的结果采取行动，而只是寻找结果。它定义了非常大的数据集，通过对数据的消化、吸收来挖掘或创造出新的价值。

6.2.2　人工智能与大数据的关联

虽然人工智能和大数据有很大的区别，但它们能够很好地协同工作。这是因为人工智能需要数据来支持其智能，特别是机器学习。

在机器学习中，为了训练模型，需要大量的数据，而且数据需要结构化和集成到足够好的程度，以便机器能够可靠地识别数据中的有用模式。大数据技术满足这样的要求。

大数据提供了大量的数据，并且能从大量繁杂的数据中提取或分离出有用的数据，供人工智能来使用。人工智能和机器学习中使用的数据已经被清理过了，无关的、重复的和不必要的数据已经被清除。这些"清理"工作是由大数据技术来完成或保障的。

大数据可以提供训练学习算法所需的数据。有两种类型的数据学习：初期离线训练数据学习和长期在线训练数据学习。人工智能应用程序完成最初离线训练，并不会停止数据学习。随着数据的变化，它们继续在线收集新数据并调整行为。因此，数据分为初期的和长期的（持续的）。机器学习从初期和长期收集到的数据中不断学习和训练，不断学习和调整人工智能的模型和参数。

人工智能发展的一个飞跃是大规模并行处理器的出现，特别是 GPU，它是具有数千个内核的大规模并行处理单元，这大大加快了人工智能算法的计算速度。人工智能想要获得高效、精确的模型，需要大量的数据来支持人工智能。人工智能应用的数据越多，其获得的结果就越准确。因此可以看出，人工智能依托于大数据，或者说人工智能底层基于大数据。

此外，在大数据发挥作用的同时，大数据的应用必然会带来个人隐私保护方面的挑战。有效、合法、合理地收集、利用、保护大数据，是人工智能时代的基本要求。

最后还要澄清的一点是：大数据在人工智能中的作用是将人类或物体行为活动抽象或转变为海量数据，对数据进行清洗、提质等预处理，以供人工智能系统使用，而对数据进行智能分析只是人工智能的一部分，并非全部。通过人工智能分析和挖掘大数据，也仅仅是大数据领域研究、应用中重要的组成部分，不是全部。

总而言之，人工智能和大数据既有联系又有区别，还可以协同工作。人工智能需要依托大数据来建立其智能，而大数据需要人工智能产生并提炼其价值，人工智能是当前最为有效和常用的大数据计算、挖掘方式。

6.3 深度学习工具

深度学习是人工智能重要的组成部分，随着网络模型层次的增加，深度学习对模型复杂度和参数优化计算量等相关方面的要求也变得越来越严苛。为此，深度学习的初学者可以借助各种深度学习工具，将网络建模和训练、学习、验证等具体工作进行封装与简化。基于这些工具，即便是初学者，也可以通过数十行代码实现复杂网络模型的构建并将模型应用于大数据的学习与挖掘。表 6-1 给出了部分流行的深度学习工具及其各自的特点。

表 6-1 深度学习工具基本特征表

	语言	教程与实训材料	卷积神经网络建模	循环神经网络建模	易用性与模块化前端	速度	多 GPU 支持	Keras 兼容性
TensorFlow	Python	✓✓✓	✓✓✓	✓✓	✓✓✓	✓✓	✓✓	✓
PyTorch	Lua Python(PyTorch)	✓	✓✓✓	✓✓	✓✓	✓✓✓	✓✓	不兼容
Theano	Python C++	✓✓	✓✓	✓✓	✓	✓✓	✓	✓
Caffe	C++	✓	✓✓	不支持	✓	✓	✓	不兼容
MxNet	R, Python, Julia, Scala	✓✓	✓✓	✓	✓✓	✓✓	✓✓✓	不兼容
Neon	Python	✓	✓✓	✓	✓✓	✓✓	✓	不兼容
CNTK	C++	✓	✓	✓✓✓	✓	✓✓	✓	不兼容

从各种工具和框架支持的编程语言来说，大部分工具都支持 Python 语言，这与该语言在大数据处理方面的优势及其易用、易学的特征密不可分。另外，Caffe 和 Theano 支持传统高级语言 C++的开发，这为传统程序开发人员向大数据和人工智能开发的转型提供了便利，尽管 Caffe 与 PyTouch 支持 C++与 Lua 等非 Python 语言，但它们的代码库都与Python 进行了绑定。另外值得一提的是，近年来在人工智能尤其是神经网络领域不断得到重视的 PyTorch 工具。该工具来源于 Torch，是 Facebook 人工智能研究所于 2017 年 1月利用 Python 对原有 Torch 进行包装后发布的一种新工具。

当前，大量针对上述工具的学习与实验网络资源、课程、书籍和实训材料程序纷纷涌现，以满足数据科学家与大数据初学者的研究与学习需求。相对来说，TensorFlow 与PyTorch 的学习与训练资料和文档更加齐全，更适合初学者入门学习和非计算机数据科学家使用。除此之外，Theano、MXNet 也有相对丰富的学习资料与教程。而其他工具在资料齐备方面略有欠缺，这说明其开放性与前者相比有待提高，另一方面工具开发者对于所面向的用户具有较高的基础要求。

卷积神经网络和循环神经网络及其变种是当前深度学习中应用最为广泛的两种神经网络模型，前者广泛应用于图像识别与自然语言处理等领域，而后者倾向于处理具有时间序列特征和信息的任务，比如语音识别、语义挖掘、图像描述等。TensorFlow 与 PyTorch 对于卷积神经网络和循环神经网络都具有较好的建模和支持能力，其中 TensorFlow 工具中有大量循环神经网络的资料和模型实现的例子，而 PyTorch 则内置了现成的模型。

TensorFlow 和 PyTorch 具有良好的模块化开发架构，这有利于大数据开发者进行简单、快捷的开发，而且相关工具还提供了相应调试与监控的功能，从而大大提升了工具的易用性。

另外，TensorFlow 和 PyTorch 在运算速度与效率方面对基于 GPU 的并行众核计算架构具有不错的适应和支撑能力。深度学习在模型训练和应用处理过程中大量的浮点运算可以分配给包含众多计算核的 GPU，从而实现大规模并行计算，有利于减少计算时间，提升计算效率。GPU 与 CPU 不同，它往往是由数以千计的核心构成，尽管这些核心与 CPU 相比较并不太适合处理那些具有全局性的复杂操作，但对于大数据计算中那些规模庞大、计算相对简单且重复的操作具有很好的适应性。

深度学习库是构建深度学习模型及实现相关训练、应用的重要基础，在不同平台和框架下存在不同的库。Keras 是非常重要的一种，通过它，数据科学家可以快速和高效地完成向深度学习的转变，但目前它仅仅支持 TensorFlow 和 Theano 两个框架。

综上所述，有良好设计的深度学习框架和工具可以帮助大数据挖掘和相关从业者以更高的效率建立准确、简单和稳定的深度学习模型，并协助他们迈向基于深度学习的大数据挖掘新阶段。

6.3.1　TensorFlow

TensorFlow 是一个开源的软件库，它广泛应用于人工智能和机器学习的学习与开发过程中，用于实现各种如同机器学习一般涉及大数据计算的算法和应用，是当前受相关从业人员欢迎的算法库之一。TensorFlow 是由谷歌基于最初的 DistBelief 开发的第二代人工智能学习库，也是 GitHub 上最受欢迎的机器学习库之一。TensorFlow 这个名字蕴含了该工具的基本运行原理和机制。Tensor 是张量的意思，表示模型中处理数据的基本模式，张量通俗的理解就是多维的数组，在实践中张量可以是一维的，也可以是 N 维（N 可以是非常大的一个数字）。我们在现实世界中很容易解释一维，比如时间；二维，比如平面；三维，比如空间，但在大数据挖掘中涉及的维度可能远远超出我们的想象，初学者在理解多维的时候往往缺乏直观、感性的认识，从而妨碍了对 TensorFlow 的学习，这是需要克服的困难。Flow 则表示基于数据流图的计算。

尽管非大数据相关行业的人员较少接触 TensorFlow，但它并不神秘，很多人都在直接或者间接地使用基于 TensorFlow 的产品和应用，例如 Google 照片和 Google 语音搜索，它们都是间接建立在 TensorFlow 的模型之上。TensorFlow 往往与大规模的软硬件集群结合（如云计算、云存储等），并运行其上，从而获取收集、存储、挖掘、处理大数据的强大能力。

本节对 TensorFlow 进行简单的介绍，并给出了一些基于 TensorFlow 模型的应用案例和

Python 代码示例，如果要更深入地学习 TensorFlow 及其开发，则需要学习 Python 作为基础，但作为大数据挖掘相关初学者仅需要了解最简单的 Python 语法即可。

1. TensorFlow 与 AlphaGo

TensorFlow1.0 的正式版本发布于 2017 年 2 月，其开发者不仅包括谷歌公司的人员，也包括来自其他公司的大量开发人员。TensorFlow 从开发之初就考虑了其跨平台的特性，因此作为一个机器学习算法库，它几乎可以运行于任何平台上，比如移动、嵌入式平台，GPU 平台等。TensorFlow 也作为很多大规模应用的基础框架和底层支撑技术，保障整个系统运转更加流畅和高效，比如其在著名围棋比赛系统 AlphaGo 中的应用。

当前，真正关注、从事大数据与算法的研究、开发人员仍旧占比很低。AlphaGo 横空出世，并在 2015—2017 年间分别战胜了三届欧洲冠军樊麾、世界顶级棋手李世石等人后，一时之间人工智能与机器学习之名世人皆知。20 年前，IBM 深蓝（Deep Blue）计算机击败国际象棋冠军卡斯帕罗夫时，很多人还在说国际象棋与围棋有本质之别，围棋中包含了很多诸如"势"等"只可意会不可言传"的概念，人工智能对于围棋必将"水土不服"，短短 20 年，人工智能在围棋领域创造了人机对抗历史上的新里程碑。

然而，AlphaGo 仍旧属于博弈类机器学习，其基本思路是对围棋游戏空间的一种搜索，即要在所有的可能步骤中找出最优、最有价值的步骤。而搜索会随着搜索空间的变大而迅速变得困难。对于围棋来说，其搜索空间的宽度（每步的选择多寡）和深度（博弈的步数）分别约为 250 种和 150 步。为了解决搜索规模过于庞大的问题，AlphaGo 采用了价值网络和策略网络两种模式缩减问题规模，提升系统的效率，从而在与对手博弈过程中，以可接受的速度做出"落子"决策。

简单来理解，围棋比赛的搜索就是在 19×19 规模的棋盘上黑白双色棋子构成的所有状态中找到最合适的步骤。这涉及两个问题。一个问题是，在任意状态下，通过落子可以导致很多不同的棋局状态出现，那么哪种状态更优呢？这需要一种评估方法来选择。另一个问题是，一旦确定了落子会影响后续很多步骤，这样影响的延续如何体现？这需要对状态空间进行深度评估。后者通过神经卷积网络（CNN）进行训练，找出每种状态的"价值"，因此称为价值网络。这里的"价值"是一种用于评估棋局输赢的量化值。随着对弈的进行，相关落子步骤会形成一棵由"状态"构成的树，如果某棵"子树"中包含足以判断输赢的状态，显然其价值会更高。而前者则需要通过人工智能来计算每种状态布局的获胜概率，然后通过这个概率分布进行每个步骤的选择。

要实现上述过程并不容易，首先 AlphaGo 要进行有监督的学习，也就是以人类历史上的各种棋谱作为依据和标签，其"监督"指的是在学习过程中让卷积神经网络做出的落子决定尽量与人类棋谱相接近。也就是学习围棋中的"打谱"，它的做法是大量地输入这个世界上职业棋手的棋谱，用来预测对手最有可能的落子位置。在这个网络中，完全不用去思考"赢"这件事，只需要预测对手的落子即可（如图 6-1 所示，网络学习的是基本下棋的策略）。接下来，则是通过强化学习，通过系统之间的相互博弈来学习提高胜率的策略，这需要棋局价值信息的支撑（即某种状态赢的概率如何，如图 6-2 所示）。

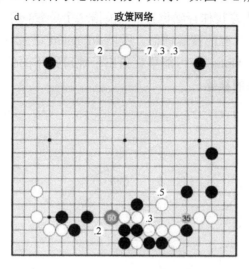

图 6-1　学习人类"落子"的策略

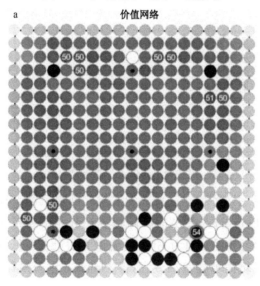

图 6-2　评估某种棋局状态的"获胜"概率

AlphaGo 会采用蒙特卡洛搜索树算法实现整个棋局过程中的对弈步骤。一般来说，蒙特卡洛搜索树包括 4 个步骤（过程如图 6-3 所示）。

① 选取：首先根据目前的状态，选择几种可能的对手落子模式。

② 展开：根据对手的落子，展开使我方胜率较大的落子模式（我们称之为一阶蒙特卡洛树）。所以在 AlphaGo 的搜索树中并不会真地展开所有组合。

③ 评估：如何评估较佳行动（AlphaGo 该下在哪儿？），一种方式是将行动后的棋局丢到评价网络来评估胜率，另一种方式则是做深度的蒙特卡洛树（多预测几阶可能的结果）。这两种方式所评估的结果可能截然不同，AlphaGo 使用了混合系数来将两种评估结果整合，目前在 Nature 刊出的混合系数，即评价网络和蒙特卡洛树在评估中的权

重各占一半。

④ 倒传导：在决定我方较佳行动位置后，根据这个位置向下透过策略网络很快地评估对手可能的下一步，以及对应的搜索评估。所以 AlphaGo 让人最恐怖的是，人类棋手在思考自己该下哪里的时候，AlphaGo 可能早就猜出了他可能下的位置，而且正利用他在思考的时间继续向下计算后面的棋路。

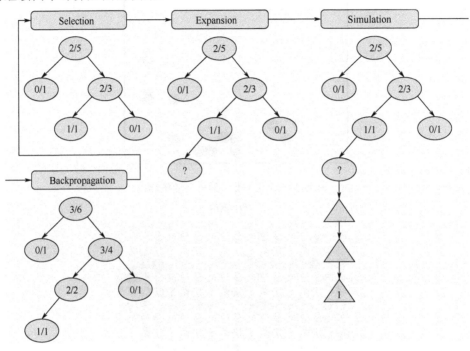

图 6-3　蒙特卡洛搜索树

在 AlphaGo 的训练学习过程中，需要耗费大量的计算资源，TensorFlow 在其中起到了重要的作用。通过 TensorFlow 的支撑，AlphaGo 可以充分利用分布式架构和众核设备（GPU，图形处理器）运行深度学习算法。因为 GPU 适合做大吞吐量、低逻辑判断的工作，适合深度学习这种数据量大而逻辑简单的算法，从而将 AlphaGo 这一横扫象棋界的系统变成现实。

2．TensorFlow 的基本构成与原理

张量和计算图是 TensorFlow 的核心构成内容，TensorFlow 的基本流程是操纵张量从计算流图的一端流动到另一端的计算过程。接下来对相关概念和内容进行简单的介绍。

计算图是一种由"节点"（Nodes）和"线"（Edges）构成的有向图，用于描述数学计算。"节点"一般用来表示施加的各种数学操作，也可以表示数据输入的起点和输出的终点，或者是读取/写入永久变量的终点。"线"表示"节点"之间的输入/输出关系，是有方向的。这些数据"线"可以传送"大小可动态调整"的多维数据数组，即张量（tensor）。一旦输入端的所有张量准备好，节点将被分配到各种计算设备完成异步并行运算，图 6-4 给出了一个计算图的示例。

张量是现代机器学习的基础。它的核心是一个数据容器，多数情况下它包含数字，少

数情况下它也包含字符。因此可以把它想象成一个存储数字的水桶。实际上，你可以使用仅包含一个数字的张量，我们称为零维张量，也就是一个只有零维的张量。它仅仅是带有一个数字的水桶。想象水桶里只有一滴水，那就是一个零维张量。张量仅仅是组织数据成为一种可用的格式。在网页程序中，人们通过 XML 表示和组织数据，可以定义它们的特征并快速操作。同样，在深度学习中，人们使用张量作为操作数据的基本格式。如果读者有过程序开发的经验，或者学习过某种高级编程语言，可以将零维张量理解成单一的变量，一维向量则类似于数组，二维向量则对应矩阵等，这有助于对张量的理解。图 6-5 给出了在 Numpy（基于 Python 的库）中定义二维和三维变量的示例。

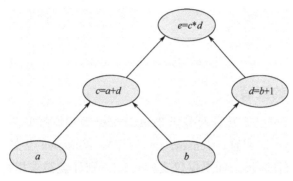

图 6-4　计算图示例（a/b/c/d/e 等表示张量）

```
1  x = np.array([[5,10,15,30,25],
2
3  [20,30,65,70,90],
4
5  [7,80,95,20,30]])
```

```
1   x = np.array([[[5,10,15,30,25],
2
3   [20,30,65,70,90],
4
5   [7,80,95,20,30]]
6
7   [[3,0,5,0,45],
8
9   [12,-2,6,7,90],
10
11  [18,-9,95,120,30]]
12
13  [[17,13,25,30,15],
14
15  [23,36,9,7,80],
16
17  [1,-7,-5,22,3]]])
```

图 6-5　二维、三维张量定义

TensorFlow 可以根据计算图在多个设备上并行执行相关计算。如图 6-4 中，c 和 d 彼此独立，它们之间不存在依赖关系，换言之，没有必要在计算 d 之前必须计算 c，反之亦然，相关计算完全是可以并行的。因此，TensorFlow 可以在 CPU 上计算操作 d，同时在 GPU 上计算操作 c。图 6-6 给出了两种分布式执行的过程。

左边是单个系统的分布式执行，其中任务是创建单个 worker，并且该 worker 负责在各设备上调度子任务。在右边情况下，有多个 worker，他们可以在同一台机器上或不同的机器上运行，每个 worker 都形成自己的运行环境。在图中，worker process1～3 各自运行在独立的机器上，并调度所有可用设备（如 GPU）进行计算。

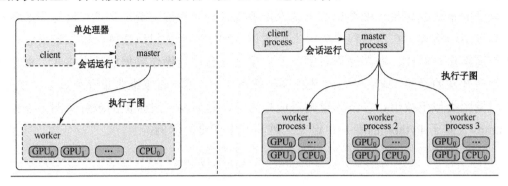

图 6-6　TensorFlow 并行执行

3．TensorFlow 的安装

本节给出 TensorFlow 的安装以及基于 TensorFlow 数据挖掘的简单示例。

TensorFlow 安装与环境配置：TensorFlow 既支持 Windows 也支持 Linux，另外它还可以支持 CPU+GPU 的硬件环境。如果仅仅支持 CPU，则环境需求相对简单；如果同时要支持 GPU，则需要复杂的环境支持。此外，TensorFlow 有不同的具体安装方法，由于其对 Python 环境的依赖，需要先安装 Python，而且 TensorFlow 与 Python 之间也有一定的版本对应关系。为了简化安装和环境配置，可采用 Anaconda 工具进行安装，并且安装支持 CPU 版本的 TensorFlow。

（1）安装 Python

① 下载 Python 对应版本（https://www.python.org/downloads/release/python-2710），如图 6-7 所示。在相应盘符和文件夹下找到下载后的 Python 文件夹，打开后里面有需要的安装包，版本是 Python2.7.10，如图 6-8 所示。

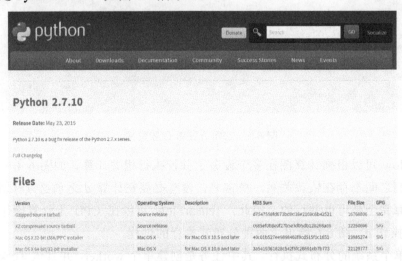

图 6-7　下载 Python

图 6-8　Python 版本

②　右键单击打开安装文件，单击"安装"按钮，后续单击"Next"按钮，如图 6-9、图 6-10 所示。

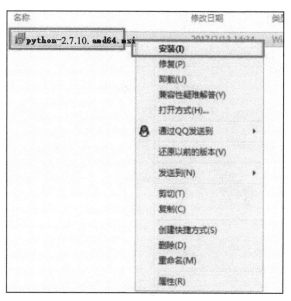

图 6-9　打开安装文件

图 6-10　开始安装

③ 选择安装路径，此处选择 C:\Python27，后续单击"Next"按钮，其过程如图 6-11、图 6-12、图 6-13、图 6-14 所示。

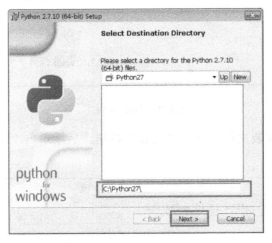

图 6-11　安装位置

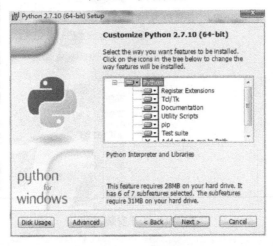

图 6-12　安装内容

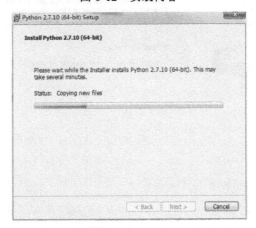

图 6-13　安装过程

图 6-14　安装完成

（2）配置 Python 环境变量

① 右键单击"计算机"图标，选择"属性"，进入如下界面，如图 6-15 所示。

图 6-15　"属性"界面

② 单击"高级系统设置"按钮，再单击"环境变量"按钮，如图 6-16 所示。

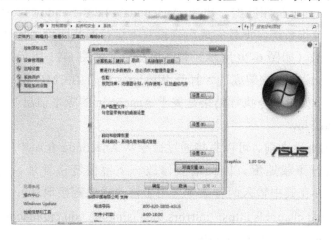

图 6-16　选择"环境变量"选项

③ 在"环境变量"界面找到系统变量中的"Path"变量，单击"编辑"，如图 6-17 所示。

图 6-17　Path 编辑

④ 在"Path"变量中加上 Python 的安装路径，如图 6-18 所示。

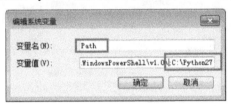

图 6-18　添加路径

（3）安装 Anaconda

① 下载 Anaconda 安装软件，可以在 Anaconda 官方网站下载，也可以从国内镜像网站下载，国内清华镜像网址是：https://mirrors.tuna.tsinghua.edu.cn/anaconda/archive/。注意下载版本要与安装的计算机相匹配，比如 Anaconda3-4.2.0-Windows-x86_64.exe 表示匹配的是 Windows64 位操作系统。下载完成后直接双击运行安装即可（如图 6-19 所示）。

② 选择安装目录（如图 6-20 所示）和环境变量（如图 6-21 所示）选项。

③ 验证 Anaconda 是否安装成功。打开 Windows 自带的 CMD 窗口，并在其中键入命令"conda-version"，如果命令执行结果是关于 Anaconda 的版本信息，则表示安装成功。

（4）安装 TensorFlow

① 安装 TensorFlow 之前，可以直接通过命令从 Anaconda 仓库中下载，尽量利用国内镜像网站，可以提升下载速度，因此需要修改一下镜像链接地址。打开安装后的工具 Anaconda Prompt，并在其中输入两行命令（用于修改镜像链接地址）：

conda config --add channels https://mirrors.tuna.tsinghua.edu.cn/anaconda/pkgs/free/

conda config --set show_channel_urls yes

图 6-19　安装 Anaconda

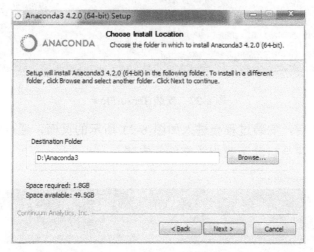

图 6-20　安装目录

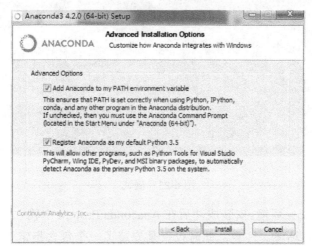

图 6-21　环境变量

② 安装 TensorFlow。在 Anaconda Prompt 中输入命令：

conda create -n tensorflow python=3.5.2

运行过程如图 6-22 所示。

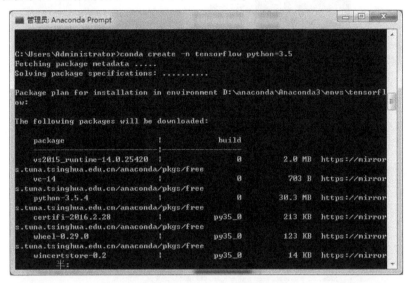

图 6-22　安装 TensorFlow

在经过短暂等待后，安装过程会进入如图 6-23 所示的页面，通过键盘输入字母"y"并按回车键，安装程序会自动下载相关文件并安装。

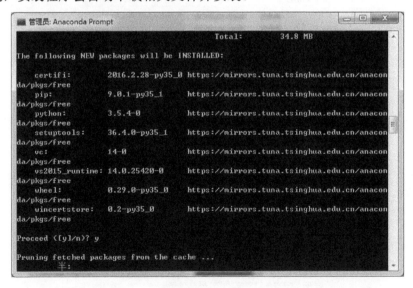

图 6-23　确认

③ 启动 TensorFlow 环境。安装成功后在 Anaconda Prompt 中输入"activate tensorflow"，用于启动 TensorFlow 环境。注意，此时仅仅是安装了一个包含指定 Python 版本的环境，并命名为 TensorFlow（该名称可以任意命名），真正的 TensorFlow 软件尚未安装。

④ 安装 CPU 版本 TensorFlow。在第③步启动成功后，输入命令：

Pip install tensorflow

如图 6-24 所示。

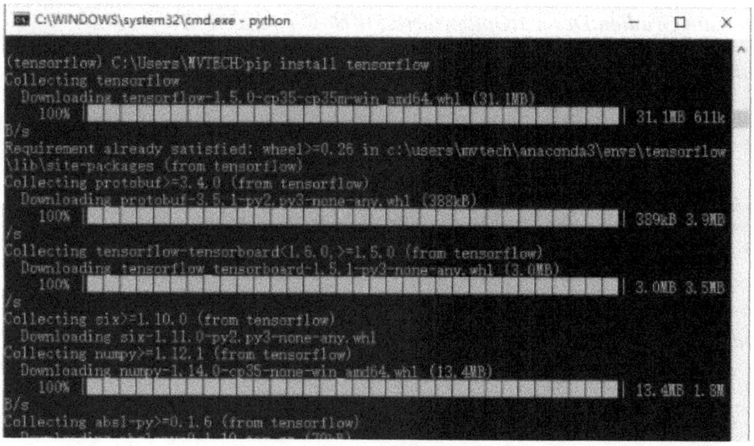

图 6-24　安装命令

⑤ 验证安装成功。在命令窗口中键入 Python 命令，之后再键入"import tensorflow as tf"语句。如果运行没有报错误，说明 TensorFlow 安装成功，如图 6-25 所示。

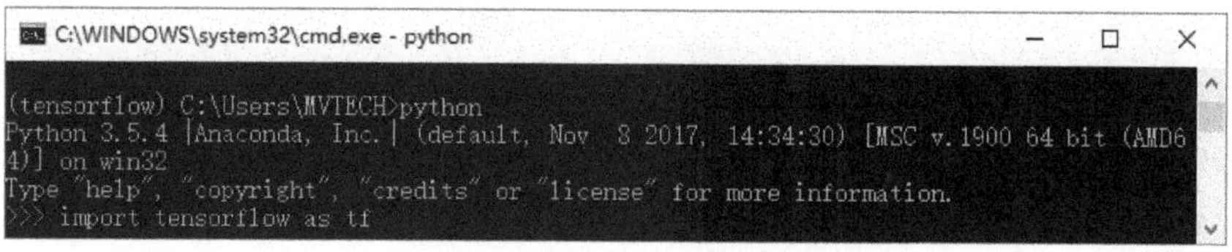

图 6-25　验证安装成功

4．TensorFlow 示例

本节给出一个简单的利用逻辑回归计算函数参数的方法。例子首先给出了二维平面上 100 个随机点作为训练数据（这些点实际上符合 $y=0.1x+0.3$ 的线性关系）。此后，通过逻辑回归方法来学习该函数的参数 a 和 $b(y=a*x+b)$。其代码如下：

```
import tensorflow as tf
import numpy as np


x_data = np.random.rand(100).astype(np.float32)
y_data = x_data*0.1+0.3
#以上用于生成训练数据
Weights = tf.Variable(tf.random_uniform([1], -1.0, 1.0))
biases = tf.Variable(tf.zeros([1]))
#设置两个参数
y = x_data*Weights + biases
```

```
#输出结果
loss = tf.reduce_mean(tf.square(y-y_data))#损失函数
optimizer = tf.train.GradientDescentOptimizer(0.5)#梯度下降法优化
train = optimizer.minimize(loss)
init = tf.global_variables_initializer()


sess = tf.Session()
sess.run(init)


for step in range(200):#200 次迭代训练
    sess.run(train)
    if step%20 == 0:#没迭代第 20 次输出参数训练情况，你会发现相关参数逐步接近 0.1 和 0.3
        print(step, sess.run(Weights), sess.run(biases))
```

其输出的结果样式如下所示，由于每次训练都不完全一样，因此其数据不会完全相同，以下结果仅供参考。

```
0 [ 0.22152893] [ 0.23289981]
20 [ 0.12997523] [ 0.28617936]
40 [ 0.10714599] [ 0.29670522]
60 [ 0.10170358] [ 0.29921454]
80 [ 0.10040613] [ 0.29981276]
100 [ 0.10009683] [ 0.29995537]
120 [ 0.10002309] [ 0.29998937]
140 [ 0.10000551] [ 0.29999748]
160 [ 0.10000131] [ 0.29999942]
180 [ 0.10000031] [ 0.29999986]
```

6.3.2 PyTorch

PyTorch 是 Torch 在 Python 上的衍生，最早的 Torch 是一个使用 Lua 语言的神经网络库，而 PyTorch 则是在 Torch 基础上的 Python 机器学习包。Torch 是用 C 语言作为底层，然后用 Lua 语言作为接口的深度学习库。而 PyTorch 虽然也是主要采用 C 语言为接口，但除了 C 语言还有 C++，因为 PyTorch 结合了 Caffe2 的特征，进行了很多代码合并，因此现在 PyTorch 的底层虽然大部分还是 C 语言，但是接口之类的语言却在逐渐向 C++过渡。

与基于静态计算图的 TensorFlow、Caffe、CNTK、Theano 等计算图不同，PyTorch 具

有动态计算图（Dynamic Computational Graph）的结构与特征，因此 PyTorch 有一种独特的神经网络构建方法：使用和重放。在 PyTorch 中通过一种反向模式自动微分（Reverse-Mode Auto-Differentiation）的技术，可以零延迟或零成本地任意改变神经网络。另外，PyTorch 具有强大的 GPU 加速能力，其中的张量可以像 Numpy 中的阵列一样运行于 GPU 上，从而能够充分利用 GPU 计算能力加快模型中张量的计算速度，使得神经网络的训练和预测速度提高 50 倍或更多。

正是因为 PyTorch 的动态计算图特征，它允许动态定义计算图，而无须在运行模型之前将整个计算图定义完整（TensorFlow 是这样做的），这为 PyTorch 在复杂和规模庞大的机器学习模型中的运用提供更好的灵活性和速度，从而适合多层次的深度学习应用。除此之外，由于 PyTorch 可以动态定义其计算图，因此在针对一些神经网络比如 RNN（循环神经网络）的理解和学习方面，有利于初学者的入门和理解。PyTorch 具有以下优势。

① Python 优先支持策略。PyTorch 的主要特性之一是支持 Python（官方的提法：Python 优先策略）。因为直接构建自 Python C API，PyTorch 从细粒度上直接支持 Python 的访问。相比于原生 Python 实现，引入的新概念很少，这不仅降低了 Python 用户理解的门槛，而且保证了代码基本跟原生的 Python 实现一致。事实上，开发者可以直接用原生 Python 代码扩展 PyTorch 的各种操作。

② 动态图的良好支持。TensorFlow 运行必须提前建好静态计算图，然后通过 feed 和 run 重复执行建好的图。但是 PyTorch 却不需要这么麻烦，PyTorch 的程序可以在执行时动态构建和调整计算图。相对来说，PyTorch 具有更好的灵活性，这得益于 PyTorch 直接基于 Python C API 构建的 Python 接口。

③ 易于调试（Debug）。PyTorch 在运行时生成动态图，开发者可以在堆栈跟踪中看到哪一行代码导致了错误。开发者甚至可以在调试器中停掉解释器并查看某个神经网络层会产生什么（这一点非常重要，人们可以直观地理解深层神经网络所蕴含的原理）。

④ 使用 PyTorch 可以使用 GPU 的功能代替 Numpy。它是一个深度学习研究平台，可以提供最大的灵活性和速度。

1．PyTorch 安装与配置

PyTorch 安装需要 Python 环境，其具体安装步骤包含多种不同的方式。简单起见，本节介绍的安装步骤也是基于 Anaconda。

（1）安装 Anaconda

（2）安装 PyTorch 与 TorchVision

① 下载 PyTorch。进入 PyTorch 官网 https://pytorch.org/，根据计算机配置和软件平台环境在官网首页进行操作。比如计算机安装了 Windows 操作平台和 Anaconda 的管理器，并安装了 Python3.6，其中没有 GPU 支持（即没有安装 CUDA），就可以如图 6-26 所示进行选择：Windows+conda+3.6+None。

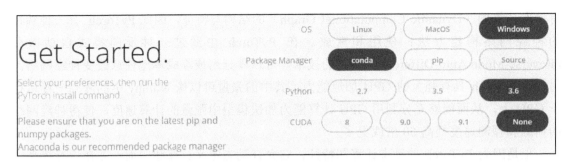

图 6-26 选择安装环境

选择完成后网站会自动在"Run this Command"区域框中生成并显示针对当前所选环境安装 PyTorch 的命令。

② 利用命令进行在线安装。进入 Anaconda Prompt，输入上述两条命令进行安装。Anaconda Prompt 可以在安装的 Anaconda 中找到，如图 6-27 所示。

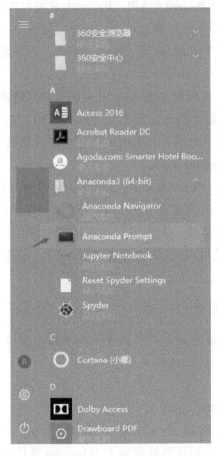

图 6-27 打开 Anaconda Prompt

在打开的窗口中先后输入上述命令。首先输入"conda install pytorch-cpu -c pytorch"，运行后出现如图 6-28 所示询问内容，输入字母"y"并按回车键，安装自动完成。

图 6-28　安装 PyTorch 询问内容

③ 在线安装 TorchVision。运行"python -m pip install --upgrade pip"命令升级 pip 到最新版本，然后输入"pip3 install notebook"安装可视化核心组件，最后输入命令：

pip3 install torchvision

安装成功的显示内容如图 6-29 所示。

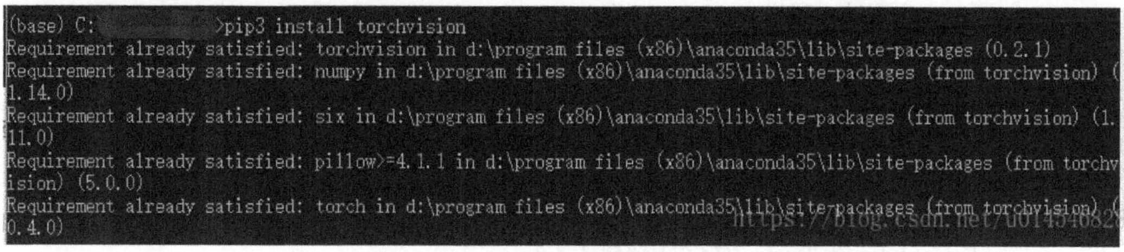

图 6-29　TorchVision 安装成功信息

④ 确认安装成功。运行 Anaconda Navigator，进入 Jupyter（或者运行 Anaconda Prompt 中安装 PyTorch 的虚拟环境），创建文件，输入如下语句：

import torch

import torchvision

print(torch)

如果成功运行，则安装成功。

2．PyTorch 示例

本节给出一个基于 PyTorch 的简单示例。在该例子中，先给出了三组训练数据（1，2）、（2，4），（3，6）。通过训练构建神经网络（实际上是一个简单的线性关系，用其他方式更加高效，这里仅仅是示例）。学习后，在神经网络中输入 4，输出预测结果（正确的预测应该是 8，因此网络给出的结果应该随着精度的提高越来越接近 8）。其实现代码如下：

```
import torch
from torch.autograd import Variable
x_data = Variable(torch.Tensor([[1.0], [2.0], [3.0]]))  # 生成训练数据
y_data = Variable(torch.Tensor([[2.0], [4.0], [6.0]]))
```

```
class Model(torch.nn.Module):
    def __init__(self):
        super(Model, self).__init__()
        self.linear = torch.nn.Linear(1, 1) # 线性神经网络，一个输入一个输出
    def forward(self, x):#前向传播网络
        y_pred = self.linear(x)
        return y_pred
model = Model()
criterion = torch.nn.MSELoss(size_average=False) # 定义损失函数
optimizer = torch.optim.SGD(model.parameters(), lr=0.01) # 定义优化器
for epoch in range(50): #训练前馈和损失函数，训练迭代 50 次
    y_pred = model(x_data) # 前向传递
        loss = criterion(y_pred, y_data) #计算损失函数
        print(epoch, loss.data[0])
        optimizer.zero_grad() #0 梯度
        loss.backward()#后向传递
        optimizer.step()#更新权重
#50 次迭代训练后，神经网络模型训练完成
hour_var = Variable(torch.Tensor([[4.0]]))#输入 4.0
print("predict (after training)", 4, model.forward(hour_var).data[0][0])#输出模型预测的结果
```

迭代 50 次的结果如下（这里给出了每 5 次迭代后，损失函数的值，模型训练的目标是将该值降到最低 0）：

```
0 35.38422393798828
5 0.6207122802734375
10 0.012768605723977089
15 0.0020055510103702545
20 0.0016929294215515256
25 0.0015717096393927932
30 0.0014619173016399145
35 0.0013598509831354022
40 0.0012649153359234333
45 0.00117658288218081
50 0.001094428705982864
predict (after training) 4 8.038028717041016
```

每次训练的模型起始状态和中间过程都可能不同，以上结果仅供参考。

6.4 深度学习案例

深度学习在图像识别和语音处理等方面具有较强的优势，体现了良好的识别精确度，并在很多商业应用中得以验证。本节就图像识别中的入门案例——手写数字识别及语音识别作为案例，讲解深度学习开发的一般过程和特征。通过本节的学习并不要求读者掌握深度学习的所有能力，而是通过相关案例了解隐含在深度学习背后的基本原理和解决问题的思维方式。

上节已经搭建了基于 Anaconda 的 TensorFlow 和 PyTorch 开发环境，本节给出的一些深度学习开发和应用案例都是基于该环境。

6.4.1 手写数字识别案例

手写数字识别是机器学习的入门案例，其思路虽然简单却具有很强的代表性。手写数字是一系列数字手写体的图片，典型的就是 MNIST 数据集。MNIST 是一个手写数字 0-9 的数据集，它有 60 000 个训练样本集和 10 000 个测试样本集，它是 NIST 数据库的一个子集。该数据集可以通过官方网址下载获得[①]。比如在 Windows 系统可以直接下载 train-images-idx3-ubyte.gz、train-labels-idx1-ubyte.gz、t10k-labels-idx1-ubyte.gz、t10k-images-idx3-ubyte.gz 四个文件。文件中的图像数据均是以二进制文件的方式保存，每个样本图像的宽和高都是 28×28 像素。

实际上，手写数字的识别可以用两种不同的神经网络模型实现，第一种神经网络模型只采用一层隐含层（因此不属于深度学习模型），并将 28×28 像素作为一个长度为 784 的向量进行输入，且训练网络，但该模型的最高精确度大约在 90%，在实践中精确度并不高。第二种则是引入了深度学习模型，通过多层的特征提取可以有效提升识别的精确度，其精确度可以达到 99.8% 以上。下面着重介绍深度学习识别的方法。深度学习的基本思路如图 6-30 所示。

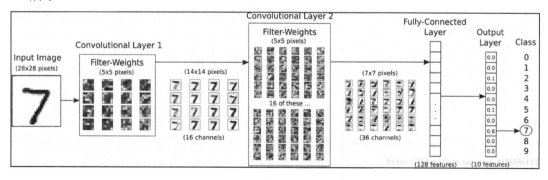

图 6-30 深度学习的基本思路

---

① MNIST 数据库官方网址为：http://yann.lecun.com/exdb/mnist/

其中隐含层主要包括三层：前两个是卷积层，最后一个是全链接层。初看起来好像有些复杂，但其核心思想非常简单。第一个卷积层提取图片中最底层的特征。所谓的卷积，是一种数学中的矩阵操作，模型一般会要求在第一层卷积中设置数十个卷积核，并给出了卷积核和卷积操作的过程。通俗地理解卷积核，可以把它们想象成特征过滤器，比如卷积核 1 明显是对垂直方向的特征进行过滤的，而卷积核 2 可能是对水平方向特征进行过滤的，如图 6-31 所示。一般在 MNIST 中我们会选用 5×5 的卷积核，这些卷积核可以提取 5×5 范围的最基础特征，对于本例子来说，可能就是一些不同形状和方向的线段。通过第一层卷积层，可以获取图片在不同特征过滤后的特征映射图。比如这里设置了 16 个卷积核，很明显所有的数字不是由一种特征组合而成的，所以我们要在第一层初始特征的基础上再提炼更高层的特征，也就是 16 个卷积过滤后得到的特征图之间的关系，这就是第二个卷积层要做的事情，这一次卷积的深度可能就会是 16 了（或者其他不同组合，用于提炼第一步之后不同特征图之间的关系）。最后，两个卷积层都是基于局部特征的提取（卷积核只有 5×5），如果要识别一个数字，应该是综合整个图片的所有特征来看的（比如 0 和 6 可能左下角的局部特征非常相似），这实际上又是进一步的抽象，在前两个卷积获取特征的基础上进行全链接，获取图像不同部分之间的关联。因此深度学习算法往往都是从底层的局部特征逐步提升抽象层次，最终获得相应的结果。而深度学习训练主要就是这些卷积核中的信息，因此我们可以看到在深度学习的卷积神经网络中，人们一开始并不知道图片要提取怎样的特征，而是通过不断的迭代训练来获取这些信息（在全链接层也需要一些其他的参数进行学习）。

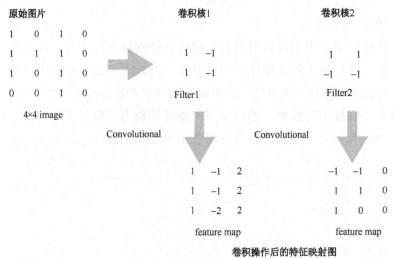

图 6-31 卷积核与卷积操作

综上，基于 TensorFlow 的深度学习实现如下所示：

```
import tensorflow as tf
import tensorflow.examples.tutorials.mnist.input_data as input_data
mnist = input_data.read_data_sets("MNIST_data/", one_hot=True)      #下载并加载 mnist 数据
```

```
x = tf.placeholder(tf.float32, [None, 784])                    #输入的数据占位符
y_actual = tf.placeholder(tf.float32, shape=[None, 10])        #输入的标签占位符


#定义一个函数，用于初始化所有的权值 W
def weight_variable(shape):
    initial = tf.truncated_normal(shape, stddev=0.1)
    return tf.Variable(initial)
#定义一个函数，用于初始化所有的偏置项 b
def bias_variable(shape):
    initial = tf.constant(0.1, shape=shape)
    return tf.Variable(initial)


#定义一个函数，用于构建卷积层
def conv2d(x, W):
    return tf.nn.conv2d(x, W, strides=[1, 1, 1, 1], padding='SAME')
#定义一个函数，用于构建池化层
def max_pool(x):
    return tf.nn.max_pool(x, ksize=[1, 2, 2, 1],strides=[1, 2, 2, 1], padding='SAME')


#构建网络
x_image = tf.reshape(x, [-1,28,28,1])                    #转换输入数据shape,以便于用于网络中
W_conv1 = weight_variable([5, 5, 1, 32])
b_conv1 = bias_variable([32])
h_conv1 = tf.nn.relu(conv2d(x_image, W_conv1) + b_conv1)      #第一个卷积层
h_pool1 = max_pool(h_conv1)                                    #第一个池化层


W_conv2 = weight_variable([5, 5, 32, 64])
b_conv2 = bias_variable([64])
h_conv2 = tf.nn.relu(conv2d(h_pool1, W_conv2) + b_conv2)      #第二个卷积层
h_pool2 = max_pool(h_conv2)                                    #第二个池化层


W_fc1 = weight_variable([7 * 7 * 64, 1024])
b_fc1 = bias_variable([1024])
h_pool2_flat = tf.reshape(h_pool2, [-1, 7*7*64])             #reshape 成向量
h_fc1 = tf.nn.relu(tf.matmul(h_pool2_flat, W_fc1) + b_fc1)   #第一个全连接层


keep_prob = tf.placeholder("float")
```

```
h_fc1_drop = tf.nn.dropout(h_fc1, keep_prob)                          #dropout 层

W_fc2 = weight_variable([1024, 10])
b_fc2 = bias_variable([10])
y_predict=tf.nn.softmax(tf.matmul(h_fc1_drop, W_fc2) + b_fc2)         #softmax 层

#网路构建成功后就是进行训练了
cross_entropy = -tf.reduce_sum(y_actual*tf.log(y_predict))            #交叉
train_step = tf.train.GradientDescentOptimizer(1e-3).minimize(cross_entropy)    #梯度下降法
correct_prediction = tf.equal(tf.argmax(y_predict,1), tf.argmax(y_actual,1))
accuracy = tf.reduce_mean(tf.cast(correct_prediction, "float"))       #精确度计算
sess=tf.InteractiveSession()
sess.run(tf.initialize_all_variables())
for i in range(20000):
    batch = mnist.train.next_batch(50)
    if i%100 == 0:                                #训练 100 次，验证 1 次
        train_acc = accuracy.eval(feed_dict={x:batch[0], y_actual: batch[1], keep_prob: 1.0})
        print 'step %d, training accuracy %g'%(i,train_acc)
        train_step.run(feed_dict={x: batch[0], y_actual: batch[1], keep_prob: 0.5})

test_acc=accuracy.eval(feed_dict={x: mnist.test.images, y_actual: mnist.test.labels, keep_prob: 1.0})
print "test accuracy %g"%test_acc
```

6.4.2　语音识别案例

语音从形式上来看是一种时间序列数据，由于语音的多样性和差异性，真实的语音识别系统相当复杂。但作为说明性案例，可以建立一个简单的包含 30 个单词的语音识别网络。谷歌已经推出了一个语音数据集，其中包括 30 个单词的 65 000 条 WAV 格式的发音，每条一秒的时间。这些单词都是英文的，基本是 yes、no、up、down、stop、go 这类日常频繁使用的单词。

语音识别有数种模型可以实现其识别的要求。卷积网络是其中一种，我们对它已经有了初步了解，因此本例仍旧选择该模型作为分析案例。

卷积网络的核心是一种矩阵的卷积操作，但语音数据本质上是连续的一维信号，而不是多维矩阵。为此，需要定义一个时间窗，将时间窗内的语音信号转换为图像。具体办法是把若干输入音频采样组合成长度几秒的短片段，计算带宽范围内的频率和强度。每个片段的频率、强度被看作数字向量，这些向量再被组织成二维矩阵。矩阵的值也就是频谱，

可以看作是单色图像，获得的结果可能如图 6-32 所示。后续的很多操作原理与数字识别接近，数字识别是把不同的图形特征映射到数字 0-9 上，而本例则是把图像映射到 30 个英文单词上。

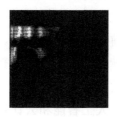

图 6-32　语音图像化结果

考虑语音识别中语音转换、深度学习模型构建和训练比较复杂，相关代码过长，这里不详细给出。对代码感兴趣的读者建议阅读 GitHub 上的相关项目（https://github.com/tensorflow/tensorflow/blob/master/tensorflow/examples/speech_commands/models.py）。

6.4.3　人工智能与企业运营数字化

1.　企业运营的数字化与智能化

虽然现在很少说降本增效，但我们能够感受到互联网公司在物流、配送、供应链方面的反应速度之快是传统企业没办法比的，因为传统的企业后台运营管理的效率低、层级多。无论是互联网公司，还是传统企业，作为对标或学习的榜样，组织应该是敏捷的、扁平化的，流程应该是精简的。传统企业应该向互联网公司学习如何推动企业运营管理的数字化转型，这也是传统企业转型的重点。

（1）数字化运营是企业数字化转型重要的挑战

现实中的企业运营状况呈现出三大特点：一是分析报告静态化。业务部门呈现的分析报告以静态报表为主，当管理人员在报表数据中发现经营问题时，想要切换分析角度进一步查明原因，需要等待 IT 人员制作新的数据报表，不能直接在原报告中做交互式的探索性分析。二是工具系统碎片化。IT 部门的数据抽取工具、计算引擎、BI 报表系统等，每一个都是不同厂商的产品，产品之间存在集成成本，导致效率低下，高级需求及报表利用效率受限。随着大数据时代的到来，更多类型的数据也无法适应。三是 IT 资源瓶颈化。需求方，即业务部门人数占 90%，而服务提供方，即 IT 部门人数仅占 10%。IT 资源完全不能满足业务需求的提出速度，需求实现以周和月为单位。实际情况是 IT 部门忙得团团转，业务部门急得团团转。

我国企业的数字化运营现状与预期存在较大差距，企业高管应该意识到企业的数字化转型核心是通过创新发展、智能运营不断降低成本并提高效率。麦肯锡报告显示：如果一个企业把 20 个核心流程数字化了，成本能降低 80%～90%。

"互联网+"时代，企业生产经营中面临的主要问题就是企业数字化转型。数字化运营是企业数字化转型最为重要的挑战，传统的信息化孤岛在数字化时代成为新的障碍。数字化运营的核心需求体现在通过高度集成的数字化管理平台所建立的数字化营销、数字化研发、数字化生产及数字化服务流程，建立横向集成、纵向集成、端到端数字化的全新营销体系，并基于互联网、云计算建立可视化的生产指挥平台、柔性生产控制平台、开放产业协同平台。工业互联网平台、智能工厂、智能设备，包括机器人流程自动化（RPA）等作为数字化的基础，在企业内部得到前所有未有的重视。基于新的数字化运营环境，ERP升级换代正在加快，企业正在重新构建基于云计算、大数据的全新运营模式。

（2）新技术推动企业运营管理数字化、智能化

过去十年，以大数据、物联网、人工智能和云计算为代表的数字技术引发了第四次工业革命，企业资源调配也从"应用流程驱动"转化为"数据驱动"，国家大力推动智能制造落地，为企业运营带来革命性变化。

① 大数据激发高层信息化需求。大数据战略，"互联网+"行动计划、发展战略的实施，特别是国家网络安全与信息化领导小组的成立，并且习总书记担任组长，以及企业管理的内在需求和移动应用等新技术共同发酵，唤醒了企业高层的信息化需求。基于大数据的智能分析、风险预警与决策、企业可视化的 Dashboard 成为需求热点。

以前企业高层的痛点是看不到数据，现在大数据的应用引起了企业领导者对如何利用数据支持分析决策和可视化管理的重视。企业内部的经营数据、生产制造环节的物联网感知数据和外部的互联网数据构成了企业大数据，这些数据能否发挥作用、创造价值，一是取决于数据规划与整合的能力，不少大中型企业已经意识到大数据的重要性，将其作为"十三五"规划的主线；二是取决于企业的管理水平，以及信息系统是否融合了先进的管理会计思想。

【案例】蒙能集团：打造内蒙古首个能源云大数据平台

作为内蒙古自治区国有独资综合性能源投资集团，内蒙古能源发电投资集团（简称"蒙能集团"）的产业遍布内蒙古自治区各大盟市，是自治区直属最大的能源发电企业。为落实内蒙古自治区发展战略，满足自身创新发展的需要，蒙能集团需要在经营管理上实现转型、在经营模式上实现创新，而大数据、云计算等信息技术是支持业务转型和经营模式创新的科学、有效手段。

结合多年的能源行业经验，蒙能集团的科技公司建设了大数据仓库和数据智能分析平台，并形成可视化运营体系，建设创新应用。同时规划了"125"建设体系，即：1个统一的展示框架平台，对内、对外2套展示应用场景，为政府部门、能源企业、客户单位、董事长总经理、部门领导5类用户提供完整的解决方案。蒙能集团通过能源云大数据平台将各个分散的系统数据进行整合，建立各业务板块（水电、火电、风电、光伏、煤矿等）的指标分析体系，实现对生产过程的实时视频监控，通过可视化展现平台将集团运营情况全面、实时、深入地呈现给管理者，用数据说话，为管理者提供运营决策的依据。

（资料来源：由浪潮公司提供.）

② 物联网与智能制造模式给企业运营带来革命性变化。"互联网+工业"使传统制造模式转向智能制造，加之物联网的深入应用，给企业运营带来革命性的变化。通过物联网实现精准控制、智能感知，建立企业大数据仓库，推进智能决策、预测性分析、智能制造，实现集团管控精准、智能、实时、可视。构建生态，突破新商业模式，非对称性开展业务以颠覆市场。例如海尔公司，通过对传统生产模式的颠覆与升级，打造按需设计、按需制造、按需配送的互联工厂体系，使整个制造过程满足个性化定制的需求。管理会计作为重要的管理工具，成为运营管理数字化、智能化的重要手段。

【案例】淄矿正通煤业：实践物联网"智慧矿井"，让危险戴上了紧箍咒

淄矿正通煤业在煤炭行业中积极实践大数据建设，利用 AI 人工智能、物联网等新技术手段，实现煤矿生产、运营等各个环节数据的集中掌控。推动大数据进管理、进运营、进决策，抓好基础数据、专业队伍、管理应用"三大工程"，逐步从传统应用分析向创新应用分析转变，提高煤矿防灾、抗灾和应急救援能力。

人员精准画像+实时视频监控+设备异常监控，全力保证安全生产。通过整合 HR 系统、矿井 GIS 系统、井下人员定位系统、视频监测系统和设备运行异常监控系统，生成井下作业人员精准画像，实时了解人员的基本情况、行进轨迹与里程、分布密度等信息，并对作业环境中的潜在危险进行分析、预判，对出现的异常情况瞬时报警、自动传回人员位置，方便及时救援，真正实现预警机制的闭环，保障了作业人员的安全。

生产效益考核精细化至"班组"，分摊费用占比降低。在效益核算方面，大数据整体方案帮助淄矿正通煤业实现了核算方式由整矿变为班组、按月变为按班，能够实时计算出每个班组创造的效益，分摊费用占比从 73% 降至 26%，改变了因传统纸质记录方式不及时、不准确所引发的无法实时辅助决策的问题，实现了由粗放式管理到精细化管理的跨越。

（资料来源：由浪潮公司提供.）

【案例】中国交建：以财务机器人推动经营效率大幅提升

中国交通建设股份有限公司（简称"中国交建"）是全球领先的特大型基础设施综合服务商，产品和服务遍及 150 多个国家，集团有实力很强的港口设计建设公司、公路与桥梁设计建设公司、疏浚公司、集装箱起重机制造公司、海上石油钻井平台设计公司，业务多元。

中国交建财务共享中心选择财务机器人帮助提升财务工作效率，在降低人力时间成本、提升工作质量等方面收效明显。项目共涉及 100 多个账套的财务工作。在银行对账环节，原本一个单位 1～2 个账户需要 0.5 人 / 天核对，机器人仅需 2 分 19 秒即可完成一个账户的对账工作，还能自动出具银行余额调节表并发送邮件给相关财务人员。在每个月末、季度末，每个单位需要从共享中心向监管部门提交报表 100 余张，财务机器人采用非侵入式技术特点，模拟人工操作，7×24 小时不间断录入，大大加快了报送过程，每个单位在半小时内就可以完成以往 2～3 人/天的工作任务。财务机器人使共享中心的人员能够从繁重

枯燥且低价值的事务性工作中解放出来，转向深入业务、管理会计等高价值的工作。

（资料来源：由浪潮公司提供.）

2．人工智能与大数据构建企业数字化"大脑"

（1）企业大脑的定义

随着企业数字化转型的深入，数字孪生概念被企业管理领域认可，即对应于现实世界有一个数字世界。在现实世界里，人脑通过控制能力操纵"人机料法环"等实物，通过选择决策能力，驱动"研产供销服"等业务流程。在数字世界里，企业大脑类似人的大脑，基于人工智能、大数据等技术，通过实时、持续地处理来自业务系统的海量数据，一方面提取关键信息辅助管理者的决策，使其更科学；另一方面根据规则自动地启动流程，驱动ERP等业务系统工作，提升工作效率。

企业大脑可以通过实时持续地处理海量异构数据，辅助智能决策，驱动流程自动化和业务优化升级，实现企业的个性化、精细化生产和服务。同时，兼具端到端的企业全业务场景、智能高效的模型算法和工具、丰富完整的数据三大特性，借助超强的大数据能力+AI能力，助力打造智慧企业。

企业大脑以企业全业务、全流程的内部生产经营数据和外部相关数据为基础，对企业全方位数据进行管控和分析。这意味着它不是针对某一应用领域的，而是涵盖了企业内部所有的垂直管理部门。更多情况下，企业大脑是在垂直部门的基础上，开展部门之间的关联分析和模式挖掘。例如，企业大脑应用在财务部门时，首先是基于财务主题的数据仓库开展算法、模式分析，然后搭建相应的财务主题模型，进而优化财务部门的业务流程，减轻财务人员的体力劳动。然而，财务主题的业务模型不仅可以服务于财务，与人力资源部门结合，也能发挥更大的价值。例如，与人力数据结合后，可以为整个集团的招聘计划、薪酬调整提供决策支撑。因此，企业大脑在开展大数据分析应用时是站在更高维度上进行的，与垂直部门的大数据分析应用存在着复杂的有机包含关系。

（2）企业大脑要解决的四类问题

第一类：数据如何治理？企业内有哪些数据资源、分散在哪些部门、由什么系统产生、它们的标准统一吗？如何形成企业权威可靠的数据？

第二类：数据如何融合？各种不同类型、不同渠道获取的数据如何汇聚起来，实现数据的融合，做到集中有序存放？

第三类：信息如何揭示？数据治理和融合完之后，数据包含的关键信息如何针对不同层次的用户进行直观有效地揭示，以协助管理人员及时做出决策，改善业务流程？

第四类：数据中隐含的知识如何挖掘？如何利用AI、机器学习等技术挖掘隐藏在数据背后的规律，形成更深入的业务洞察，发挥数据更大的价值？

（3）企业大脑的建设方法

结合近千家客户成功实施企业大脑的实践经验，总结出"数据共治共享，构建企业大脑"的四步法。

① 数据治理。数据的深度治理是激活数据动能的基础。数据采集后要真正发挥作用，

就需要数据的治理。数据治理主要围绕着"管、建、用"进行。在管的层面，承接企业战略，制定企业的数据战略，进行数据管理组织政策和制度的梳理和建议；在建的层面，进行具体数据架构、数据标准、主数据、数据质量、数据安全等专项工作的治理咨询；在用的层面，进行数据管理、仓库平台建设和应用的流程建立和评估。通过数据治理解决企业数据标准不统一、多头报数和数据不准确等痛点。

② 数据融合。梳理完数据，还要有一个实际管理数据的过程，企业通常的做法是采用一堆不同的工具来进行人工管理，花费的成本和对团队技能要求都比较高。企业大脑提供完整的 DMP 数据管理平台，使数据管理融合相关工作，从数据的管理、融合存储、分发共享，到贯穿始终的数据标准、数据质量在一个平台上统一管理起来，极大地提升了效率和准确性。同时，对于比较核心的数据融合存储，企业大脑提供了一个融合的数据中心架构，组合应对企业常见的结构化经营数据、高频率的设备时序数据和占用空间较大的视频图像数据，采用 Oracle/SQL Server 等处理经营数据，采用 Kafka、Redis、ElasticSearch 集群处理时序数据，采用 HDFS 存储视频、经营处理视频图像数据，达到最优的性能和成本的匹配。

③ 数据揭示。数据融合后，要让其发挥价值，首先要把数据包含的信息直观地展示出来，一个友好的可视化形式是基础。企业大脑提供了覆盖全屏的信息浏览方式。

第一种形式是大屏。目前，大屏系统、作战指挥室已经成为众多企业对外展示企业形象的窗口和新名片。

第二种形式是内部的管理看板。管理看板可以综合高层管理者关心的多系统各领域的信息，比如来自销售系统和财务系统的业绩情况、来自销售系统的商机情况、来自评价系统的各区域的运营评价情况、来自项目管理系统和 HR 系统的项目和人员的信息；有多种多样的展示形式，有分析、有预测、有预警、有监控和督办；对于关键指标还可以穿透查询。

第三种形式也是使用最多的移动应用。应用统计显示，移动端的访问频率是 PC 端访问频率的十倍左右。

④ 价值挖掘。企业大脑除基础的数据展示外，还可以进一步挖掘数据隐藏的价值。通过融入 AI 平台和算法群，提升企业的认知能力。

第一层，提升系统的辅助能力。通过智能语音交互、智能分词、图片搜索等功能，让信息查询更方便，辅助用户做出决策。

第二层，提升系统的理解能力。通过票据识别、物体识别、人员异常聚集等功能，帮助用户在纷繁的数据中发现不同信息之间的内在联系。

第三层，提升企业的决策能力。通过策略推演、实时分析、中标预测等功能，帮助企业定量分析影响决策的各种因素，提高决策的精准性。

第四层，提升企业的洞察能力。通过孤立点分析、故障预警、用户画像、较差销售等功能，从大量数据中挖掘出隐含的知识，改进企业运营机制。

在企业大脑建设方面，浪潮集团通过以上四个层次，建设数据治理子平台解决数据治理的问题；建设数据采集子平台和融合数据中心解决数据融合的问题；建设 BI 分析子平台解决数据揭示的问题；建设 AI 开放子平台解决价值挖掘的问题。解决了企业大脑建设中最核心的四类问题，同时，浪潮企业大脑通过总结众多集团企业大数据平台的建设经验，发现在解决企业核心问题的同时，必须协助企业建立一套完整的工作流程，把企业大脑打造成"平台、运维、创新应用"一体化的应用分析平台。

在企业，单纯地建设一个平台相对来说比较容易，但是把这个平台运营好，让更多的领导、部门主管、业务人员持续运用则非常困难。经常会出现的情况是平台建设好了，软件厂家实施人员撤了，业务发生了变化，大数据里面的数据不准确了或缺少数据，导致业务人员、领导又开始线下工作。

因此，建议企业在建设企业大脑的同时成立专门的大数据中心和大数据分析室。大数据中心负责平台的运维，包括数据的采集、整合等；大数据分析室负责整合后的数据建模、分析及应用。随着企业业务的发展，建议建立一套企业大脑从业务需求的提出、数据的采集、数据建模到数据的创新应用的管理流程。

在 2017 年的数博会上，浪潮集团董事长孙丕恕首次提出了"企业大脑"的构想。他认为，作为世界领先的计算企业，浪潮集团理应面向企业的决策、运营、生产等场景，提供串联起企业业务应用的智能平台，从而加速企业的数字化转型，构建面向未来、与时俱进的智慧企业。

浪潮企业大脑（EA）就是这一构想的产物。2018 年 5 月 16 日，在天津召开的第二届世界智能大会上，由浪潮云 ERP 研发的以数据为核心，面向企业决策、运营、生产全场景的企业智能化创新平台——浪潮企业大脑（EA）正式发布。浪潮企业大脑（EA）意为 Enterprise Agent，即"企业智能体"，同时，它也是浪潮云 ERP 加快集团云计算战略 3.0 落地的重要体现，面向企业应用的三个方向，即智能决策、运营优化、生产改进。企业大脑提供了对企业生产经营管理的全业务链覆盖。近期，浪潮企业大脑成功地为临矿集团、浪潮集团、正通煤业等企业建成了企业大脑。

6.4.4　人工智能在企业财务工作中的应用

1. 财务机器人

企业财务工作要面对企业众多的流程以及庞大而复杂的数据，在给财务职能部门提出挑战的同时，也为企业提供了分析业务的重要机会。目前国际"四大"会计师事务所已全部推出财务机器人。

财务机器人作为虚拟机器人，不同于工业机器人等实体机器人，是一种基于规则的软件，它通过执行重复的、基于规则的任务，将手工财务操作或流程进行自动化处理。和人相比，财务机器人的优势在于它可以按照既定的流程，不知疲倦地 7×24 小时工作，减少人为操作误差。当前，我国有 2 000 万会计从业人员，其中 90%都在从事重复的会计核算工作。财务机器人将财务人员从大量重复性的记账、审核等低附加值工作中解放出来，使他们有更多的时间去做财务决策等高附加值工作，为企业创造更多价值。

基于目前常见的集团财务职能划分，"财务机器人"这样的智能化技术最容易在交易型财务处理和内部风险管控两个部分发挥效用。尤其对于依托财务共享模式进行企业财务管理转型的企业，财务共享中心的主要职责是进行交易型财务处理及部分控制审核，再加上特有的标准化及流程化，使得财务机器人具备了良好的应用环境。

财务机器人的有效应用建立在企业内部具备一定标准化、规范化的前提下，而这也正是企业要优先考虑建设财务共享的原因。在持续地推进标准化作业、规范业务处理流程的基础上做财务机器人，才能得到良好的效益。

从严格的人工智能含义来讲，当前市场上的财务机器人还不能称之为真正的智能机器人，只是一种流程自动化（RPA）。相信随着财务机器人的进一步研发和深度学习，未来的财务机器人会是真正的人工智能机器人。

2. 智能财务

学术界并没有对智能财务进行定义。智能财务主要表现为以数据发现、智能决策和智能行动为核心的智能管理系统，可以帮助决策层进行智能判断、策略生成和策略选择。相对传统的纯人工财务、电算化财务和信息化财务，智能财务在信息处理方面有着显著的优势：它可以借助于 RPA、模式识别、专家系统、神经网络等技术，自动、快速、精确、连续地处理财务管理工作，帮助财务人员释放从事常规性工作的精力，去从事更需社交洞察能力、谈判交涉能力和创造性思维的工作；智能财务还可以借助全面而非抽样的数据处理方式，自动地对财务活动进行风险评估和合规审查，通过自动研判处理逻辑、寻找差错线索和按规追究责任，最大限度地保障企业的财务安全。

智能财务是建立在云计算、大数据、人工智能等新技术基础上并结合企业互联网模式下的财务转型升级与创新发展的实践而产生的新形态。通过大数据技术进行建模与分析，利用人工智能技术提供智能化服务，为企业财务转型赋能，帮助企业打造高效规范的财务管理流程，提高效率、降低成本、控制风险，从而有效地促进企业财务转型。当前与智能财务发展相关的信息技术有：模式识别（影像识别、语音识别、生物识别等）、专家系统、神经网络、知识图谱、机器人、遗传算法、自然语言理解、云计算、大数据处理和智能移动通信等。[①]

智能财务给财务数字化转型带来两个方面的深刻影响：从业务视角看，智能财务有助于业务与财务的深度融合，让业务人员懂得他们的每一个动作都会对财务产生影响；从管理角度看，智能服务让管理者心中有一本"明白账"，这为下一步管理会计更好地发挥规划、预测、决策、控制、评价等功能提供了大量真实、可靠的信息，进而让分析更精准、管理更高效。传统的报销不可避免地要进行填单、贴发票等烦琐的流程，现在的报销只需要对机器人说"我要报销"，接下来的一切都由机器人完成。

---

① 转引自：http://www.szyonyounc.com/h-nd-743.html#_np=7_1780

人工神经网络技术已普遍应用于财务风险预警模型的构建中。中南财经政法大学的关欣和王征两位学者选取了168家上市公司，包括84家2014年、2015年新增的ST公司（财务状况异常的公司）与84家非ST公司，共同构成研究样本，并对Logistic回归模型与BP神经网络模型进行了检验。结果表明，在样本企业发生财务危机的前1年，Logitstic回归模型、BP神经网络模型的总体误判率分别为13.10%和7.74%，这说明神经网络应用于财务风险预警中能显著提高财务预警的准确率。

参考资料：

[1] 韩向东，余红燕. 智能财务的探索与实践[J].财务与会计. 2018,(17): 11-13.

[2] Deng, L.; Yu, D. (2014). "Deep Learning: Methods and Applications" (PDF). *Foundations and Trends in Signal Processing*. **7** (3 – 4): 1 – 199. doi:10.1561/2000000039.

第**7**章►►

大数据可视化

【章首小案例】 大数据与银行贷款信用评价

2015 年 1 月 4 日，李克强总理来到深圳前海微众银行考察，一位微众银行的负责人模拟一位个体创业者，向李克强总理演示了微众银行在线放款的全流程。首先是"刷脸"认证。该负责人拿起手机并将摄像头对准自己，很快软件系统识别出了他的身份，并与公安部身份数据匹配成功。与此同时，通过大数据分析，软件将其信用评定为 83 分，同意授予贷款 3.5 万元。该负责人称，微众银行的大数据系统汇集了 40 万亿条数据信息，因此微众银行不需要调查信用、上门担保，整个服务完全依托于互联网。

（资料来源：中国政府网，"李克强见证互联网银行'吃螃蟹'"，
http://www.gov.cn/xinwen/2015-01/05/content_2799933.htm.）

大数据的特征在于其规模的庞大和类型的复杂，如此特征的大数据对于人类的理解提出了严峻的挑战。借助各种大数据挖掘和处理技术，人们可以获取更加直接和简明的结果信息，但很多情况下，人们更希望了解数据的全貌和基本的趋势特征等信息，这就需要借助大数据可视化相关技术进行实现。

人类步入大数据时代后，数据本身价值的重要性得到了社会的共识。在各种企业、组织和学术团体中，人们都在强调数据作为一种资源已经与水、电、煤、石油和各种矿产等资源具备有过之而无不及的重要地位。同时人们也注意到，将这些数据的价值展示出来，要通过直接观察数据乃至观察经过转换或数据挖掘技术处理的数据从而获取人类需要的结论或知识，并据此完成相应的预测或决策是一件非常困难的事情。这需要大数据科学家及相关从业者用符合人类认知逻辑、利于人类理解的方式来呈现数据，而大数据可视化就是为此而生的。因此，大数据可视化可以理解为关于大数据如何呈现的一门科学与技术。

7.1 数据可视化概述

7.1.1 数据可视化的概念

这里所称的数据可视化就是大数据可视化，它与计算机图形学的发展密不可分。20 世

纪 60 年代，随着计算机图形学的发展，人们拥有了通过计算机构建各种数据图像的能力。通过可视化，人们对数据的属性和特征进行提取和呈现。随着信息化进程的不断深入，相关软硬件技术得到了突飞猛进的发展，尤其 20 世纪 90 年代之后，互联网将信息化的触角渗入到当今社会的各个角落，于是针对各种数据与信息的应用产生了规模庞大的数据集，而处理这些数据集的技术也逐渐成熟，可视化平台亟需得到扩展。这种扩展既包括数据规模的增长，也包括应用领域的扩张，这对可视化呈现在表现形式、表现内容、性能、复杂度、动态性、交互性等方面提出了更高的要求，最终数据可视化与信息化浪潮不断发展并逐渐成熟起来。

因此，数据可视化的定义从狭义上来说是指将数据用统计图表的方式呈现。这与信息图形化（信息可视化）将数字与非数字的信息进行可视化的特征不同。前者用于传递信息，后者用于表现抽象或复杂的概念、技术和信息。广义上的数据可视化是信息可视化中的一类，因为信息是包含了数字和非数字的。数据可视化重点突出的是"可视化"，而信息可视化重点突出的是"图示化"。可视化是数据、信息及科学等多个领域图示化技术的统称。

7.1.2　数据可视化市场与发展

据 MRC 统计并预测，在未来几年全球数据可视化应用市场的复合年增长率保持在 10.3%左右。之所以保持如此高速度的增长，得益于大数据本身的不断发展与普及。首先，大量企业和组织都需要针对大数据进行相关信息系统乃至运营模式的升级，在此过程中可视化软件需要不断进步和发展。其次，人们对基于大数据的高效、快速决策的需求日益增长都是推动大数据可视化市场增长的重要因素。然而，要实现数据可视化的快速发展以满足市场的需求并不是一件容易的事情，数据可视化的技术难度、相关人才和通用标准可视化流程的缺乏都在制约着数据可视化应用市场的增长。

数据可视化最早、最普遍的应用是针对 IT 管理人员的，此类数据可视化通常需要从底层 IT 系统中提取数据作为可视化的基础，运用各种可视化技术和软件系统对数据进行处理，并把最终结果显示在相关设备或媒介上。通过这种方式来帮助 IT 管理员快速、直观并易于理解地洞察底层系统的性能以及其他各种状态信息。大多数 IT 性能监控应用程序使用数据可视化技术来提供监控系统性能的统计信息。

数据可视化的另一个成熟的应用市场在医疗健康领域。比如医院中的核磁共振成像、X 射线成像、彩超成像等，这些可视化应用在预防及治疗心脏病、放射病和肿瘤等众多疾病方面起到了重要的作用。随着医疗健康领域的应用越来越多、应用范围越来越广泛，医疗健康领域预计是数据可视化增长最快的领域。

实际上随着数据挖掘技术的不断发展与成熟，数据可视化的快速发展是可以预期的，其应用市场包含的范围也越来越广泛，上到天文观测，下到地理观测和矿藏分析，还有人类社会、经济的方方面面。

图 7-1　人类历史上的首张黑洞照片

人类历史上的首张黑洞照片（如图 7-1 所示）在天文学中的意义是重要的，给人们直观的理解更为重要。实际上这张黑洞照片并不是用摄像机或者照相机记录下来的，其本身是一种典型的数据可视化处理。它首先需要通过分布在世界各地的射电望远镜对黑洞进行数据的获取与收集（如图 7-2 所示），然后将这些数据汇集在一起，并通过相应的数据处理算法进行分析、处理，最终通过可视化的手段将黑洞以照片的形式呈现出来。大量科研人员参与了这一过程，其核心成员包括麻省理工学院（MIT）的研究生——凯蒂布曼博士（如图 7-3 所示），凯蒂布曼表示："我们使用了各种方法来合成数据，并且采用了不同的算法来盲测，想让它生成一张图片。"整个团队提出了一种图像算法，这种算法可以滤掉因大气湿度等原因引起的噪声和其他杂乱信息。他们使用了三种不同的代码流水线，最终成功地把所有的数据拼在一起，并转变为一张可以理解的图片。相关基于 Python 实现的可视化代码在 GitHub 网站上是开源的（如图 7-4 所示，网址为：https://github.com/achael/eht-imaging）。

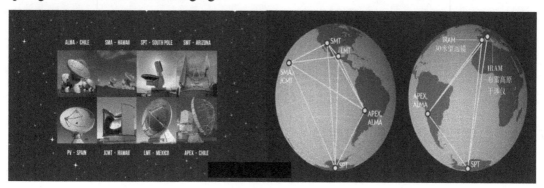

图 7-2　参与黑洞照片数据收集、探测的世界各地射电望远镜

当前，数据可视化已经得到来自企业界越来越多的重视，大量企业进入数据可视化市场，投入资源和人力对数据可视化进行研究。其中不乏一些传统 IT 企业，包括 Oracle 公司、微软公司、IBM、TIBCO 软件、Capgemini、VMware、Wipro、SAP SE、SAS Institute、Actuate Corporation、Inetsoft、Qlik、Microstrategy、Host Analytics 公司、Fujitsu、Lyzasoft、Logixml 和 VisualCalc 等。

图 7-3　发布第一张黑洞照片的凯蒂布曼

图 7-4　GitHub 开源代码

7.1.3　数据可视化的特征与趋势

大数据的本质在于预测，通过可视化可以预测趋势与走向，这种趋势可能是时间上的，也可能是空间上的。

图 7-5 是 Google Flights 上的美国感恩节航班变化，其将一段时间内在空中移动的乘客进行可视化的案例。这是由 Google Trends 驱动的项目，它跟踪感恩节前出发、到达和穿越美国的航班。可视化始于当天很早的时间，随着时间的推移，像播放电影一样显示全国各地飞行的航班。不需要显示时间外的任何数字，即可看到当天哪段时间是国际航班、国内航班以及往返于全国各地不同枢纽的航班的热门时间。

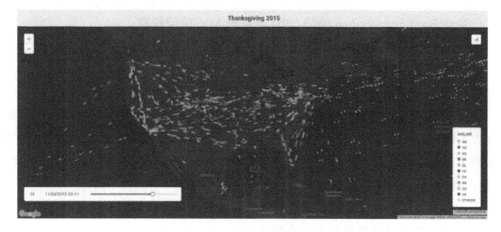

图 7-5　Google Flights 上的美国感恩节航班变化

7.2　可视化工具与应用案例

人类无法像理解自然语言一样来阅读和理解网络世界中的大数据，因此不得不借助各种数据可视化工具来直观和直接地感知原始数据及其蕴含的特征与模式。数据可视化是大数据分析与应用的重要组成部分，是大数据挖掘和处理结果的重要呈现方式，它很大程度上解决了人类对大数据理解的障碍。一旦原始数据流以图像形式表示并呈现处理方式，以此做决策和预测就会变得非常容易，大数据的价值至此也才真正得以体现并得以高效地被利用。为了满足人们能够"畅游"数据海洋，高效获取所需的信息与知识，数据可视化工具应该具备一些基本特征：能够处理不同类型的传入数据；能够应用不同种类的过滤器来调整结果；能够在分析过程中与数据集进行交互；能够连接其他软件接收输入数据或为其他软件提供输入数据；能够为用户提供协作选项。

尽管大数据时代对于可视化工具的要求越来越高，但仍有大量专门的可视化工具可用于实践，本节简单介绍以下工具。

① Polymaps 是一个免费的 Java 库，也是 SimpleGeo 和 Stamen 联合开发的一个项目。它可以在地图上展示复杂的数据集，这种复杂的地图叠加工具可以加载多种规模的数据，提供多级别缩放功能，大到国家，小到街景。其主要特点包括：

a. 使用可缩放矢量图形（SVG）；

b. 展示国家、州、城市、社区和街景；

c. 基本的 CSS 规则控制设计；

d. 图片是球形墨卡托瓦格式。

② NodeBox 是实验媒介研究小组（Experimental Media Research Group）开发的一组开源工具。NodeBox 的兼容性使得跨平台图片库或 Mac 的 App 都能创建 Python 编码的 2D 界面。其主要特点包括：

a. 与标准设计应用程序集成；

b. 跨平台、基于节点的图形用户界面（GUI）；

c. NodeBox1 —— Python 编码、2D 界面的 Mac 应用程序；

d. 导入多种类型的数据，包括 Excel 表格；

e. 动画效果；

f. 运用最少的编程技能建立一个生产设计。

③ Flot 是 JQuery 的一个 Java 绘图库，Flot 是一个基于浏览器的应用程序，并且能够兼容大多数常见的浏览器，包括 IE、Chrome、Firefox、Safari 和 Opera。Flot 对于数据观点支持多种可视化选择，如交互式图表、堆叠式图表、平移和缩放，以及通过各种插件实现各种特定功能。其主要特点包括：

a. 支持线性、图片，用任何组合填充区域；

b. 在同一个数据序列里运用组合展示元素；

c. 绘图分类及文本数据；

d. 增加 DOM 操作标准的 HTML；

e. 产生切换系列交互式视觉效果；

f. 直接的画布准入绘制自定义形状。

④ Processing 创建之初是为计算机基础知识提供的一种视觉环境创建与开发手段，但现在由学生、设计师、研究者、艺术家和业余爱好者使用，用于创造学习模型和实际产品的原型。用户可以创建简单或复杂的图像和动画。其主要特点包括：

a. 2D、3D 和 PDF 格式输出；

b. 交互作用程序；

c. Open GL 一体化；

d. 超过 1 000 个库的附加功能；

e. 创建交互、文本、动作和动画。

⑤ Processing 的姐妹工具，Processing.js 可以处理复杂的数据视觉化、图形、图表或其他视觉效果，是网页可用的形式，并不需要任何扩展程序或插件。这意味着可以运用标准 Processing 语言写代码并且插入网站。Processing.js 并不需要额外的编码需求来实现其功能。其主要特点包括：

a. 允许 Processing 代码可以在任何 HTML5 浏览器运行；

b. 动画和交互式可视化效果融入任何 Web 页；

c. 没有额外的编码需要。

⑥ FF Chartwell 可将简单数字串转换为可编辑的数据可视化模型，并进一步自定义使用 OpenTy 功能。其主要特点包括：

a. 使用简单的数据串产生图表；

b. 有利于创建一个大信息图元素；

c. 没有编码功能节省时间；

d. 与设计应用程序一体化；

e. 多种可视化类型。

⑦ Google Maps 能提供一些 APIs 给开发者，如谷歌地球、谷歌地图图像和谷歌地方信息。这些工具能够使开发者为任何应用程序或网站建立交互式视觉地图程序。其主要特点包括：

a. 将地图嵌入网页中；

b. 提出有关机构、感兴趣的地方和其他位置的数据；

c. 能够使网站访问者在网站限制范围内使用谷歌地球。

⑧ SAS 视觉分析（SAS Visual Analytics）可以更加全面地分析探索各种尺寸的数据集可视化，拥有直观的平台和自动化预测工具。SAS 视觉分析可以让无技术基础的用户探索数据和潜在机会之间更加深层次的关系。其主要特点包括：

a. 在前置、公共或私人云上部署；

b. 拖放图表，自动为数据选择最好的布局；

c. 弹出提示区，识别潜在的重要的相关性；

d. 场景分析能够在变量变化基础上进行预测；

e. 可以将视图存储为报告或图片，亦可将之保存在 SAS 移动端；

f. 用户易于使用数据来整合行为元素。

⑨ Crossfilter 使我们能够在浏览器里探索大量多元的数据集，也是 Java 库，可处理超过一百万个记录的数据集。Crossfilter 使用语义版本控制并且易于使用值、目标、其他元素和命令来自定义地创建数据可视化。其主要特点包括：

a. 使用语义版本控制；

b. 探索大量多元数据；

c. 快速增量过滤和减少；

d. 提高实时直方图的表现力。

⑩ Kartograph 既是 Python 库也是 Java 库，迎合了想要创建友好型 Illustrator SVG（Illustrator 是一种矢量图形处理工具，SVG 是一种矢量格式的图像）地图和交互式地图的开发者，并且能够在主要浏览器上运行。其主要特点包括：

a. 两个库：Python 和 Java；

b. Kartograph.js 能在几分钟内创建交互式地图；

c. 独立运作，不需要服务器；

d. Kartograph 使用简单型的 Visvalingam 创建紧凑型 SVG 图像；

e. 地图上的数据集层能进行多层级可视化。

⑪ Excel 因为它的数据处理和分析功能而闻名，但是它经常用于创建强大的数据可视化。Excel 的最新版本塞满了可视化工具，包括被推荐的图表，用不同方法迅速分析并展现数据，由多重控制选择来改变和布局可视化。其主要特点包括：

a. 在同一个程序里运行数据分析并且创建可视化；

b. 对多种数据展现方式进行比较；

c. 改变平铺、布局和其他格式选择；

d. Excel 推荐最好的数据可视化方式；

e. 能够兼容 Microsoft Office 产品。

⑫ CartoDB 允许你在数分钟内上传并视觉化数亿个数据值。它还具有地理空间分析功能，并能从你的数据获得信息。其主要特点包括：

a. 探索数据并获取信息；

b. 直接在地图上编辑数据；

c. 与 PostGIS 兼容，有更强大的分析能力；

d. 兼容 CartoCSS 版本，并支持栅格数据和矢量数据。

⑬ Google Charts 提供大量数据可视化格式，从简单的散点图到分层树地图。可视化效果是完全个性化的，而且可以通过动态数据进行实时连接，如图 7-9 所示。其主要特点包括：

a. 与谷歌使用的图表保持一致；

b. 可将多个图表组装成直观的仪表板；

c. 兼容多个浏览器；

d. 可运行于多平台（iOS 和安卓设备）；

e. 可以支持多图表动态选择。

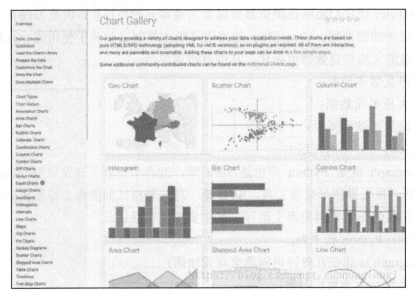

图 7-9　Google Charts 各种数据可视化格式及深度定制

⑭ Envision.js 库可用于创建具有高性能和交互能力的 HTML5 可视化图表，能够展示实时数据、时间序列、财务可视化、AJAX 驱动财务图表和自定义可视化。其主要特点包括：

a. 内置各种图表和图形的模板；

b. 将可视化效果、交互作用和自定义组件一体化；

c. 自定义图表层类型。

⑮ R Project 是在 UNIX、Windows 和 Mac OS 上运作的统计计算软件主要用于统计计

算和统计制图，由于其中的 R 是一种程序设计语言，它可以考虑不同应用中的特点，并通过用户自定义函数扩展自身的可视化功能。其主要特点包括：

　　a. 数据处理、计算和图表展示；

　　b. 用于即时分析的集成工具；

　　c. 用户自定义的递归函数和输入/输出设备；

　　d. 定义新功能来增加兼容性。

　　⑯ Timeline JS 作为开源工具，能够运用 40 种不同语言建立交互式时间轴。内置支持 Twitter, Flickr, Google Maps, YouTube, Vine 和其他应用程序，Timeline JS 拥有大量可视化功能，能够进一步的拓展进行自定义安装来兼容 JSON。其主要特点包括：

　　a. 运用 Google Spreadsheet 数据建立时间轴；

　　b. 上传电子表格，并生成嵌入代码；

　　c. 从第三方 apps 在时间轴里嵌入音频、视频；

　　d. WordPress 插件；

　　e. 从 JSON 数据库中填补数据。

　　⑰ Quadrigram 使用户能够创建自定义可视化效果，运用它们的数据和来自内置图表、图形等各种组件。基于可视化编程语言（VPL），Quadrigram 能从多个数据源提取并创建不断变化的实现原型和数据可视化效果。其主要特点包括：

　　a. 完整的交互式可视化库；

　　b. 建立动画、仪表盘或更多其他形式的可视化；

　　c. 想法草图和快速创建原型；

　　d. 基于云计算的快速数据处理；

　　e. 集成 R 和 Gephi 的服务端；

　　f. 利用多个公开发布的数据集。

　　⑱ Many Eyes 是 IBM 研究所和 IBM Cognos 软件小组的试验成果。该工具提供了一个平台，用于创建各种可视化效果，说明数据点关系，创建线性和堆栈图、分析文本，可以查看整个饼图或树图中的各个部分。其主要特点包括：

　　a. 多种方式展示数据；

　　b. 上传供公众使用的数据集；

　　c. 运用 Java 和 Flash 展示数据；

　　d. 通过用户打分收集反馈；

　　e. 完全地控制或删除部分数据集和可视化图；

　　f. 使其他用户现存的数据集与自身的数据整合。

　　⑲ iCharts 是基于网络端的应用程序，能够在网页上实现数据可视化。可以将表格和图形集成到网站、应用程序中，通过社交媒体或 iCharts 图表频道分发完成可视化。其主要特点包括：

　　a. 运用公司的 logo 进行品牌视觉化；

　　b. 为了更好地发现价值动态增加标签或描述；

c. 启用第三方网站重新嵌入可视化来扩大应用范围；

d. 数据是实时的；

e. 创建交互式、探索性图表；

f. 具有先进的自定义表格功能；

g. 可以实现图表在分析报告中的共享和嵌入。

⑳ Jupyter 是一个开源项目，支持通过十多种编程语言实现大数据分析、可视化和软件开发的实时协作。它的界面含有代码输入窗口，并通过运行输入的代码基于所选择的可视化技术提供视觉可读的图像，如图 7-10 所示。

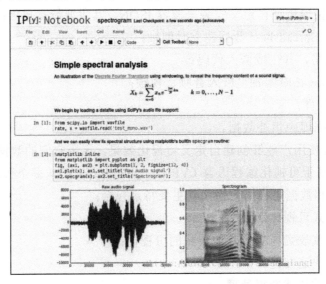

图 7-10　实时编程实现数据可视化

㉑ Tableau 是数据可视化的市场领导者之一，在为大数据操作、深度学习算法和多种类型的 AI 应用程序提供交互式数据可视化方面尤为高效，如图 7-11 所示。

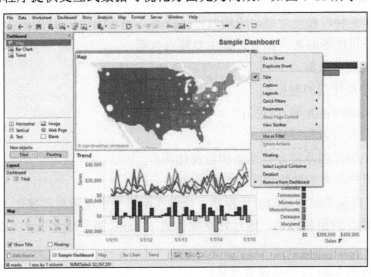

图 7-11　多模式交互式 AI 数据可视化

上述列表只是当前数十种可视化工具中的一部分，其中有一些工具的表现比较突出，在可视化功能或者易用性方面有着不少的优势，具有一定的典型性或者代表意义，本节着重介绍 Excel、Matplotlib 和 Highcharts 工具及其应用。

7.2.1　Excel

Excel 是微软公司推出的 Office 办公软件套装的重要构成组件之一，是一种电子表格软件，可用于制作各种各样的电子表格，实现数据的规整与结构化处理，并提供大量的数据统计和计算处理函数与功能。除此之外，Excel 还提供了强大的数据可视化能力。因此，Excel 以其丰富的功能性和良好的易用性得到了广泛应用，成为全球使用最为频繁和普及率最高的表格类数据管理和可视化软件。随着软件版本的不断更新，其数据计算能力和可视化呈现能力变得日益突出，得到了个人财务信息和企业数据展示等领域的重视。

对原始业务数据结构的理解是数据可视化的基础，只有完整、深入地梳理清楚数据脉络和维度关系，数据可视化才能得到最佳的呈现效果。微软公司针对 Excel 设计的图表和图形库是针对二维表的，在制作图表过程中如果涉及多个字段，比如原始数据是关于学生成绩的，包括学生姓名、学生课程成绩、学生学期等字段，那么 Excel 只能借助数据透视功能对其进行维度交叉透析，从而使用汇总表（二维表）进行多学期分类图表构建，而无法基于原始数据直接进行图表化呈现。这是 Excel 与其他数据可视化工具的一个重要区别。Excel 基于二维表的可视化特点在限制了一定的效率和灵活性外，也有其优势的一面：所见即所得的易用性，因为二维表本身已经具备了一定程度的图形化特征。

基于二维表特征的 Excel 作为一款经久不衰的可视化工具，其提供了大量、丰富的具体图表模式。本节不再详细阐述各种具体图例的绘制方法，而是从数据可视化的基本目标和业务需求角度说明 Excel 可视化的基本方法，并在本节的最后给出了一个 Excel 可视化的案例。

Excel 工具为数据可视化提供四种基本类型的可视化分析方法，包括对比分析、结构分析、透视分析和其他种类分析和可视化方法。

1.　对比分析

对比分析，顾名思义就是通过可视化的方式鲜明地对多个相关联事项进行比较，从而突出某些关键信息，展示决策中所需的优劣条件。对比分析包括具体图表样式和图表样式下的子分类，图表样式包括预警分析与可视化、进度分析可视化、纵向与横向对比分析与可视化和其他类型的对比分析可视化等。

① 预警分析与可视化是指对数据设置一定的阈值或者通过其他某种数据条件，通过为数据标示不同颜色或自定义文字、图形进行预警信息呈现。预警可视化在科学研发工作中、制造性企业的生产过程中乃至人们的日常生活中都有应用，尤其是某些科学实现和企业制造过程中每天都会持续产生大量的检测数据，如果检测值达到异常会自动预警，对快速地分析和得出结论具有很大帮助。如图 7-12 所示，通过变色单元格来实现自动预警功能，操

作如下（以到期前 30 天举例）：A3 为贷款起始时间，B3 为贷款期限，C3 为提前报警时间，D3 为还款日期，在离还款日期还有 C3 设定的时间之前会通过变色报警。

| fx | =DATE(YEAR(A3),MONTH(A3)+B3,DAY(A3)) |

	A	B	C	D	E	F
1						
2	贷款起始时间	贷款（月）	提前报警时间（天）	还款日期		
3	2014-7-15	18	30	2016-1-15		
4	2015-4-20	18	30	2016-10-20		
5	2014-7-15	18	60	2016-1-15		
6	2015-6-2	18	30	2016-12-2		
7	2015-6-3	18	30	2016-12-3		
8	2014-6-4	18	30	2015-12-4		
9	2014-6-5	18	30	2015-12-5		
10	2014-7-4	9	30	2015-4-4		
11						
12						
13						
14						

图 7-12　预警分析可视化

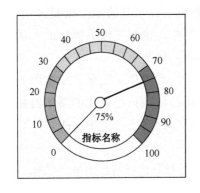

图 7-13　进度图示例

② 进度分析与可视化。利用图表的方式展现当前任务的进展程度与达成情况，具有多种不同的表现形式，如图 7-13 所示。

③ 纵向与横向对比分析与可视化。纵向反映的是统一指标、对象在时间序列下所呈现出的不同状态，而横向则是不同对象之间的情况比较。这些对比分析的可视化往往通过折线图、柱状图等形式进行呈现，如图 7-14 所示。

④ 其他类型的对比分析可视化。Excel 还提供一些其他基于计算结果（诸如标准值、方差、平均值等）之间的对比和可视化模式，这些可视化图表往往是多种图的组合。

2. 结构分析

结构分析一般用于数据集构成一个完整系统的环境下使用，主要呈现系统结构中不同组成部分或者对象之间的关系。结构分析经常与对比分析一起使用，以突出对象与对象、整体与部分之间的关联。比如着重体现整体与部分、系统与子系统、对象与子对象之间构成关系的构成分析与可视化模式，主要包括瀑布图和滑珠图等形式。图 7-15 给出了一个瀑布图的示例。另外还有用于刻画不同指标之间的层次结构关系的树形结构分析方法——杜邦分析，如图 7-16 所示。

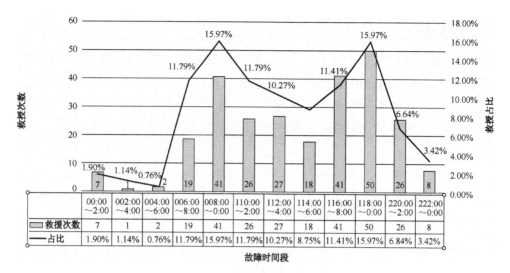

	00:00 ~2:00	002:00 ~4:00	004:00 ~6:00	006:00 ~8:00	008:00 ~0:00	110:00 ~2:00	112:00 ~4:00	114:00 ~6:00	116:00 ~8:00	118:00 ~0:00	220:00 ~2:00	222:00 ~0:00
救援次数	7	1	2	19	41	26	27	18	41	50	26	8
占比	1.90%	1.14%	0.76%	11.79%	15.97%	11.79%	10.27%	8.75%	11.41%	15.97%	6.84%	3.42%

图 7-14　纵向、横向对比分析与可视化示例

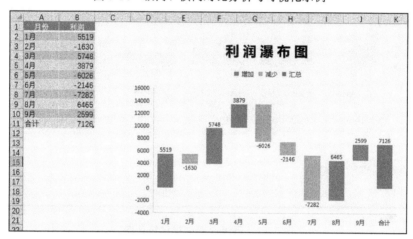

图 7-15　利润瀑布图

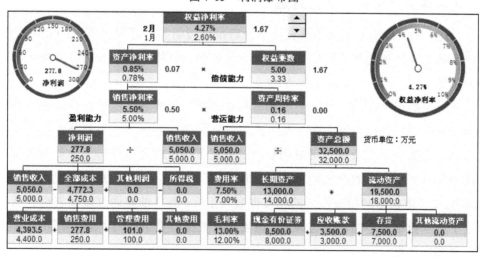

图 7-16　杜邦财务分析图

3．透视分析

Excel是一款基于二维表的可视化工具，但在实际应用过程中经常需要涉及多维度、多层次、多方面与多规则的分析需求，这需要通过透视图表、切片器分析和可视化方法进行处理。图7-17给出了具有班级名称、课程名称、总学时的三维信息透视分析图。

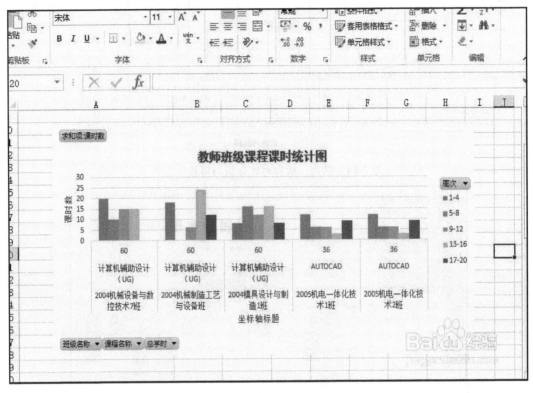

图7-17　班级课程可视化统计图

4．其他种类分析和可视化方法

除了对比分析、结构分析和透视分析三种特征比较明显的可视化方法，Excel还提供了其他种类的图表和可视化模式，比如：变化分析、分组分析、矩阵分析、三维立体图和嵌套图表分析等。

变化分析是指相关指标呈现的不同状态和数值变化的情况，包括各种组合图表和指标构成图等。分组分析指运用直方图、箱线图等统计类图表展现基于不同分组和区间的数据可视化方法。矩阵分析则适用于可视化观测对象在重要指标坐标系内的分类关联情况。三维立体图通过三维坐标系的方法给出具有立体效果的多指标关联关系的可视化（如图7-18所示）。嵌套图表重在不同图表模式的相互嵌套与组合，其目的是通过多图表组合从更加广泛的角度上展示数据的不同特征与维度，使用户对数据有更全面的了解（如图7-19所示的折线图与饼图嵌套组合示例）。

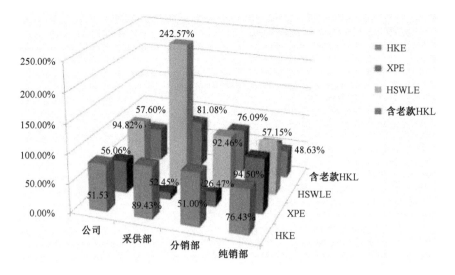

图 7-18　三维立体图可视化图例

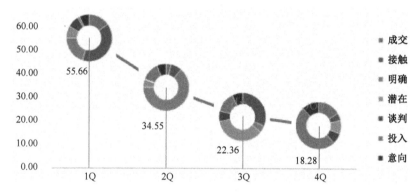

图 7-19　折线图与饼图嵌套组合示例

【案例】

本实验实现双饼图营业额数据可视化，具体步骤如下。

1. 项目准备

① 右键单击计算机桌面，选择"新建"→"Microsoft Excel 工作表"选项，创建新的 Excel 工作表，修改 Excel 工作表的表名为"零售销售额"。

2. Excel 操作

① 双击打开"零售销售额"工作表，在单元格内输入相应的信息属性，所有的字全部居中对齐、字号为 14，对 A1:D1 单元格中的字体进行加粗，相应的单元格进行合并居中，结果如图 7-20 所示。

② 选中 Excel 工作表 C3:C13，单击菜单栏中的"插入"选项，选择"饼图"中的"二维饼图"选项，如图 7-21 所示。

③ 弹出二维饼图的窗口，右键单击饼图，在列表中选择"选择数据"选项，如图 7-22 所示。

图 7-20　工作表

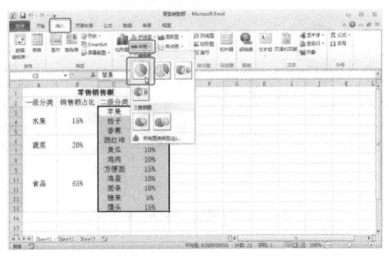

图 7-21　选择"二维饼图"选项

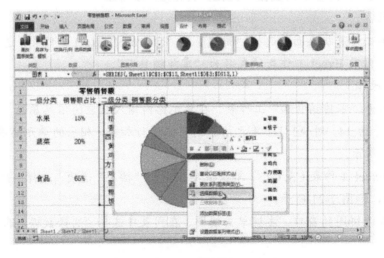

图 7-22　选择"选择数据"选项

④ 弹出"选择数据源"窗口，单击"添加"按钮，如图 7-23 所示。

图 7-23　单击"添加"按钮

⑤ 在"编辑数据系列"窗口的"系列值"列表框内选择 B3：B13 的数据，如图 7-24 所示。

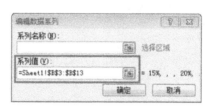

图 7-24　选择数据

⑥ 单击"确定"按钮后返回"选择数据源"窗口，在"图例项"框中出现"系列 2"，单击"确定"按钮，如图 7-25 所示。

图 7-25　系列 2

⑦ 右键单击饼图，选择"设置数据系列格式"选项，修改饼图的数据系列格式，如图 7-26 所示。

⑧ 在弹出的"设置数据系列格式"窗口的"系列绘制在"区域中选中"次坐标轴"单选按钮，如图 7-27 所示。

⑨ 返回"零售销售额"工作表，右键单击饼图，选择"更改系列图表类型"选项，如图 7-28 所示。

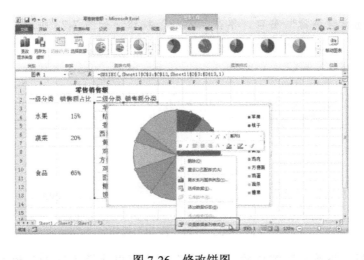

图 7-26 修改饼图

图 7-27 选中"次坐标轴"单选按钮

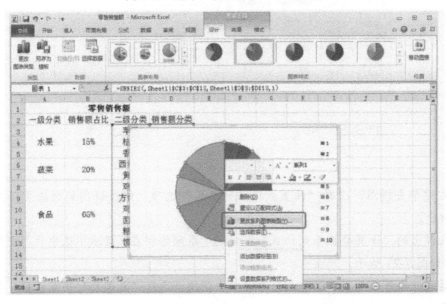

图 7-28 选择"更改系列图表类型"选项

⑩ 在弹出的"更改图表类型"窗口中选择"圆环图"选项，单击"确定"按钮，如图 7-29 所示。

图 7-29　选择"圆环图"选项

⑪ 返回工作表，右键单击饼图，选择"添加数据标签"选项，如图 7-30 所示。

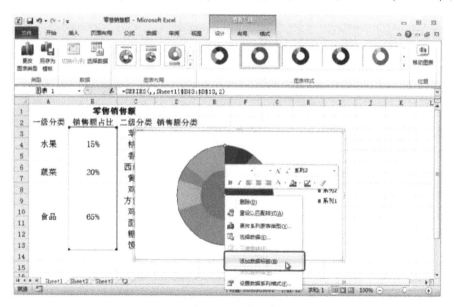

图 7-30　选择"添加数据标签"选项

⑫ 再次右键单击饼图，选择"设置数据标签格式"选项，如图 7-31 所示。

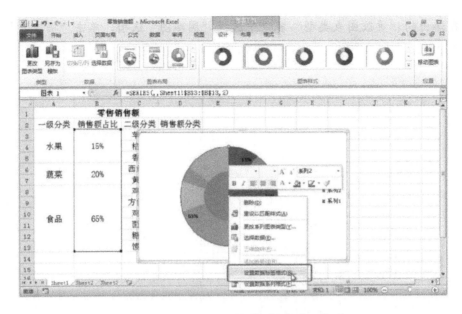

图 7-31　选择"设置数据标签格式"选项

⑬ 在弹出的"设置数据标签格式"窗口的"标签包括"区域中勾选"类别名称"与"值"复选框，在"标签位置"区域中选择"居中"单选按钮，如图 7-32 所示。

图 7-32　设置数据标签格式

⑭ 右键单击饼图，选择"添加数据标签"选项，如图 7-33 所示。

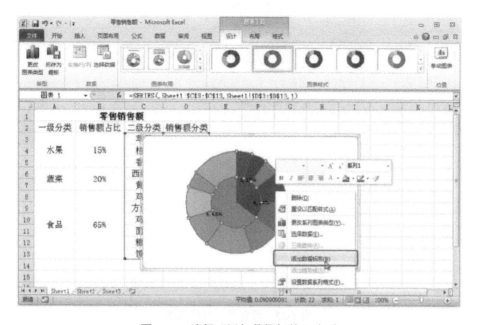

图 7-33　选择"添加数据标签"选项

⑮ 再次右键单击饼图外框，选择"设置数据标签格式"选项，如图 7-34 所示。

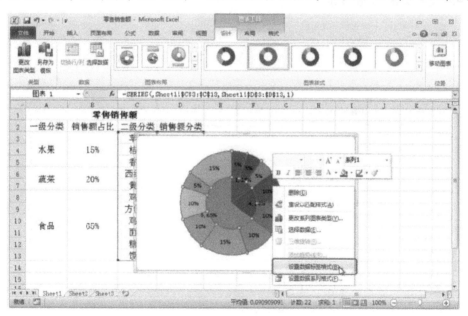

图 7-34　选择"设置数据标签格式"选项

⑯ 在弹出的"设置数据标签格式"窗口的"标签包括"区域中勾选"类别名称"与"值"复选框，单击"关闭"按钮，如图 7-35 所示。

图 7-35　设置类别名称与值

3. 效果展示

双饼图效果如图 7-36 所示。

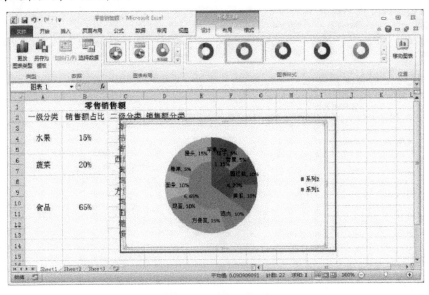

图 7-36　效果展示

7.2.2　Matplotlib

　　Python 语言是大数据处理的重要工具和编程语言之一，具有功能强大、易于学习、编程效率高等特点。Matplotlib 是基于 Python 语言的可视化绘图库。所谓绘图库，就是为 Python 语言提供的针对数据可视化和图形绘制最常用的功能和操作，Matplotlib 将这些功能与操作以一定的方式封装起来，并为 Python 开发和使用人员提供使用这些功能、操作的接口，比如提供可以调用的函数和使用的对象等，这样，相关人员在使用 Python 处理数据的过程中就可以很简单、高效地绘制出各种各样的漂亮图形，实现大数据的可视化。Matplotlib 库就像人们平时使用的工具箱一样，里面放满了常用的各种工具，这些工具具有不同的用途，在我们需要的时候遵循这些工具的基本使用方法就可以直接运用它们，无须从最原始的材料开始去制造工具。这一方面可以增加工具的重复利用率（库中代码的复用率），另一方面也因为工具本身所具备的通用、标准和高效而使我们基于工具完成的产品有更好的模块化、通用性和稳定性。

Matplotlib 从其名字上就可以看出它与 Matlab 具有很深的渊源。Matplotlib 是由 John D. Hunter 开发的，他长年从事基于 Matlab 的数据分析和可视化相关的工作，在处理一份脑电图数据的过程中，他发现与数据进行交互和对数据进行分析具有同等重要的地位，因此基于 Matlab 开发了一个相应的应用。后来应用越来越复杂，导致基于 Matlab 开发的应用穷于应付数据库交互困难、缺乏 http 服务器以及数据机构过于复杂等方面的问题，为此 John D. Hunter 利用 Python 语言对上述应用进行了重新开发，使得应用吸取了 Python 语言的诸多优势和特征，弥补了基于 Matlab 的各种缺陷。与此同时，John D. Hunter 发现应用本身的可视化绘图方面的功能难于达到预期要求，于是在应用基础上又开发了一个可视化方面的扩展库，Matplotlib 由此而生。由于 Hohn D. Hunter 长期使用 Matlab，因此，Matplotlib 在命令和语法上具有一整套与 Matlab 非常相似的 API，同时又具备 Python 语言的一些特征，具有很强的交互式逐行解析制图的能力。基于 Matplotlib，可以方便地制作绘图控件，并将其嵌入 GUI 应用程序中，而且 Matplotlib 与 Matlab 在使用上的相似性也使得 Matlab 用户更容易接受。尽管与 Matlab 有一定的渊源，但相较于后者，Matplotlib 具有一系列优势。

① 与 Matlab 是一款商业软件不同，Matplotlib 是完全开源且免费的。因此，用户无须支付任何费用即可应用其所有功能。

② Matplotlib 是一个基于 Python 的可视化绘图库，继承了 Python 语言本身的一些特点，比如：面向对象、易读、易维护、代码简洁优美等。

③ Python 语言本身具有强大丰富的可扩展性，因此 Matplotlib 库很容易嵌入应用程序中人机交互的图形化界面，借助 Python 的网站开发能力也可以在网页中绘制各种图形实现大数据的可视化。

④ 另外，Matplotlib 库还具有绘制图像质量高，文字显示顺滑（不会出现文字边缘锯齿问题），支持 PostScript 语言和 eps 格式矢量图，代码简单易读、容易理解与扩展，能够以渐进、交互式方式实现数据可视化，可输出 PNG、PDF、SVG 等多种格式以及具有很强的图像元素控制力等特点。

⑤ Matplotlib 不仅可以处理图形，还提供事件处理工具，具有为图形添加动画效果的能力。因此，Matplotlib 能够生成对键盘按键或鼠标移动事件产生响应的交互式图表。

Matplotlib 的代码整体架构在逻辑关系上可以分为三个不同层级的组成部分。各层之间的通信方向有严格的限制，只能由上而下，不可反向通信，这简化了各层之间的逻辑关联。这三层分别是：脚本（Scripting）层、表现（Artist）层、后端（Backend）层。

脚本层提供了 pyplot 接口。脚本层适用于数据分析与可视化过程中的计算。因为该层提供了与 Matlab 非常相似的函数集和函数用法，因此熟悉 Matlab 的用户可以很快上手 Matplotlib。而后端层与表现层更适合 Web 和其他应用程序的开发者使用。

表现层是 Matplotlib 的前端，是用户在使用库过程中必须面对和处理的部分。尽管 Matplotlib 对数据可视化过程中的很多功能和处理进行了封装，简化了用户图形绘制的复杂度，但其中的一些内容仍需要用户根据自己的需求进行处理，比如可视化过程中需要用到怎样的窗体、文本、线形、图像模型、标题、轴标签、刻度等，这些内容、对象的创建和管理都由表现层进行实现。

最下面一层为后端层。Matplotlib API 即位于该层，这些 API 是用来在底层实现图形元素的一个个类。通过该部分用户绘制的图像得以具体呈现，在实践中不同用户对于图像的具体呈现形式是不同的，比如一般用户可以直接通过 Python Shell 显示出绘制的图像；但应用程序的开发者更希望能够在应用程序中调用 API 直接绘制图像并显示；而大多数的科研工作者或者研究人员则希望将科研或者实验数据的可视化结果输出为矢量图并撰写论文与发表等。所有这些输出方式都不需要使用人员进行过多的操作，后端层针对这些需求都提供了相应的支持。

【案例】

Matplotlib 是基于 Python 语言的一个绘图库，因此本实验需要先构建 Python 开发环境（可以参考 6.3 节安装与配置），其具体实验过程如下。

1. 完成 Python 开发环境的下载、搭建与配置
2. 安装 Matplotlib 模块

① 在"开始"图标单击右键打开"运行"界面，输入"cmd"，如图 7-37 所示，单击"确定"按钮，打开 cmd 窗口。

图 7-37　运行 cmd 命令

② 自动安装 Matplotlib。在 cmd 窗口下，执行 python -m pip install matplotlib 命令进行绘图库的自动安装，该命令会自动从网络上下载相关安装包并完成安装，或者打开 Anaconda 中的 Anaconda prompt 进行上述命令操作。

③ 安装验证。安装完成后可以使用命令 python － m pip list 来查看本机安装的所有模块（如图 7-38 所示），从而确定 Matplotlib 是否安装成功。此后，也可以进入 Python 编辑环

境，如 Jupyter（或者 Anaconda prompt、Python idle）等，输入"import matplotlib"，如果语句没有报错，则说明 Matplotlib 安装正确且可以使用了，如图 7-39 所示。

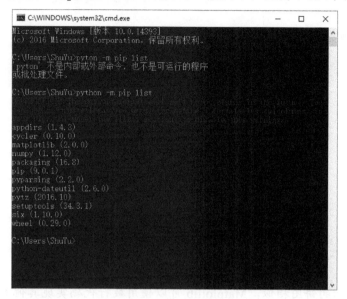

图 7-38　自动安装 Matplotlib

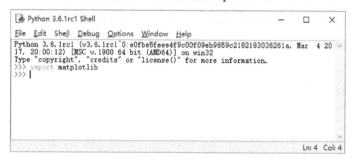

图 7-39　Matplotlib 可用性验证

3. 基于 Matplotlib 的可视化绘图

（1）饼状图

打开 Python 编辑、运行环境如 Jupyter 等，在其中输入如下代码。

```
import matplotlib.pyplot as plt
    labels = 'frogs','hogs','dogs','logs'
    sizes = 15,20,45,10
    colors = 'yellowgreen','gold','lightskyblue','lightcoral'
    explode = 0,0.1,0,0
    plt.pie(sizes,explode=explode,labels=labels,colors=colors,autopct='%1.1f%%',shadow=True,startangl
e=50)
    plt.axis('equal')
```

(-1.2182175697473243, 1.11360285857795, -1.1087559272917165, 1.1164320127364205)

  plt.show()

运行后将绘制如图 7-40 所示的饼状图。

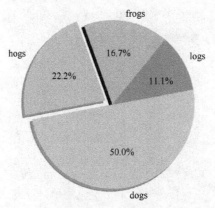

图 7-40　Matplotlib 绘图示例

与图 7-40 所示的饼图相似，Matplotlib 可以使用数行代码实现其他类型图例的绘制，接下来本书给出绘制折线图、散点图、柱状图、直方图、多子图的示例。环境配置如上，在 Jupyter 中分别输入如（2）、（3）、（4）、（5）、（6）中的代码。

（2）折线图示例

```
import matplotlib.pyplot as plt
import numpy as np

x = np.arange(9)
y = np.sin(x)
z = np.cos(x)
# marker 数据点样式，linewidth 线宽，linestyle 线形样式，color 颜色
plt.plot(x, y, marker="*", linewidth=3, linestyle="--", color="orange")
plt.plot(x, z)
plt.title("matplotlib")
plt.xlabel("height")
plt.ylabel("width")
# 设置图例
plt.legend(["Y","Z"], loc="upper right")
plt.grid(True)
plt.show()
```

其绘制图例如图 7-41 所示。

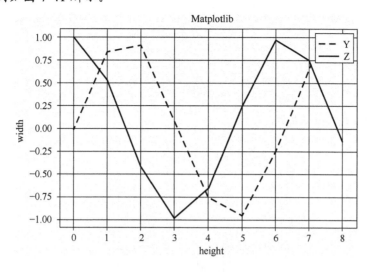

图 7-41　折线图示例

（3）散点图示例

```
import matplotlib.pyplot as plt
import numpy as np

x = np.random.rand(10)
y = np.random.rand(10)
plt.scatter(x,y)
plt.show()
```

其绘制图例如图 7-42 所示。

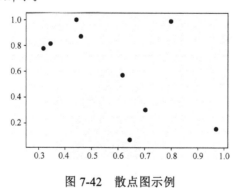

图 7-42　散点图示例

（4）柱状图示例

```
import matplotlib.pyplot as plt
import numpy as np
```

```
x = np.arange(10)
y = np.random.randint(0,30,10)
plt.bar(x, y)
plt.show()
```

其绘制图例如图 7-43 所示。

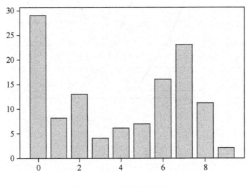

图 7-43　柱状图示例

（5）直方图示例

```
import matplotlib.pyplot as plt
import numpy as np

mean, sigma = 0, 1
x = mean + sigma * np.random.randn(10000)
plt.hist(x,50)
plt.show()
```

其绘制图例如图 7-44 所示。

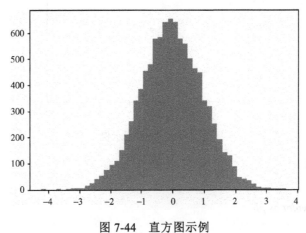

图 7-44　直方图示例

（6）多子图示例

多子图是指在同一幅图表中包含多个不同的子图，这些子图从不同的侧面和角度共同对数据进行可视化呈现和描述。

```
import matplotlib.pyplot as plt
import numpy as np


#figsize 描述了绘制图像的总体高度和宽度，默认单位是英寸，dpi 则对应绘制图表的分辨率，该分辨率单位是像素/英寸，如果缺少该参数，则默认为dpi=80
plt.figure(figsize=(8,6),dpi=100)


# subplot(numRows, numCols, plotNum)是一个子图分配函数，它将整个绘制图像区域划分为多个子区域
# 一个图像对象可以包含多个子图Axes，subplot 将整个绘图区域等分为numRows 行*numCols 列个子区域，按照从左到右、从上到下的顺序对每个子区域进行编号
# subplot 在 plotNum 指定的区域中创建一个子图Axes
A = plt.subplot(2,2,1)
plt.plot([0,1],[0,1], color="red")

plt.subplot(2,2,2)
plt.title("B")
plt.plot([0,1],[0,1], color="green")

plt.subplot(2,1,2)
plt.title("C")
plt.plot(np.arange(10), np.random.rand(10), color="orange")

# 选择子图A
plt.sca(A)
plt.title("A")

plt.show()
```

其绘制图例如图 7-45 所示。

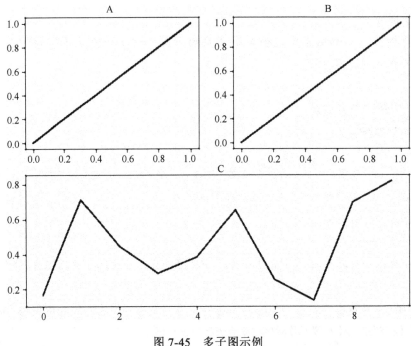

图 7-45 多子图示例

7.2.3 Highcharts

Highcharts 使用基于 Javascript 脚本的图表库,广泛应用于各种基于 Web 的数据可视化应用程序中。Highcharts 可以为网站和网页提供直观的、互动式的图表,它目前支持线、面积、Areaspline、柱形图、条形图、饼图和散点图等类型。由于 Highcharts 图表库完全是由 Javascript 开发的,因此其具有以下基本特征。

① Highcharts 是网页报表工具,开发语言是 Javascript,因此可以在大多数的 Web 应用中使用,并且针对非商业使用是完全免费的。Highcharts 本身无论免费版还是付费版都是开源的,人们可以下载源码并对其进行编辑。此外,它还支持 ASP、ASP.net、Java(JSP)、PHP 等多种动态网站开发技术。

② Highcharts 是一个简单易用、美观、跨平台、跨浏览器的图表工具,因此具有很强的兼容性,可以运行于当今主要的浏览器中,包括 IE、Firefox、Safari 等。Highcharts 图表还支持移动设备,可以在基于 iOS 和 Android 操作系统的智能手机等终端设备的浏览器中展示,并支持触屏设备的多点触摸功能,提升用户的体验。

③ Highcharts 支持多种图表类型的绘制(多达 20 种图表),并且允许多图表集成在统一图形中形成组合图,满足各种数据可视化的需求。

④ Highcharts 支持提示功能。基于 Highcharts 生成的图表继承了网页里内容提示的功能,通过设置可以允许对图形中的数据点弹出提示标签,即用户将鼠标移动到图形的某个数据点上后短暂停留,图形会自动显示相应信息的提示标签,并且可以对标签的各种属性和显示效果进行设置定义。

⑤ Highcharts 具有动态缩放功能。Highcharts 适用于大数据的密集显示，如同地图一样，可以通过对图像中的局部进行放大来详细观察数据的细节，提高图表描述的精确度，同样也可以通过缩小图像实现大数据的全貌、概略性可视化。

⑥ Highcharts 图表支持高精度时间跨度。当前大部分直角坐标类的图表都属于时间轴图表，图表时间轴可以精确到毫秒级别。

⑦ 支持多种格式的图表文件输出。绘制的图表可以输出（导出）多种格式，包括 PDF、PNG、JPG、SVG 等。

⑧ 支持多方向文字旋转。Highcharts 图表还支持任意方向的文字旋转，增加了文本信息的呈现灵活性。

⑨ 具有动态交互性。Highcharts 图表具有丰富的交互性，图表创建完毕，可以通过 API 进行添加、移除或修改数据列、数据点、坐标轴等各种操作。结合 Jquery 的 ajax 功能，可以实现实时刷新数据、用户手动修改数据等功能，结合事件处理，可以实现各种交互功能。

Highcharts 为调用应用程序提供了丰富的 API，但在具体使用之前一般需要引入相应的包。首先，Highcharts 是基于 Jquery 框架开发的，所以需要在页面引入 Jquery，具体代码是：<script type="text/javascript" src="http://ajax.googleapis.com/ajax/libs/jquery/1.8.2/jquery.min.js"> </script>。接下来，需要引入 Highcharts.js 文件，具体代码是：<script src="http://code.highcharts.com/highcharts.js"></script>。引入 Highcharts.js 文件，还可以是拷贝下载下来的 Highcharts 资源包中 js 目录下的 Highcharts.js 文件。最后，如果需要使用库中的文件导出功能，必须引入导出相关的 js 文件，该文件存在/Highcharts-2.3.5/js/modules/目录下，代码为：<script src="http://code.highcharts.com/modules/exporting.js"></script>。引入上述三个资源文件后，就可以使用 Highcharts 库进行数据可视化操作了，具体操作在案例中进行详述。

【案例】

使用 Highcharts 之前必须首先获取 Highcharts.js 资源。获取该资源有两种基本方式。一种是如上文所述，直接通过<script src="http://code.highcharts.com/ highcharts.js"></script>方式获取。这种方式需要运行图表绘制的计算机能够连接到 Internet 上，否则将会失效。第二种方式不要求计算机在线，而是先下载 Highcharts 资源，然后在本机使用。本案例为了更为详细地说明，采用了第二种方式。如果采用第一种方式，下面的第一步可以省略，绘图的代码只需要将前行语句替换为正文描述的内容即可。

接下来给出一个使用 Highcharts 进行图表绘制的具体案例，主要内容和步骤如下。

1. Highcharts 插件下载

① 打开官网 http://www.highcharts.com/，如图 7-46 所示。

图 7-46　Highcharts 官网首页

② 单击页面中的 Download 按钮，进入 Highcharts 下载页面，如图 7-47 所示。

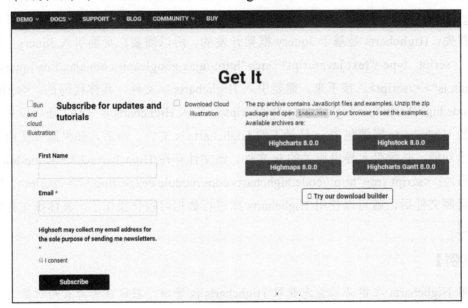

图 7-47　Highcharts 下载页面

③ 选择某个版本进行下载，下载完成之后解压下载文件 Highcharts-7.1.1.zip。解压后的文件夹结构如图 7-48 所示。

名称	修改日期	类型	大小
code	2019-4-9 13:16	文件夹	
examples	2019-4-9 13:12	文件夹	
gfx	2019-4-9 13:12	文件夹	
graphics	2019-4-9 13:12	文件夹	
index.htm	2019-4-9 13:12	360 se HTML Docu...	10 KB

图 7-48　Highcharts 文件夹结构

2. 构造网页文件

在上述文件夹中（可以在任意位置创建，不同位置在第三步绘制代码中需要对应不同的 src 引用路径值）创建文本文档，修改其后缀为 .html。

3. 基于 Highcharts 的可视化绘图

选中步骤 2 创建的文件，单击右键后选择"打开方式"选项，在"打开方式"对话框中选择"文本编辑器打开该文件"选项。在文件中输入相应代码，并保存。使用浏览器打开即可看到绘制的相应图表。代码与对应图表如下所示。

（1）饼状图示例

在创建文件中输入如下代码。

```
<script src="http://cdn.hcharts.cn/jquery/jquery-1.8.3.min.js"></script>
<script src="../code/highcharts.js" type="text/javascript"></script>
<script src="../code/modules/exporting.js" type="text/javascript"></script>

<script type="text/javascript">
    $(function () {
        var data = [{ name: 'olive', value: 116 }, { name: 'momo', value: 115 }, { name: 'only', value: 222 },
{ name: 'for', value: 324}];
        var opt = HighChart.ChartOptionTemplates.Pie(data,'Love-Rate',"饼图示例");
        var container = $("#container");
        HighChart.RenderChart(opt, container);
    });
</script>
```

其绘制图表效果如图 7-49 所示。

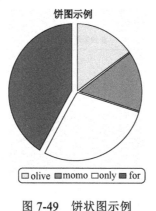

图 7-49　饼状图示例

（2）折线图示例。

```
<script src="http://cdn.hcharts.cn/jquery/jquery-1.8.3.min.js"></script>
<script src="../code/highcharts.js" type="text/javascript"></script>
<script src="../code/modules/exporting.js" type="text/javascript"></script>

<script type="text/javascript">
    $(function () {
      var data = [
      { name: '2013-01', group: 'olive', value: 116 },
      { name: '2013-01', group: 'momo', value: 115 },
      { name: '2013-01', group: 'only', value: 222 },
      { name: '2013-01', group: 'for', value: 324 },
      { name: '2013-02', group: 'olive', value: 156 },
      { name: '2013-02', group: 'momo', value: 185 },
      { name: '2013-02', group: 'only', value: 202 },
      { name: '2013-02', group: 'for', value: 34 },
      { name: '2013-03', group: 'olive', value: 16 },
      { name: '2013-03', group: 'momo', value: 51 },
      { name: '2013-03', group: 'only', value: 22 },
      { name: '2013-03', group: 'for', value: 84 }
      ];
      var opt = HighChart.ChartOptionTemplates.Line (data, 'Love-Rate', "折线图示例");
        var container = $("#container");
      HighChart.RenderChart(opt, container);
    });
</script>
```

其绘制图表效果如图 7-50 所示。

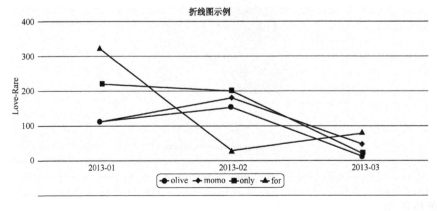

图 7-50　折线图示例

（3）柱状图示例

```
<script src="http://cdn.hcharts.cn/jquery/jquery-1.8.3.min.js"></script>
<script src="../code/highcharts.js" type="text/javascript"></script>
<script src="../code/modules/exporting.js" type="text/javascript"></script>


<script type="text/javascript">
    $(function () {
        var data = [
        { name: '2013-01', group: 'olive', value: 116 },
        { name: '2013-01', group: 'momo', value: 115 },
        { name: '2013-01', group: 'only', value: 222 },
        { name: '2013-01', group: 'for', value: 324 },
        { name: '2013-02', group: 'olive', value: 156 },
        { name: '2013-02', group: 'momo', value: 185 },
        { name: '2013-02', group: 'only', value: 202 },
        { name: '2013-02', group: 'for', value: 34 },
        { name: '2013-03', group: 'olive', value: 16 },
        { name: '2013-03', group: 'momo', value: 51 },
        { name: '2013-03', group: 'only', value: 22 },
        { name: '2013-03', group: 'for', value: 84 }
        ];
        var opt = HighChart.ChartOptionTemplates.Bars(data, '','','Love-Rate', "分组柱状图示例");
        var container = $("#container");
        HighChart.RenderChart(opt, container);
        var opt1 = HighChart.ChartOptionTemplates.Bars(data, true,'','Love-Rate', "堆积柱状图示例");
        var container1 = $("#container1");
        HighChart.RenderChart(opt1, container1);
        var opt2 = HighChart.ChartOptionTemplates.Bars(data, '',true ,'Love-Rate', "堆积百分比柱状
图示例");
        var container2 = $("#container2");
        HighChart.RenderChart(opt2, container2);
    });
</script>
```

其绘制图表效果如图 7-51 所示。

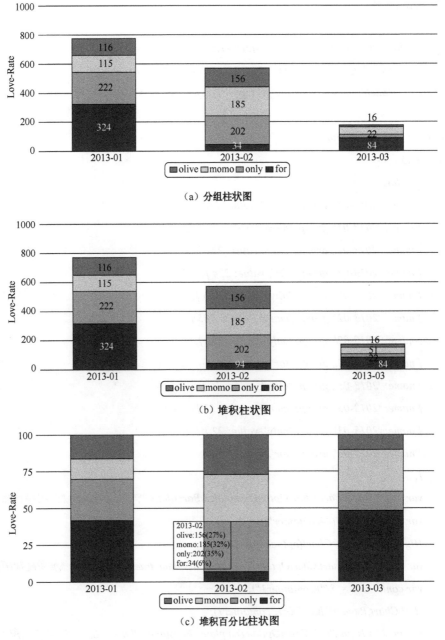

（a）分组柱状图

（b）堆积柱状图

2013-02
olive:156(27%)
momo:185(32%)
only:202(35%)
for:34(6%)

（c）堆积百分比柱状图

图 7-51　各种柱状图示例

7.2.4　可视化平台——浪潮 BA

浪潮商业分析平台（简称"浪潮 BA"）是大数据时代广大企业管理者挖掘数据金矿的得力助手，基于云计算的开放架构，采用大数据处理、流程智能、智能消息推送、商业分析等技术，对企业内外部数据整合及商业分析服务，辅助领导决策，提升管理水平，为企业创造价值。

浪潮 BA 包含数据整合、商务智能和经营分析三层。

在数据整合层，浪潮 BA 既能基于现有业务系统的数据库直接进行分析，也可以建设数据仓库，基于数据仓库进行分析。在数据仓库模式下，浪潮 BA 提供 ETL 工具和建模工具，来完成数据仓库的快速构建。

在商务智能层，浪潮 BA 提供丰富的展现工具，包括商务分析平台、仪表盘、万能查询、透视表、指标工具、电子地图、智能报告等工具，来实现各种形式的信息呈现。

在经营分析层，提供对各种具体应用的分析，包括财务分析、资金分析、入资分析、供应链分析、税务分析及风险预警等。图 7-52 给出了浪潮 BA 结构中一个更为具体和详细的示例。

图 7-52　浪潮 BA 示例

浪潮 BA，主要由万能查询、指标工具、仪表盘、电子地图等数据分析工具组成。

① 万能查询模块是浪潮 BA 商务智能产品的重要组成部分，用户使用特定的客户端链接到数据集市，针对关心的指标进行查询，然后根据查询的结果随时调整查询方法。使用万能查询，用户可以按照变化的查询要求及时查询出在不同约束条件下自己所关心的特定指标，实现在维护和指标方面更为灵活、更为开放的自由组合查询。强大的报表制作和展示功能，能够制作和展示多种形式的报表，同时与其他 BI 工具、统计分析工具配合使用，增强决策分析功能。

② 指标工具属于辅助工具，依赖于报表与具体业务函数，为管理驾驶舱、指标工具、电子地图、财务分析等提供指标。指标工具的主要功能包括：指标定义、指标公式定义、指标数据维护等，其中指标公式定义，可通过指标计算任务进行自动计算，将计算结果自动保存，方便用户使用。

③ 仪表盘支持客户端、浏览器两种形式的访问，可以通过对仪表盘的设计和相关组件的搭配实现数据的整理及仪表展示，能直观反映数据之间的联系，并且能通过监控、预警等功能对领导层放假行分析决策提供帮助，具有界面友好、操作简单和兼容性高的优势。

④ 电子地图是利用电子地图技术与 ERP 领域应用相结合，围绕电子地图进行企业数据分析展示的一种工具。它是一个最大化地发挥高层经理了解、指挥和控制公司业务信息的商务地图。它通过提供对财务指标的各种图表展示、监控和预警，帮助企业加强对关键指标（如资金、成本、费用）的控制力度，建立完善的、实时可控的监管体系，改善管理，提高竞争力。